高等职业教育系列教材

项目导向｜任务驱动｜校企合作

PTN分组传送设备组网与实训 第2版

主　编｜周　鑫　闫海煜
副主编｜赵　阔　姚先友
参　编｜李方健　樊贵洪　余月华　何　川

机械工业出版社
CHINA MACHINE PRESS

本书全面介绍了 PTN 光网络技术的基本原理、技术特性、技术要求以及业务应用，主要内容包括光纤传输技术的发展历程、分组传送技术所涉及的数据通信基础知识以及 PWE3、MPLS-TP、分组传送网的保护方式、时间同步等技术的基本原理。本书根据高职教育的特点，采用"项目导向，任务驱动"的编写模式，按照由浅入深的认知规律，以中兴通讯公司的 ZXCTN 6200 设备为平台，对分组传送网设备整机及单板的功能、设备的初始化、PTN 网络的构建、电路业务的配置、以太网业务的配置、ATM 业务的配置、时钟和保护的配置以及 PTN 设备和网络的基本维护进行了介绍，每个实训任务和项目的操作方法和步骤都有详细的说明，并配有实际操作视频。

本书可以作为光纤通信、移动通信或其他相关专业的高职高专、应用型本科教学用书和光传输技术的培训教材，也可作为电信、联通、移动传输工程技术人员的参考用书。

本书配有微课视频，扫描二维码即可观看。另外，本书配有电子课件，需要的教师可登录机械工业出版社教育服务网（www.cmpedu.com）免费注册，审核通过后下载，或联系编辑索取（微信：13261377872，电话：010-88379739）。

图书在版编目（CIP）数据

PTN 分组传送设备组网与实训 / 周鑫，闫海煜主编 .—2 版 .—北京：机械工业出版社，2024.1
高等职业教育系列教材
ISBN 978-7-111-74020-9

Ⅰ.①P⋯ Ⅱ.①周⋯ ②闫⋯ Ⅲ.①光纤网 – 网络传输 – 高等职业教育 – 教材 Ⅳ.① TN929.11

中国国家版本馆 CIP 数据核字（2023）第 190905 号

机械工业出版社（北京市百万庄大街 22 号 邮政编码 100037）
策划编辑：和庆娣　　　　　　责任编辑：和庆娣
责任校对：张昕妍　张 征　　责任印制：郜 敏
中煤（北京）印务有限公司印刷
2024 年 2 月第 2 版第 1 次印刷
184mm×260mm · 16.25 印张 · 401 千字
标准书号：ISBN 978-7-111-74020-9
定价：69.00 元

电话服务　　　　　　　　　　网络服务
客服电话：010-88361066　　机 工 官 网：www.cmpbook.com
　　　　　010-88379833　　机 工 官 博：weibo.com/cmp1952
　　　　　010-68326294　　金 书 网：www.golden-book.com
封底无防伪标均为盗版　　　机工教育服务网：www.cmpedu.com

Preface 前 言

党的二十大报告指出，加快建设制造强国、质量强国、航天强国、交通强国、网络强国、数字中国。随着通信业务 IP 化进程的不断推进，传统的 SDH/MSTP 技术正逐渐被 PTN（IPRAN）分组传送承载技术替代。近年来，通信运营商在本地层面都开始大量建设分组传送网络，以适应网络发展变化的趋势，其中传输承载网的建设是至关重要的环节。

2G 和 3G 移动通信的回传网主要基于 SDH/MSTP 等技术体系构建，承载以语音为主的 TDM 业务，随着 LTE 网络的部署和移动互联网业务的迅猛发展，数据业务已成为通信网络的承载主体，SDH/MSTP 这类以刚性管道为基础的技术已经难以满足新的发展需求，PTN 凭借丰富的业务承载类型、强大的带宽扩展能力以及完备的服务质量保障能力，成为基站回传承载网络的首选。

本书以 PTN 分组传送网技术的原理为基础，以任务为驱动，在学习过程中除了提供必要的理论知识之外，力图结合职业教育的特点，加入大量的实训项目，强调实际技能的练习和掌握。全书由 16 个任务构成，内容主要包括分组传送网数据通信的基础知识，如 IP 地址和子网划分、VLAN 技术、路由协议、MPLS 标签交换基础等；同时介绍了 PTN 分组传送网的关键技术，如 PWE3 伪线仿真、MPLS-TP 技术、PTN 的同步机制、PTN 的保护方式以及 PTN 的 OAM 等。并以中兴通讯公司的 ZXCTN 6200 设备为实训平台，对分组传送网的网络组建、业务配置、时钟和保护配置进行了讲解，包括 E-Line 业务、E-LAN 业务、E-Tree 业务、TDM 业务、ATM 业务、线性隧道保护、环网保护、伪线双归保护、同步以太网和 1588 时钟配置等。

本书由重庆电子工程职业学院教师和通信企业工程师共同编写，其中周鑫编写了任务 1，4，7，9，10，12，闫海煜编写了任务 3，5，11，赵阔编写了任务 6，姚先友编写了任务 2，余月华编写了任务 8，何川编写了任务 13，李方健编写了任务 15，16，重庆市信息通信咨询设计院有限公司的樊贵洪编写了任务 14。重庆电子工程职业学院的陶亚雄教授、刘良华教授、曾晓宏教授共同审阅了本书，在编写过程中，深圳中兴通讯股份有限公司提供了大量的资料，在此对其所做的工作表示诚挚的谢意。

由于编者水平有限，书中难免有不足或疏漏之处，希望广大读者批评指正。

编 者

二维码资源清单

序号	名称	图形	页码	序号	名称	图形	页码
1	传输网在通信网络中的位置		2	13	ATM IMA 业务配置		137
2	各种光传输设备特性介绍		3	14	EPL 业务配置		145
3	QoS 基本概念及模型		30	15	EVPL 业务配置		149
4	MPLS 基本原理		39	16	EPLAN 业务配置		157
5	MPLS 数据转发过程		42	17	EVPLAN 业务配置		161
6	MPLS-TP 网络体系结构		72	18	EP-Tree 业务配置		170
7	MPLS-TP 的 OAM 机制和功能		84	19	EVP-Tree 业务配置		175
8	ZXCTN 6200 设备硬件简介		95	20	线性隧道保护配置		195
9	NetNumen U31 网管软件介绍		115	21	环网保护配置		199
10	使用 U31 网管软件创建 PTN 网络		120	22	同步以太网配置		222
11	PTN 网元间段层的创建		126	23	1588v2 时间同步配置		226
12	TDM E1 业务配置		134	24	图 10-1 TDM 业务模型		132

二维码资源清单

（续）

序号	名称	图形	页码	序号	名称	图形	页码
25	图 10-2 TDM E1 组网图		134	35	图 14-10 MSP 1+1 双端倒换保护		190
26	图 10-11 IMA E1 传输过程示意图		138	36	图 14-11 MSP 1：1 双端倒换保护		191
27	图 12-9 任务网络拓扑		160	37	图 14-13 负载分担 LAG 保护实现方式示意图		192
28	图 12-10 接口规划示意图		161	38	图 14-14 非负载分担 LAG 保护实现方式示意图		192
29	图 13-10 接口规划示意图		175	39	图 14-16 IMA 保护示意图		194
30	图 14-2 MPLS Tunnel APS 1：1 保护		185	40	图 14-19 线性隧道保护实训组网		195
31	图 14-3 MPLS Tunnel APS 1+1 保护		185	41	图 15-16 1588v2 全网同步应用场景		220
32	图 14-7 双归保护组网模型		188	42	图 15-17 1588v2 时间透传的全网同步应用场景		221
33	图 14-8 双归保护案例		189	43	图 15-18 1588v2 网络时钟保护应用场景		222
34	图 14-9 MSP 1+1 单端倒换保护		190				

目录 Contents

前言
二维码资源清单

任务 1　认识传输网 ... 1

1.1　任务及情景引入 ... 1
1.2　传输网的产生和定义 ... 1
1.3　传输网在通信网络中的位置和层次模型 ... 2
1.4　传输网发展各阶段的设备特点 ... 3
　1.4.1　PDH 技术 ... 3
　1.4.2　SDH 技术 ... 4
　1.4.3　MSTP 技术 ... 4
　1.4.4　WDM 技术 ... 4
　1.4.5　ASON 技术 ... 5
　1.4.6　PTN 技术 ... 5
　1.4.7　OTN 技术 ... 6
1.5　传输网的现状和发展趋势 ... 6
思考与练习 ... 7

任务 2　数据通信基础 ... 8

2.1　任务及情景引入 ... 8
2.2　以太网基础知识 ... 8
　2.2.1　以太网的产生和相关标准 ... 8
　2.2.2　以太网的工作原理 ... 9
　2.2.3　以太网帧结构 ... 11
2.3　虚拟局域网（VLAN）基础 ... 11
　2.3.1　VLAN 的划分方法 ... 13
　2.3.2　VLAN 信息的帧结构 ... 15
　2.3.3　VLAN 的链路类型 ... 16
思考与练习 ... 17

任务 3　路由协议与 ACL ... 19

3.1　任务及情景引入 ... 19
3.2　路由器工作原理 ... 19
　3.2.1　路由与路由表 ... 19
　3.2.2　路由的分类 ... 21
3.3　常用路由协议 ... 23
　3.3.1　RIP ... 23
　3.3.2　OSPF 协议 ... 27
3.4　QoS 技术 ... 30
　3.4.1　QoS 的基本概念 ... 30
　3.4.2　QoS 的模型 ... 31
　3.4.3　报文的分类和标记 ... 32
　3.4.4　流量管理 ... 33
　3.4.5　拥塞管理 ... 34
　3.4.6　QoS 功能 ... 35
思考与练习 ... 36

任务 4　MPLS 技术 ... 38

4.1　任务及情景引入 ... 38
4.2　MPLS 技术概述 ... 38

4.3 MPLS 技术的基本内容和工作机制 …… 39
　　4.3.1 MPLS 的基本概念和术语 …… 39
　　4.3.2 MPLS 的主要转发表项 …… 40
　　4.3.3 MPLS 的报文结构 …… 41
　　4.3.4 MPLS 的工作过程 …… 42
　　4.3.5 倒数第二跳弹出机制 …… 44
4.4 标签分发协议（LDP） …… 46
　　4.4.1 LDP 的基本概念 …… 46
　　4.4.2 LDP 发现 …… 46
　　4.4.3 LDP 会话建立和维护 …… 47
　　4.4.4 标签分发和管理 …… 48
4.5 MPLS 链路的保护与恢复技术 …… 50
4.6 MPLS 技术的优势 …… 51
思考与练习 …… 52

任务 5　PWE3 技术 …… 53

5.1 任务及情景引入 …… 53
5.2 PWE3 概述 …… 54
　　5.2.1 PWE3 的基本概念 …… 54
　　5.2.2 PWE3 业务网络基本要素 …… 54
5.3 PWE3 的体系结构 …… 55
　　5.3.1 网络参考模型 …… 55
　　5.3.2 维护参考模型 …… 57
　　5.3.3 协议栈参考模型 …… 58
5.4 协议分层模型 …… 59
　　5.4.1 逻辑协议分层模型 …… 59
　　5.4.2 有效载荷层 …… 59
　　5.4.3 PW 封装层 …… 60
　　5.4.4 PSN 隧道层 …… 61
5.5 PWE3 控制平面 …… 62
　　5.5.1 PW 的创建和拆卸 …… 62
　　5.5.2 状态检测及通告 …… 62
5.6 PWE3 的工作原理 …… 63
　　5.6.1 伪线建立过程 …… 63
　　5.6.2 PWE3 数据报文转发 …… 64
　　5.6.3 多跳 PWE3 …… 65
5.7 PWE3 业务仿真 …… 65
　　5.7.1 TDM 业务仿真 …… 65
　　5.7.2 ATM 业务仿真 …… 67
　　5.7.3 以太网业务仿真 …… 68
思考与练习 …… 68

任务 6　PTN 关键技术之 MPLS-TP …… 70

6.1 任务及情景引入 …… 70
6.2 MPLS-TP 技术概述 …… 70
　　6.2.1 PTN 的标准之争 …… 70
　　6.2.2 MPLS-TP 标准化过程 …… 71
　　6.2.3 MPLS-TP 技术特点 …… 72
6.3 MPLS-TP 网络的分层模型 …… 72
　　6.3.1 MPLS-TP 网络垂直分层 …… 72
　　6.3.2 MPLS-TP 网络的 3 个平面 …… 73
6.4 MPLS-TP 网络接口 …… 75
6.5 MPLS-TP 网络中数据的转发 …… 76
6.6 MPLS-TP 和 MPLS 的差别 …… 77
思考与练习 …… 78

任务 7　PTN 网络的 OAM 机制 …… 79

7.1 任务及情景引入 …… 79
7.2 分组传送网 OAM 的基本概念 …… 80
　　7.2.1 OAM 的定义 …… 80
　　7.2.2 PTN 的 OAM 标准 …… 80
　　7.2.3 OAM 的分类 …… 81
7.3 PTN 的 OAM 层次模型 …… 82
　　7.3.1 管理域 OAM 网络模型 …… 82
　　7.3.2 MEG 嵌套 …… 83

7.3.3　PTN OAM 处理流程 ················ 84
7.4　MPLS-TP 的 OAM 功能 ················ 84
　　7.4.1　故障管理 OAM 功能 ················ 84
　　7.4.2　性能管理 OAM 功能 ················ 87
7.5　MPLS-TP 的 OAM 报文封装和识别 ······ 88
　　7.5.1　OAM 报文封装 ···················· 88
　　7.5.2　识别 OAM 分组 ···················· 89
7.6　PTN 与数据网络通信产品的区别 ········ 90
　　7.6.1　以太网承载 IP 化业务的缺陷 ········ 90
　　7.6.2　IP/MPLS 承载 IP 化业务的缺陷 ······ 90
　　7.6.3　PTN 相对于传统交换机的差异化 ···· 91
　　7.6.4　PTN 相对于传统路由器的差异化 ···· 92
思考与练习 ································ 93

任务 8　PTN 设备介绍及系统初始化 ············ 94

8.1　任务及情景引入 ························ 94
8.2　ZXCTN 系列设备介绍 ·················· 94
　　8.2.1　中兴通讯 PTN 产品家族 ············ 94
　　8.2.2　ZXCTN 6200 设备硬件简介 ········ 95
8.3　PTN 网络搭建及 ZXCTN 6200 初始化 ··· 99
　　8.3.1　初始化准备及规划 ················ 99
　　8.3.2　使用超级终端连接网元 ············ 100
　　8.3.3　网元初始化命令介绍 ·············· 102
8.4　四网元组网初始化案例 ················ 106
　　8.4.1　网元 1 的命令脚本 ················ 106
　　8.4.2　网元 2 的命令脚本 ················ 108
　　8.4.3　网元 3 的命令脚本 ················ 110
　　8.4.4　网元 4 的命令脚本 ················ 112
思考与练习 ································ 113

任务 9　使用 U31 网管软件创建 PTN 网络 ······ 115

9.1　任务及情景引入 ······················ 115
9.2　NetNumen U31 网管软件的介绍和使用 ·· 115
　　9.2.1　U31 网管软件的功能 ·············· 115
　　9.2.2　U31 网管软件的系统组成 ·········· 118
　　9.2.3　启动并登录 U31 网管软件系统 ······ 118
9.3　使用 U31 软件创建 PTN 网络 ·········· 120
　　9.3.1　创建离线网元和网络 ·············· 120
　　9.3.2　创建在线网元和网络 ·············· 121
9.4　创建网元之间的段层 TMS ············· 125
　　9.4.1　基础配置数据规划 ················ 125
　　9.4.2　段层创建过程 ···················· 126
　　9.4.3　查询段层创建配置结果 ············ 130
思考与练习 ································ 131

任务 10　E1 电路业务配置 ···················· 132

10.1　子任务 1：TDM E1 业务配置 ········ 132
　　10.1.1　任务及情景引入 ················ 132
　　10.1.2　TDM E1 仿真原理 ·············· 133
　　10.1.3　TDM E1 业务配置规划 ·········· 133
　　10.1.4　TDM E1 业务配置流程 ·········· 134
　　10.1.5　TDM E1 业务配置操作 ·········· 135
　　10.1.6　TDM E1 业务验证 ·············· 137
10.2　子任务 2：ATM/IMA 业务配置 ······ 137
　　10.2.1　任务及情景引入 ················ 137
　　10.2.2　IMA 业务组网规划 ·············· 138
　　10.2.3　IMA E1 配置步骤 ·············· 139
　　10.2.4　IMA E1 业务验证 ·············· 142
思考与练习 ································ 142

任务 11 以太网专线 E-Line 业务配置　144

11.1　子任务 1：EPL 业务配置 …………… 144	11.2.1　任务及情景引入 ……………………… 147
11.1.1　任务及情景引入 ……………………… 144	11.2.2　任务分析及规划 ……………………… 148
11.1.2　任务分析及规划 ……………………… 144	11.2.3　EVPL 业务配置过程 ……………… 149
11.1.3　EPL 业务配置步骤 ………………… 145	11.2.4　EVPL 业务验证 …………………… 155
11.1.4　EPL 业务验证 ……………………… 147	思考与练习 ………………………………… 155
11.2　子任务 2：EVPL 业务配置 ………… 147	

任务 12 以太网专网 E-LAN 业务配置　156

12.1　子任务 1：EPLAN 业务配置 ……… 156	12.2.1　任务及情景引入 ……………………… 159
12.1.1　任务及情景引入 ……………………… 156	12.2.2　任务分析及规划 ……………………… 160
12.1.2　任务分析及规划 ……………………… 156	12.2.3　EVPLAN 业务配置步骤 …………… 161
12.1.3　EPLAN 业务配置步骤 …………… 157	12.2.4　EVPLAN 业务验证 ……………… 166
12.1.4　EPLAN 业务验证 ………………… 159	思考与练习 ………………………………… 167
12.2　子任务 2：EVPLAN 业务配置 …… 159	

任务 13 以太网树形业务配置　168

13.1　子任务 1：EP-Tree 业务配置 …… 168	13.2.1　任务及情景引入 ……………………… 173
13.1.1　任务及情景引入 ……………………… 168	13.2.2　任务分析及规划 ……………………… 174
13.1.2　任务分析及规划 ……………………… 169	13.2.3　EVP-Tree 业务配置步骤 ………… 175
13.1.3　EP-Tree 业务配置步骤 …………… 170	13.2.4　EVP-Tree 业务验证 ……………… 181
13.1.4　EP-Tree 业务验证 ………………… 172	思考与练习 ………………………………… 181
13.2　子任务 2：EVP-Tree 业务配置 …… 173	

任务 14 PTN 网络的保护机制　182

14.1　任务及情景引入 ……………………… 182	14.4.3　E1 链路保护技术 …………………… 193
14.2　PTN 网络保护的概念和分类 ……… 182	14.5　线性隧道保护配置 …………………… 195
14.3　PTN 网络内部组网保护 …………… 183	14.5.1　配置规划 ……………………………… 195
14.3.1　线性隧道保护 ……………………… 183	14.5.2　线性隧道配置步骤 ………………… 195
14.3.2　PTN 环网保护 ……………………… 185	14.5.3　线性隧道保护倒换测试 …………… 198
14.3.3　PTN 伪线双归保护 ………………… 187	14.6　Wrapping 环网保护配置 …………… 199
14.4　PTN 网络边缘互连保护 …………… 189	14.6.1　配置说明 ……………………………… 199
14.4.1　LMSP 保护 ………………………… 189	14.6.2　Wrapping 环网保护配置过程 … 200
14.4.2　LAG 保护 …………………………… 192	14.6.3　环网保护测试 ………………………… 203

IX

14.7 双归保护配置 ………………………… 204
　　14.7.1 配置说明 ………………………… 204
　　14.7.2 双归保护配置过程 …………… 204
14.7.3 双归保护测试 …………………… 206
思考与练习 …………………………………… 207

任务 15　PTN 网络同步技术 ………………… 208

15.1 任务及情景引入 ……………………… 208
15.2 传统的数字同步网络 ………………… 208
　　15.2.1 同步的概念 …………………… 208
　　15.2.2 同步时钟源 …………………… 209
　　15.2.3 数字同步网 …………………… 210
15.3 分组交换网络的同步技术 …………… 211
　　15.3.1 分组交换网络的同步需求 …… 211
　　15.3.2 分组交换网络的同步技术分类 … 212
15.4 同步以太网 …………………………… 215
　　15.4.1 同步以太网标准演进 ………… 215
　　15.4.2 同步以太网工作原理 ………… 215
15.5 IEEE 1588 时钟 ……………………… 216
　　15.5.1 IEEE 1588 的基本概念 ……… 216
　　15.5.2 1588 时钟的测量时延 ……… 217
15.6 1588v2 典型应用场景 ……………… 219
　　15.6.1 全网同步（BC 模式）……… 219
　　15.6.2 时间透传（TC 模式）……… 220
　　15.6.3 网络时钟保护 ………………… 221
15.7 同步以太网配置 ……………………… 222
　　15.7.1 组网图和配置要求 …………… 222
　　15.7.2 配置步骤 ……………………… 223
15.8 1588v2 时间同步配置 ……………… 226
思考与练习 …………………………………… 231

任务 16　PTN 性能维护与故障处理 ………… 233

16.1 任务及情景引入 ……………………… 233
16.2 告警查询和性能事件处理 …………… 233
　　16.2.1 当前性能查询 ………………… 233
　　16.2.2 告警查询与管理 ……………… 235
16.3 故障定位及处理 ……………………… 236
16.4 典型故障实例 ………………………… 238
　　16.4.1 PTN 业务连通性诊断 ……… 238
16.4.2 PTN 网管告警上报问题排查 … 241
16.4.3 PTN 6200 RSCCU 主备单板倒换异常 …………………………… 242
16.4.4 对接光线路板的光模块类型不符导致业务不通 …………………… 243
16.4.5 电源板导致业务出现瞬断 …… 243
思考与练习 …………………………………… 244

附　录　常用缩略语中英文对照 ……………… 245

参考文献 …………………………………………… 249

任务 1　认识传输网

1.1　任务及情景引入

小李是一所技能高等职业院校通信技术专业的大三学生，刚进入通信专业课程的学习，对于开设的光纤通信课程没有一点基础，希望通过本次任务的学习，了解传输网在整个通信网络的位置和作用，以及传输网的发展历程。

通过本次任务的学习，应当了解以下内容：
- 传输网的产生和定义。
- 传输网在通信网络中的位置及分层。
- 传输网发展各阶段的设备特点。
- 当前传输网的现状和发展趋势。

1.2　传输网的产生和定义

在人们的早期理念中，最容易想到的通信方式就是在两个通信终端之间搭建通信线缆进行通信，这种方式虽然简单，但通信范围和传输距离非常有限，并且随着终端数目的增大，其成本也会大大增加，如图 1-1 所示。

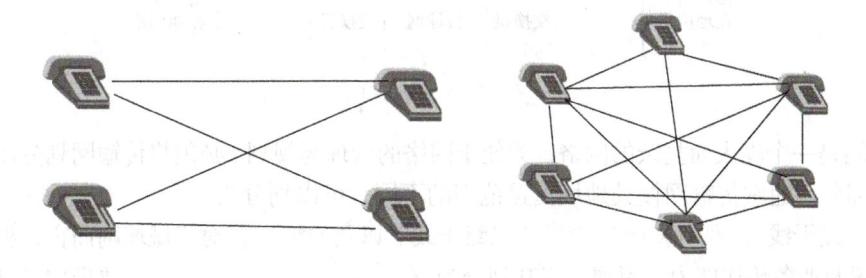

图 1-1　通信终端之间直接连接通信

为了降低成本，人们考虑在终端之间设置一台交换机，所有通信终端均与交换机进行连接，当需要通信时，由交换机对通信双方进行业务转接和通路的选择，如图 1-2 所示。这样不仅可以降低通信线路的浪费，也可以使得通信更为灵活与方便。

起初的交换机也仅用于本地通信，然而人们总是希望不同地方的通信用户都可以方便地进行联系，因此将位于不同地方的交换机用传输设备和传输线路连接起来，于是传输网便应运而生，如图 1-3 所示。

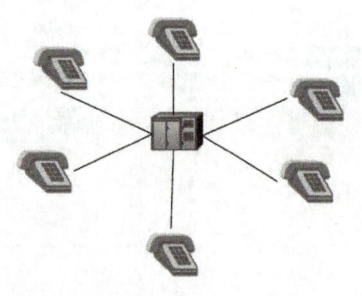

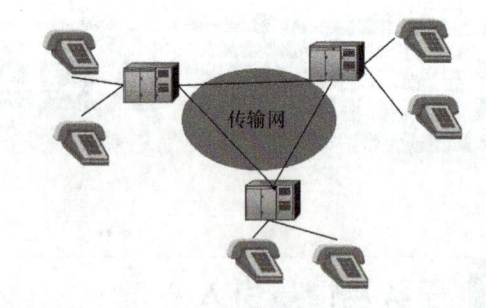

图 1-2　使用交换机进行通信　　　　图 1-3　使用传输网连接多个交换机进行通信

传输网是在不同地点之间传递用户信息网络的物理资源，即基础物理实体的集合。传输网的描述对象是信号在具体物理媒介中传输的物理过程，并且传输网主要是指由具体设备所形成的实体网络。

1.3　传输网在通信网络中的位置和层次模型

传输网在通信网络中的位置如图 1-4 所示。

从图 1-4 可以看出，传输网是由传输节点设备和传输介质共同构成的网络，位于交换节点之间，其作用是服务于各业务网和电信支持网，对业务进行安全的、长距离、大容量的传输。目前世界各国的传输网主要是通过光纤通信来搭建的。

传输网在通信网络中的位置

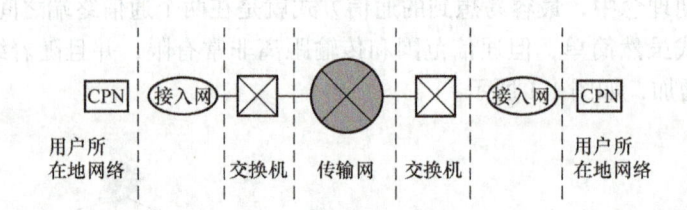

图 1-4　传输网在通信网络中的位置

传输网是一个庞大而复杂的网络，为便于网络的管理与规划，必须将传输网划分成若干个相对分离的部分。通常传输网按其地域覆盖范围的不同，可以划分为国际传输网、国内省际长途传输网（一级干线）、省内长途传输网（二级干线）以及城域网。对于城域网而言，根据传输节点所在位置及业务传送能力，习惯上将其划分为核心层、汇聚层、接入层，如图 1-5 所示。

核心层主要连接移动业务网各交换局、网关局、数据业务核心节点，主要解决本地交换局的局间中继电路需求、干线网中继电路需求、城域汇聚层各种汇聚电路到交换局和次中心数据节点的接入电路需求。

汇聚层连接移动业务网内分散节点的基站控制中心（如 BSC、RNC），县区基站传输中心节点、数据宽带业务汇聚节点，主要用于语音、数据宽带、多媒体等业务的汇聚。

接入层为各种业务提供接口，连接移动业务网的基站（如 BTS、NodeB）、宽带多媒体用户、专线业务、语音或传真、综合大楼用户业务的接入和传输。

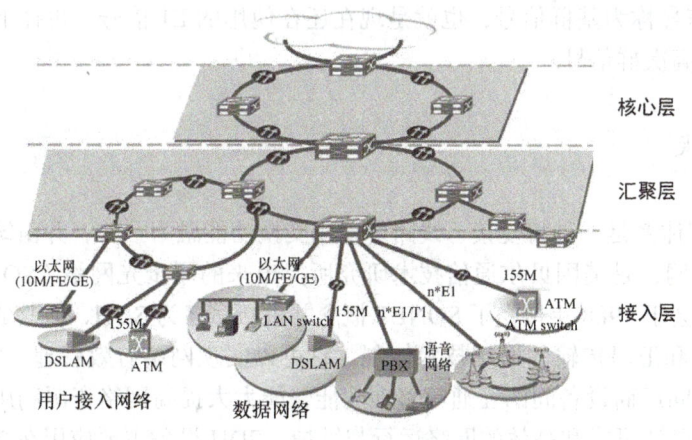

图 1-5 城域网的分层次模型

1.4 传输网发展各阶段的设备特点

传输网发展经历了准同步数字体系（Plesiochronous Digital Hierarchy，PDH）、同步数字体系（Synchronous Digital Hierarchy，SDH）、多业务传送平台（Multi-Service Transport Platform，MSTP）、波分多路复用（Wavelength Division Multiplexing，WDM）、自动交换光网络（Automatically Switched Optical Network，ASON）、分组传送网（Packet Transport Network，PTN）和光传送网（Optical Transport Network，OTN）技术的发展和革新。

各种光传输设备特性介绍

1.4.1 PDH 技术

准同步数字体系的建议是由原国际电话电报咨询委员会（CCITT）（现国际电信联盟电信标准化部 ITU-T）于 1972 年提出的，又于 1988 年最终形成完整的 PDH，PDH 设备主要应用的时期是在 20 世纪 90 年代中期。PDH 设备虽然属于光传输设备，但主要处理的是电信号，PDH 复用的方式很明显不能满足信号大容量传输的要求，另外 PDH 体制的地区性规范使网络互连增加了难度，也不具备良好的 OAM 机制。PDH 的传输体制已经越来越成为现代通信网的瓶颈，制约了传输网向更高的速率发展。

PDH 将话音信号变成高速信号的过程叫作复用，其反变换叫作解复用。PDH 的速率等级有一次群（基群）、二次群、三次群和四次群，速率大小如表 1-1 所示。

表 1-1 PDH 各次群速率和包含话路数

速率等级	速率 /（Mbit/s）	包含话路数 /（64kbit/s）
一次群	2.048	30
二次群	8.448	120
三次群	34.368	480
四次群	139.264	1920

PDH 基本的信号称为基群信号，也就是现在还在使用的 E1 信号。再往上，每四路低次群信号复用成一路高次群信号。

1.4.2　SDH 技术

SDH 同步数字体系是一种将复接、线路传输及交换功能融为一体，并由统一网管系统操作的综合信息传输网，是美国贝尔通信技术研究所提出来的同步光网络（SONET）。原国际电话电报咨询委员会于 1988 年接受了 SONET 概念并重新命名为 SDH，使其成为不仅适用于光纤也适用于微波和卫星传输的通用技术体制。它可以实现网络有效管理、实时业务监控、动态网络维护、不同厂商设备间的互通等多项功能，能大大提高网络资源利用率、降低管理及维护费用、实现灵活可靠和高效的网络运行与维护。SDH 设备主要应用在 20 世纪 90 年代中期到 21 世纪初。

SDH 的基本传输单元就是 STM-1，往上一级有 STM-4、STM-16、STM-64 等，都是严格的 4 倍关系。其中，STM-1 的传输速率是 155.52Mbit/s，STM-1 光接口速率是 155Mbit/s，STM-4、STM-16、STM-64 的传输速率依次为 622Mbit/s、2.5Gbit/s、10Gbit/s。

1.4.3　MSTP 技术

随着 3G 移动多媒体业务（如图像、视频）的需求不断增加，出现了 MSTP 多业务传送平台，MSTP 是指基于 SDH，同时实现时分复用（Time Division Multiplexing，TDM）、异步传输模式（Asynchronous Transfer Mode，ATM）、IP 等业务接入、处理和传送，提供统一网关的多业务传送平台。作为传送网解决方案，MSTP 伴随着电信网络的发展和技术进步，经历了从支持以太网透传的第一代 MSTP 到支持二层交换的第二代 MSTP，再到当前支持以太网业务的第三代 MSTP 的发展历程。不过 MSTP 依然是基于 SDH 的刚性管道本质，对以太网业务的突发性和统计特性依然存在一定的缺陷。MSTP 在 2001—2006 年这段时间，得到了电信运营商大规模的应用。

1.4.4　WDM 技术

从 20 世纪 90 年代中后期，WDM 开始应用到传输网骨干层和核心层的建设中，WDM 是利用了光具有不同波长的特征。随着光纤技术的使用，基于光信号传输的复用技术得到重视。波分多路复用的原理：利用波分复用设备将不同信道的信号调制成不同波长的光，并复用到光纤信道上。在接收方，采用波分设备分离不同波长的光。WDM 的传送特点是充分利用光纤的巨大带宽资源，同时传输多种不同类型的信号，从而实现单根光纤双向传输，使其具有多种应用形式、节约线路投资、降低器件的超高速要求，并确保其高度的组网灵活性、经济性和可靠性。

波分复用按照波长数目的多少分为两波长波分复用、粗波分复用（CWDM）和密集波分复用（DWDM）。在 20 世纪 70 年代初时仅用两个波长：1310nm 窗口一个波长，1550nm 窗口一个波长，利用 WDM 技术实现单纤双窗口传输，这是最初的波分复用的使用情况。

继在骨干网及长途网络中应用后，波分复用技术也开始在城域网中得到使用，主要指的是粗波分复用技术。CWDM 使用 1200~1700nm 的宽窗口，主要应用于波长为 1550nm 的系统中，当然 1310nm 波长的波分复用器也在研制之中。粗波分复用（大波长间隔）器相邻信道的间距一般大于等于 20nm，它的波长数目一般为 4 或 8，最多为 16。

密集波分复用技术可以承载 8~160 个波长，而且随着 DWDM 技术的不断发展，其分波波数的上限值仍在不断地增长，间隔一般小于或等于 1.6nm，主要应用于长距离传输系统。密集波分多路复用 DWDM 设备因其上述特点，常被使用于距离长、容量大的两点之间的通信中。

1.4.5 ASON 技术

2000 年以后，自动交换光网络 ASON 开始出现，ASON 是能够智能化、自动化地完成光网络交换链接功能的新一代光传输网。ASON 技术传送网的特点是：具有分布式处理功能；与所传送客户层信号的比特率和协议相独立，可支持多种客户层信号；具有端对端网络监控保护、恢复能力；实现了控制平台与传送平台的独立；实现了数据网元和光层网元的协调控制，将光网络资料和数据业务的分布自动联系在一起；与所采用的技术相独立；网元是智能的；可根据客户层信号的业务等级来决定所需要的保护等级。

ASON 设备在实际网络组网中使用很少，因为它必须应用于网格网络中才能充分发挥它的优势。

1.4.6 PTN 技术

移动回传网是指移动基站到基站控制器之间的网络，比如 2G 时代的 BTS 到 BSC 之间的网络，3G 时代的 NodeB 到 RNC、4GLTE 时代 eNodeB 到核心网之间的网络。近年来，分组传送网是 IP/MPLS、以太网和传送网 3 种技术相结合的产物，它保留了这 3 类产品中的优势技术。PTN 向着网络的 IP 化、智能化、宽带化、扁平化的方向发展，以分组业务为核心、增加独立的控制面、以提高传送效率的方式拓展有效带宽、支持统一的多业务提供，并继承了 SDH 的传统优势。PTN 技术融合了传统传送网和分组网各自的优势，是当前通信网络的新型传送网技术，大量商用始于 2011 年直到现在。

PTN 技术是 3 种技术的结合，到目前为止，PTN 技术的标准化还没完全统一，这在一定程度上阻碍了 PTN 技术的发展以及 PTN 设备的生产和应用。在目前的网络和技术条件下，总体来看，PTN 可分为以太网增强技术和传输技术结合多协议标签交换（Multiprotocol Label Switching，MPLS）两大类，前者以 PBB-TE（Provider Backbone Bridge-Traffic Engineering）为代表，后者以 T-MPLS（MPLS-TP）为代表。当然，作为分组传送演进的另一个方向——电信级以太网（Carrier Ethernet，CE），也在逐步推进，这是一种从数据层面以较低的成本实现多业务承载的改良方法，相比 PTN 在全网端到端的安全可靠性方面及组网方面还有待进一步改进。

早期传输网面临的最大问题为刚性通道的 SDH 和 MSTP 传送网无法满足分组数据业务的传输需求。另外，全球电信业 IP 化进程不断加速，因此，以分组传送为核心的 PTN 技术至关重要。相对于传统的 SDH/MSTP 网络，PTN 网络最大的优势在于其强大的统计复用能力，因此特别适合 IP 数据业务的传送，其承载 4G 数据业务显得更加经济和灵活高效。

1.4.7 OTN 技术

OTN 是以波分复用技术为基础、在光层组织网络的传送网，主要应用在骨干传送网，2003 年前后开始正式商用。OTN 解决了传统 WDM 系统的波长/子波长业务调度能力差、组网能力弱、保护能力弱等问题。OTN 处理的基本对象是波长级业务，它将传送网推进到真正的多波长光网络阶段。由于结合了光域和电域处理的优势，OTN 可以提供巨大的传送容量、完全透明的端到端波长/子波长连接以及电信级的保护，目前是传送宽带大颗粒业务的最优技术。

OTN 概念涵盖了光层和电层两个层次，其技术继承了 SDH 和 WDM 的双重优势，支持多种客户信号的映射和透明传输，如 SDH、ATM、以太网等。提供了和 SDH 类似的开销管理能力，OTN 光通路（OCh）层的 OTN 帧结构大大增强了该层的数字监视能力。另外，OTN 还提供 6 层嵌套串联连接监视（TCM）功能，这样使得 OTN 在组网时，采取端到端和多个分段同时进行性能监视的方式成为可能，为跨运营商传输提供了合适的管理手段。

通过 OTN 帧结构、光通路数据单元（ODUk）交叉和多维度可重构光分插复用器（Reconfigurable Optical Add-Drop Multiplexer，ROADM）的引入，大大增强了光传输网的组网能力。前向纠错（FEC）技术的采用，显著增加了光层传输的距离。另外，OTN 将提供更为灵活的基于电层和光层的业务保护功能，如光子网连接保护（SNCP）和共享环网保护、基于光层的光通道或复用段保护等。

OTN 与 PTN 是完全不同的两种技术，从技术上来看，可以说没有联系。OTN 是光传输网，是从传统的波分技术演进而来，主要加入了智能光交换功能，可以通过数据配置实现光交叉而不用人为跳纤，从而大大提升了波分设备的可维护性和组网的灵活性。同时，新的 OTN 网络也在逐渐向更大带宽、更大颗粒、更强的保护演进。

PTN 是包传送网，是传送网与数据网融合的产物。其主要协议是 MPLS-TP，相比传统网络设备，少了 IP 层而多了开销报文，可实现环状组网和保护，是电信级的数据通信网络（传统的数据网是无法达到电信级要求的）。PTN 的传送带宽较 OTN 要小，一般 PTN 最大群路带宽为 10Gbit/s，OTN 单波为 10Gbit/s，群路可达 400~1600Gbit/s，最新的技术可达单波 40Gbit/s，是传送网的骨干平台。

1.5 传输网的现状和发展趋势

伴随全 IP（ALL IP）网络进程化的不断加快，以 OTN、PTN 为代表的新一代光传输技术正在取代 DWDM、MSTP 的地位，逐渐成为光传送的主流产品。OTN、PTN 作为新技术、新的产品形态，如何在城域、本地网中合理、有效地选用和规划网络，如何有效地进行联合组网，无疑成为当前业界关注的焦点。

OTN 作为具有光电联合调度的大容量组网技术，电层实现基于子波长的调度，如 GE、2.5G、10G 颗粒；光层调度以 10G 或 40G 波长为主，主要定位于网络中的骨干/核心层。而 PTN 与 MSTP 类似，多应用于网络的汇聚/接入层。在现网中，往往核心骨干层采用 OTN 组网，汇聚层及以下采用 PTN 组网，充分利用 OTN 将上联业务调度至 PTN 所属业务落地站点。在联合组网模式中，OTN 不仅是一种承载手段，而且通过 OTN 对骨干节点上联的

GE/10GE 业务与所属交叉落地设备之间进行调度,其上联 GE/10GE 通道的数量可以根据该 PTN 中实际接入的业务总数按需配置,从而极大地简化了骨干节点与核心节点之间的网络组建,避免了在 PTN 独立组网模式中,因某节点业务容量升级而引起环路上所有节点设备必须升级的情况,极大地节省了网络投资。OTN 传输组网层次结构如图 1-6 所示。

OTN 和 PTN 作为新兴的技术,将在下一代的传输网发挥中流砥柱的作用。从技术角度而言,PTN+OTN 联合组网模式已经完全可行,并且在很多省市的建设中得到了充分的验证;但从另一方面来考虑,限于技术本身发展时间较短,技术发展较快,而且在网络中没有长时间的大规模部署经验,还有很多未知的问题需要进一步深入研究和探讨。

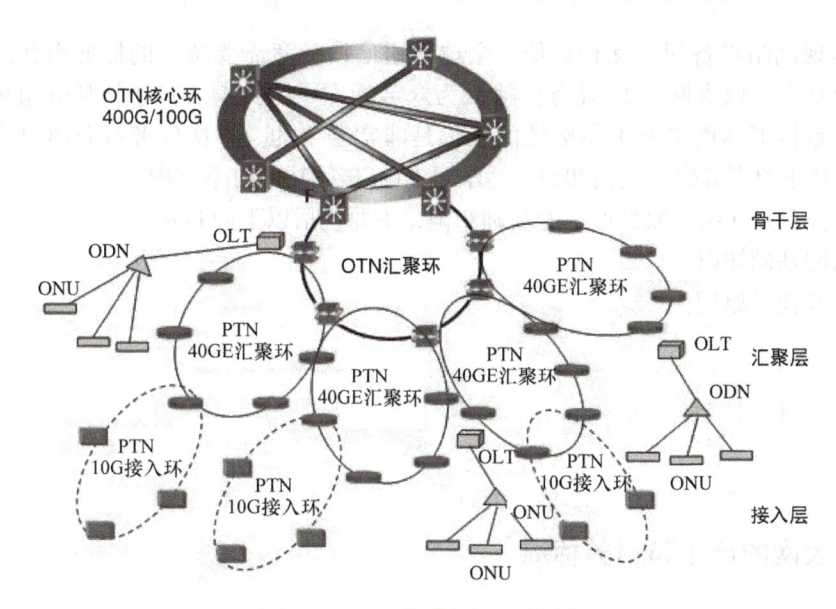

图 1-6 OTN 传输组网层次结构

思考与练习

一、填空题

1. PDH 准同步数字复接系列主要包括_____、_____、_____、_____、速率等级。
2. SDH 同步数字复接系列的基本模块是_____,其速率大小为_____。
3. WDM 波分复用是指_____,主要应用在传输网的_____层。
4. PTN 的中文名称是_____,它结合了_____、_____、_____三类产品中的优势技术,成为当前城域传输网的主要承载设备。
5. 移动回传网"backhaul"通常是指移动通信网络中_____到_____的传输链路。

二、简答题

1. 简要回答 SDH 和 MSTP 的主要差异。
2. OTN 和 WDM 的主要区别是什么?
3. PTN 技术的特点有哪些?

任务 2　　数据通信基础

2.1　任务及情景引入

为了实现网络设备间的互相通信，全球各通信设备商需要统一的标准来共同遵循和执行，在此背景下，以太网和 IP 业务传输成为众多标准中的典型。对于初学分组传输网的读者，建立对数据通信网络基本轮廓性的认识是非常必要的。本次任务将介绍以太网基本概念、VLAN 技术原理等数据通信知识。为学习 PTN 传输技术打下基础。

本次任务重点介绍了数据通信的基础知识，主要包括以下内容：
- 以太网基础知识。
- VLAN 技术原理。

2.2　以太网基础知识

2.2.1　以太网的产生和相关标准

以太网（Ethernet）是在 20 世纪 70 年代由 Xerox 公司 Palo Alto 研究中心推出的。由于介质技术的发展，Xerox 公司可以将许多机器相互连接，形成巨型打印机，这就是以太网的原型。后来，Xerox 公司推出了带宽为 2Mbit/s 的以太网，又和 Intel、DEC 公司合作推出了带宽为 10Mbit/s 的以太网，这就是通常所称的以太网 II 或以太网 DIX（Digital、Intel 和 Xerox）。IEEE（美国电气电子工程师学会）下属的 802 协议委员会制定了一系列局域网标准，其中以太网标准（IEEE802.3）与由 Intel、Digital 和 Xerox 推出的以太网 II 非常相似。

随着以太网技术的不断进步与带宽的提升，目前在很多情况下，以太网成为局域网的代名词。

美国电气电子工程师学会在 1980 年 2 月组成了一个 802 协议委员会，制定了一系列局域网方面的标准，主要包括的标准如下。

1）IEEE 802.3：以太网标准。
2）IEEE 802.2：LLC（逻辑链路控制）标准。
3）IEEE 802.3u：100M 以太网标准。
4）IEEE 802.3z：1000M 以太网标准。
5）IEEE 802.3ab：1000M 以太网运行在双绞线上的标准。

6）IEEE 802.3ae：10000M 以太网标准。

通常所说的以太网主要是指以下 4 种以太网技术。

（1）10M 以太网

10M 以太网主要采用同轴电缆作为传输介质，传输速率达到 10Mbit/s，遵循 IEEE802.3 标准，采用总线拓扑结构，只能在半双工模式下工作，包括 10Base-2、10Base-5 和 10Base-T 这 3 种，其中 10Base-T 使用双绞线作为传输介质。

（2）100M 以太网

100M 以太网又称为快速以太网，它是为了提高局域网的传输速率提出来的，主要采用双绞线和光纤作为传输介质，采用星形和树形拓扑结构，传输速率达到 100Mbit/s，遵循 IEEE802.3u 标准，可以在半双工和全双工模式下工作，包括 100Base-TX、100Base-FX、100Base-T2 和 100Base-T4 这 4 种类型，现在常用的是 100Base-TX 以太网。100M 以太网是在 10M 以太网的基础上发展起来的，同时为了能很好地与 10M 以太网兼容，方便用户升级改造网络，在 100M 以太网中使用与 10M 以太网相同的帧格式。

（3）1000M 以太网

1000M 以太网称为千兆以太网或吉比特以太网，采用光缆或屏蔽双绞线作为传输介质，传输速率达到 1000Mbit/s（1Gbit/s），采用星形和树形拓扑结构，可以工作在半双工和全双工模式；遵循 IEEE 802.3z 标准的千兆以太网有 100Base-CX、100Base-LX 和 100Base-SX，遵循 IEEE 802.3ab 标准的千兆以太网有 100Base-T。千兆以太网保留了原有以太网的帧结构，所以和 10M 以太网、快速以太网完全兼容，从而原有的 10M 以太网或快速以太网可以方便地升级到千兆以太网。

（4）10000M 以太网

10000M 以太网遵循 IEEE 802.3ae 标准，其数据传输速率达到 10000Mbit/s（10Gbit/s）。万兆以太网具有与各种以太网标准相似的特点，但同时又具有相对于以前几种以太网技术不同的鲜明特点，主要包括以下几点。

1）只支持全双工模式，不支持单工和半双工模式。

2）采用与 10M、100M、1000M 以太网相同的帧格式。

3）只使用光纤作为传输介质。

4）不支持自协商模式。

5）提供了广域网物理层接口。

以太网以其高度灵活、相对简单、易于实现的特点，成为当今非常重要的一种局域网建网技术。虽然其他网络技术也曾经被认为可以取代以太网的地位，但是绝大多数的网络管理人员仍然将以太网作为首选的网络解决方案。为了使以太网更加完善，解决所面临的各种问题，一些业界主导厂商和标准制定组织正在不断地对以太网规范做出修订和改进。

2.2.2　以太网的工作原理

由于早期的以太网技术是总线型共享介质的网络，为了降低冲突和信号的差错，使用载波侦听多路访问/冲突检测（Carrier Sense Multiple Access/Collision Detected，CSMA/CD）协议进行介质的访问控制。

（1）发送数据工作过程

1）若介质空闲，则传输；否则，转 2）。

2）若介质忙，一直监听到信道空闲，然后立即传输。

3）若在传输中检测到冲突，则发出一个短小的人为干扰信号，使得所有站点都知道发生了冲突并停止传输。

4）发完干扰信号，等待一段随机的时间后，再次试图传输，回到 1）重新开始。

CSMA/CD 协议发送数据的工作流程可以用图 2-1 来表示。CSMA/CD 协议的工作过程通常可以概括为"先听后发、边听边发、冲突停发、随机重发"。

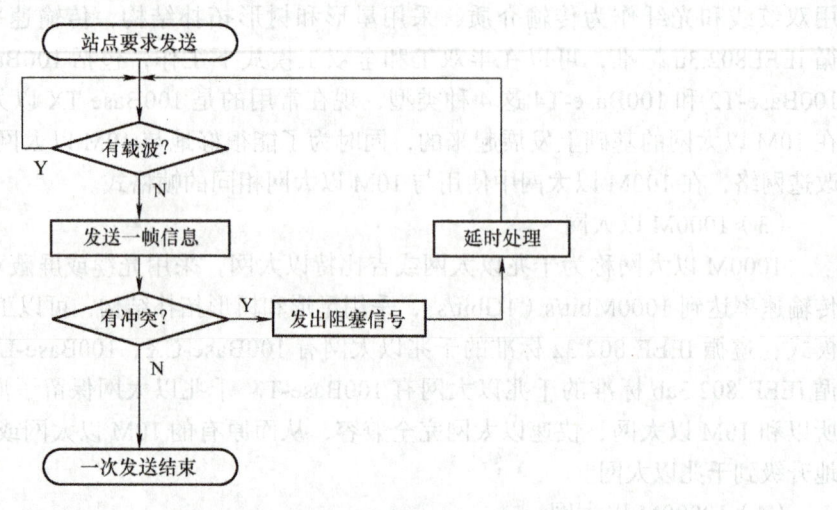

图 2-1 CSMA/CD 协议发送数据的工作流程

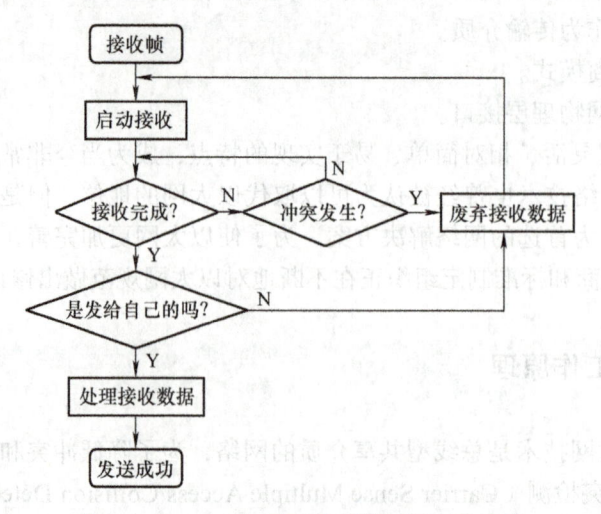

（2）CSMA/CD 协议接收数据的工作流程

网络上的每个节点都在监听总线，如果有信息传输，则接收信息，得到 MAC 帧，再分析和判断帧中的接收地址；如果接收地址为本节点地址，则接收该帧，否则丢弃该帧。CSMA/CD 协议接收数据工作流程如图 2-2 所示。

图 2-2 CSMA/CD 协议接收数据的工作流程

2.2.3 以太网帧结构

以太网标准帧结构如图 2-3 所示。一个以太网帧最小 64B，最大 1518B，小于 64B 的以太网帧为无效帧。

1）前导 PRE：一个由 0 和 1 交替组成的 7 个 8 位位组模式，被用作同步。

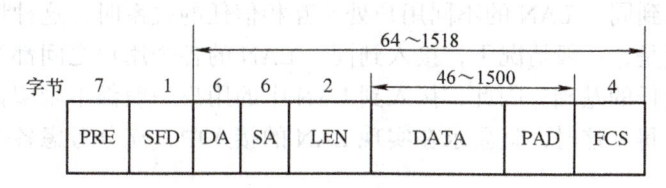

字节	7	1	6	6	2	46～1500		4
	PRE	SFD	DA	SA	LEN	DATA	PAD	FCS

64～1518

图 2-3　以太网标准帧结构

2）帧定界符开始 SFD：特殊模式 10101011 表示帧的开始。

3）目的地址 DA：若第一位是 0，这个字段指定了一个特定站点；若是 1，该目的地址是一组地址，帧被发送往由该地址规定的预先定义的一组地址中的所有站点，每个站点的接口知道它自己的组地址，当见到这个组地址时会做出响应；若所有的位均为 1，该帧将被广播至所有的站点。

4）源地址 SA：说明一个帧来自哪里。

5）数据长度字段 LEN：说明在数据和填充字段里的 8 位字符的数目。

6）数据字段 DATA：上层数据。

7）填充字段 PAD：数据字段必须至少是 46 个 8 位字符。若没有足够的数据，额外的 8 位位组被添加（填充）到数据中以补足差额。

8）帧校验序列 FCS：使用 32 位循环冗余校验码的差错校验。

MAC 地址长度为 48bit，通常被表示为 12bit 的点分十六进制数。MAC 地址全球唯一，由 IEEE 对这些地址进行管理和分配。每个地址由两部分组成，分别是供应商代码和序列号，其中前 24bit 二进制代表该供应商代码，剩下的 24bit 是由厂商自己分配的序列号。

2.3　虚拟局域网（VLAN）基础

传统的局域网存在广播风暴和小区宽带用户隔离的问题。为了解决这两个问题，提出了 VLAN 技术。

传统的局域网使用的是集线器（Hub），Hub 只有一根总线，一根总线就是一个冲突域。所以传统的局域网是一个扁平的网络，一个局域网属于同一个冲突域。任何一台主机发出的报文都会被同一冲突域中的所有其他机器接收到。后来，组网时使用二层交换机代替集线器，每个端口可以看成是一根单独的总线，冲突域缩小到每个端口，使得网络发送单播报文的效率大大提高，极大地提高了二层网络的性能。但是假如一台主机发出广播报文，设备仍然可以接收到该广播信息，通常把广播报文所能传输的范围称为广播域，交换机在传递广播报文的时候依然要将广播报文复制多份，发送到网络的各个角落。随着网络规模的扩大，网络中的广播报文越来越多，广播报文占用的网络资源越来越多，严重影响网络性能，这就是所谓的广播风暴问题，最坏情况下，广播风暴可以使整个网络瘫痪。

此外，随着 Internet 的快速发展，许多小区构建了自己的小区宽带网络，用户通过 LAN 直接接入 Internet。在这种 LAN 接入方式中，应该考虑的一个重要问题就是用户之间的隔离问题。由于在局域网环境中，接入到局域网的用户都处于同一个广播域中，也就是一个用户在通过局域网进行通信时，发出的广播信息同样能够被其他用户监听到。在一般的局域网网络环境下，当接入到同一 LAN 的不同用户处于互相信任的关系时，这种情况并不会产生严重的安全问题。但是，一般情况下，接入到同一 LAN 的各个用户之间都互不相干，即他们之间不存在互相信任的基础。因此，接入到 LAN 中的用户一般都不希望自己网络的通信信息被其他用户所获得。这时，就要求在实现 LAN 的接入中，充分考虑各个接入用户的隔离问题。

由于工作原理本身的限制，传统二层交换机对广播风暴和用户隔离问题无能为力。为了提高网络的效率，一般需要将网络进行分段，把一个大的广播域划分成几个小的广播域。

VLAN 是将一个物理上互联的局域网交换网络划分为逻辑上相互隔离的虚拟局域网络。一个 VLAN 在逻辑上等价于一个广播域，如图 2-4 所示。

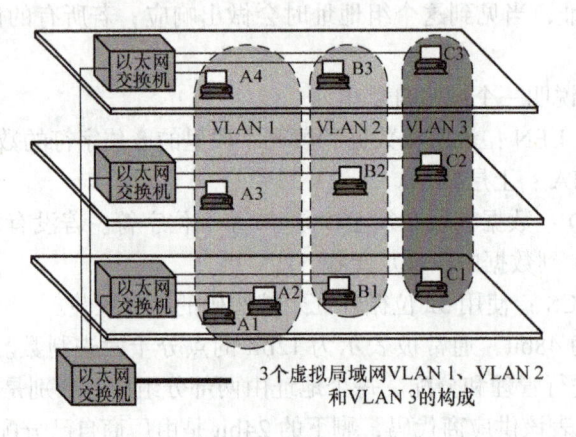

图 2-4　VLAN 划分示意图

VLAN 技术的出现打破了传统网络的许多固有观念，使网络结构变得灵活、方便。在局域网交换技术中，虚拟局域网是一种迅速发展的技术。此种技术的核心是通过路由和交换设备，在网络的物理拓扑结构基础上建立一个逻辑网络，以使得网络中任意几个 LAN 段或单站能够组合成一个逻辑上的局域网。LAN 交换设备给用户提供了非常好的网络分段能力、极低的报文转发延迟以及很高的传输带宽。LAN 交换设备能够将整个网络逻辑分成许多虚拟工作组。此种逻辑上被划分的虚拟工作组通常就被称为虚拟局域网。近年来，各大主要的 LAN 设备厂商均在其交换 LAN 方案中集成虚拟局域网技术。

在引入交换技术之后，人们可以在第 2 层上将网络划分成更小的分段。这样做的好处是各网段的带宽将得以提高，而网络中的路由器可以集中力量做好广播数据的隔离工作。此时一个广播域可以跨越多个交换的网段，从而使得在一个广播域中提供对 500 个甚至更多用户的支持也不再是什么困难的事。但是，大量的交换设备将网络分成越来越多的网段并不能降低对于广播数据隔离的要求。在这种网络中仍然要使用路由器，而一个广播域通常只能包含 100～500 个用户。

VLAN 代表着一种不用路由器对广播数据进行隔离的解决方案。在 VLAN 中，对广播数据的隔离将由交换机完成。此时，每一个物理网段可以仅包含一个用户，而一个广播域中则可以具有多达 1000 个以上的用户。另外，VLAN 还可以跟踪各个工作站物理位置的变动，使之在移动位置之后不需要对其网络地址重新进行手工配置。VLAN 一方面建立在局域网交换机（如以太网交换机、ATM 交换机等）的基础之上；另一方面，VLAN 是局域交换网的灵魂。VLAN 充分体现了现代网络技术的重要特征，即高速、灵活、管理简便和容易扩展。

2.3.1 VLAN 的划分方法

VLAN 划分方法指的是在一个 VLAN 中包含哪些站点（包括服务器和客户站），采用何种方法将这些站点划分到同一个 VLAN 中。处在同一个 VLAN 中的所有成员（站点）将共享广播数据，而这些广播数据将不会被扩散到其他 VLAN 的站点那里。VLAN 划分的方法如下。

（1）按交换机端口号划分 VLAN

按交换机端口号来划分 VLAN 是划分虚拟局域网最简单也是最有效的方法。使用这种方法，网络管理员只需管理和配置交换机端口，而不管交换机端口连接什么设备。如图 2-5 所示，端口 1 和端口 7 被指定属于 VLAN 5，端口 2 和端口 10 被指定属于 VLAN 10。主机 A 和主机 C 连接在端口 1 和端口 7 上，因此它们就属于 VLAN 5；同理，主机 B 和主机 D 属于 VLAN 10。

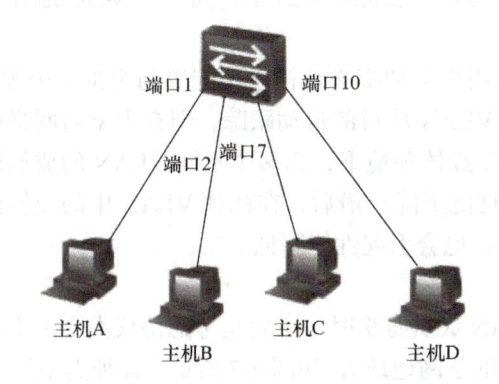

VLAN表

端口	所属VLAN
端口1	VLAN 5
端口2	VLAN 10
⋮	⋮
端口7	VLAN 5
⋮	⋮
端口10	VLAN 10

图 2-5 按交换机端口号划分 VLAN

按交换机端口号划分的优点如下。
1）易于理解和管理。
2）厂商常用的方法。
3）在一个企业中，对于连接不同交换机的用户，可以创建用户的逻辑分组。
4）由于端口可以连接集线器，而集线器支持共享介质的多用户网络，因此，按交换端口号的分组方法能够将两个或多个共享介质的网络分为一组。

按交换机端口号划分的缺点如下。
1）当工作站移动到新的端口时，必须对用户进行配置。
2）每个端口不能加入多个 VLAN。

（2）按 MAC 地址划分 VLAN

由于只有网卡才分配有 MAC 地址，因此按 MAC 地址划分 VLAN，该 VLAN 是一些 MAC 地址的集合，如图 2-6 所示。当设备移动时，网络管理需要管理和配置设备的 MAC 地址。很显然，如果网络规模很大，设备很多，则会给管理带来难度。

VLAN表	
MAC 地址	所属VLAN
MAC A	VLAN 5
MAC B	VLAN 10
MAC C	VLAN 5
MAC D	VLAN 10

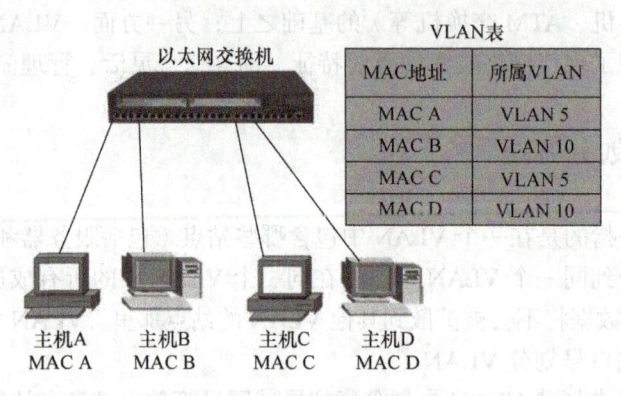

图 2-6 按 MAC 地址划分 VLAN

这种方法由网管人员指定属于同一个 VLAN 中的各客户端的 MAC 地址。用 MAC 地址进行 VLAN 成员的定义和划分，实际上是将某些工作站和服务器划分给某个 VLAN。由于 MAC 地址是固化在网卡中的，故移至网络中另外一个地方时，它将仍然保持其原先的 VLAN 成员身份而无须网管人员对其进行重新配置，VLAN 能自动识别。因此，用 MAC 地址定义的 VLAN 可以看成是基于用户的 VLAN。另外，在此种方式中，同一个 MAC 地址处于多个 VLAN 中是不成问题的。

这种方法的不足之处是：首先，所有用户最初都必须被手工配置到至少一个 VLAN 中，只有经过这种手工配置之后，方可实现对 VLAN 成员的自动跟踪，但在大型的网络中完成初始配置并不是一件容易的事；其次，在共享媒体环境下，当多个不同 VLAN 的成员同时存在于同一个交换端口时，可能会导致严重的性能下降；最后，在此种 VLAN 中的交换设备之间进行 VLAN 成员身份信息的大规模交换时，也会引起性能降低。

（3）按第 3 层协议划分 VLAN

基于第 3 层协议的 VLAN 在决定 VLAN 成员身份时，主要是考虑协议类型（支持多协议的情况下）或网络层地址（如 TCP/IP 网络的子网地址），如图 2-7 所示。此种类型的 VLAN 划分需要将子网地址映射到 VLAN，交换设备则根据子网地址而将各主机中 MAC 地址的同一个 VLAN 联系起来。交换设备将决定哪些网络端口上连接的主机属于同一个 VLAN。但应注意，此处对于第 3 层信息的使用并不构成路由功能，不应将其同网络层路由混淆起来。因为在交换设备使用报文的 IP 地址决定 VLAN 成员身份时，并没有进行任何路由计算，也没有使用任何路由协议，交换设备只是根据生成树算法在其他各端口之间进行帧的转发。因此，从这个意义上讲，任一 VLAN 内部的连接仍然是一种平板式的桥接拓扑结构。

在第 3 层定义 VLAN 有许多优点。首先，可以根据协议类型进行 VLAN 的划分，这对于那些基于服务或基于应用 VLAN 策略的网管人员无疑是极具吸引力的；其次，用户可以自由地移动他们的主机而无须对网络地址进行重新配置，并且在第 3 层上定义 VLAN 将不再需要报文标识，从而可以消除因在交换设备之间传递 VLAN 成员信息而花费的开销。

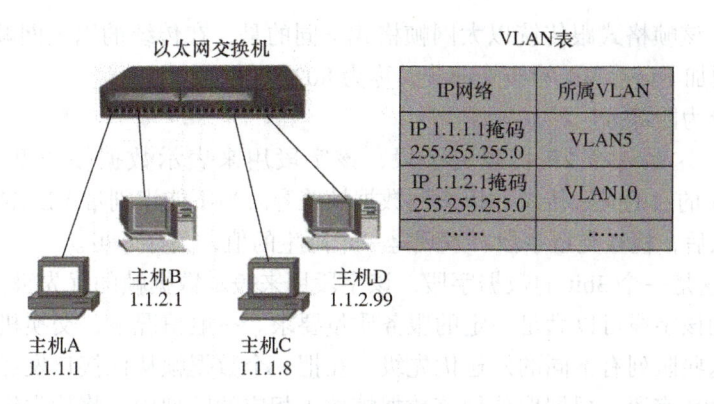

图 2-7　按第 3 层协议划分 VLAN

第 3 层 VLAN 方法同前两种方法相比，其缺点是存在性能问题。对报文中的网络地址进行检查将比对数据帧中的 MAC 地址进行检查开销更大。正是由于这个原因，使用第 3 层信息进行 VLAN 划分的交换设备，一般都比使用第二层信息进行 VLAN 划分的交换设备更慢。目前第 3 层交换器的出现，会大大改善 VLAN 成员间的通信效率。

在第 3 层上所定义的 VLAN 对于 TCP/IP 特别有效，但对于其他一些协议，如 IPX、DECnet 和 Apple 则要差一些，并且对于那些不可进行路由选择的一些协议，如 NetBIOS，在第 3 层上实现 VLAN 划分将特别困难。因为使用此种协议的主机是无法互相区分的，所以，也就无法将其定义成某个网络层 VLAN 的一员。

（4）按 IP 组播划分 VLAN

IP 组播代表着一种与众不同的 VLAN 定义方法。但在此种分组方法中，VLAN 作为广播域的基本概念仍然适用，各站点可以自由地决定参加到哪一个或哪一些 IP 组播组中。一个 IP 组播组实际上是用一个 D 类地址表示的，当向一个组播组发送一个 IP 报文时，此报文将被传送到此组中的各个站点处。从这个意义上讲，可以将一个 IP 组播组看成是一个 VLAN。但此 VLAN 中的各个成员都只具有临时性的特点，由 IP 组播定义 VLAN 的动态特性可以达到很高的灵活性，并且借助于路由器，此种 VLAN 可以很容易地扩展到整个广域网（Wide Area Network，WAN）上。

2.3.2　VLAN 信息的帧结构

传统的以太网数据帧格式是不包含 VLAN 信息的，无法用这种传统的以太网数据帧来传送 VLAN 信息。要想让跨越交换机的多个 VLAN 能正常工作，必须重新提出一种新的帧格式。该帧格式与传统以太网帧格式不同的是它包含了 VLAN 信息，这便是在 1996 年 3 月，由 IEEE 802 委员会发布的 IEEE 802.1Q VLAN 标准，其帧结构如图 2-8 所示。

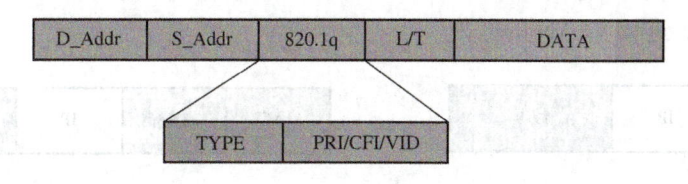

图 2-8　IEEE 802.1Q VLAN 帧结构

可以看出，该帧格式跟传统以太网帧格式不同的是，在传统的以太网帧格式的类型/长度字段前面，附加了一个 4B 的额外部分，称为 802.1Q 标记。

标记字段分为四部分。

1）TYPE：这是一个 2B 长度的字段，该字段用来表示数据帧类型，目前来说都是 0X8100，这样做的目的是跟传统的以太网数据帧兼容。当不能识别带 VLAN 标记帧的设备接收到该数据帧以后，检查类型字段，发现是一个陌生的值，丢弃即可。

2）PRI：这是一个 3bit 的数据字段，该字段用来表示数据帧的优先级。3bit 可以表示 8 种优先级，利用该字段可以满足一定的服务质量要求。一般情况下，交换机的接口提供若干个发送队列，这些队列有不同的发送优先级，在把一个数据帧从该接口发送出去的时候，检查该数据帧的 PRI 字段，根据取值把该数据帧放入相应的队列中，将优先级高的帧放到优先级高的队列中，得到优先传输服务。

3）CFI：这是个 1bit 的字段，该字段用在一些环形结构的物理介质网络中，比如令牌环、FDDI 等。

4）VID：这是 802.1Q 数据帧的核心部分，即 VLAN ID，用来表示该数据帧所属的 VLAN，该字段是一个 12bit 长度的字段，总共可以表示 4096 个 VLAN，取值范围为 0～4095。但 VLAN 1 用来做默认 VLAN 使用（没有划分到具体 VLAN 中的交换机端口默认情况下都属于 VLAN 1），4095 一般不用，故实际中能使用的只有 4094 个 VLAN。有些厂商的产品对可使用 VLAN 范围限制的可能更小，因为这些设备内部也使用一些 VLAN 来携带控制信息。

2.3.3　VLAN 的链路类型

在以太网交换机的端口存在接入链路（Access）、主干链路（Trunk）和混合链路（Hybird）。对于接入链路只能承载一个 VLAN；主干链路可以承载多个 VLAN。因此，对于主干链路必须标记以太网帧所属的 VLAN，对于接入链路则不需要进行标记，直接由交换机 VLAN 表判别即可。

对应于上述三种链路类型，存在两种类型的数据帧：普通帧（UNTAG）和标记帧（TAG）。接入链路只能识别 UNTAG 帧，主干链路识别 TAG 帧。

1. UNTAG 帧

UNTAG 就是普通的 Ethernet 帧。如图 2-9 所示，在数据帧中不带任何 VLAN 信息。普通 PC 的网卡是只能识别普通的 Ethernet 帧。所以，从交换机传递到计算机的数据帧一定要是 UNTAG 帧，计算机才能接收并处理。

2. TAG 帧

TAG 帧是在 Ethernet 帧中加入了 VLAN 标识，如图 2-10 所示，主要用于交换机端口承载多个 VLAN 时，进行 VLAN 的区分。

MAC	IP	数据

图 2-9　UNTAG 帧结构

MAC	VLAN标识	IP	数据

图 2-10　TAG 帧结构

Access 类型的端口只能属于 1 个 VLAN，一般用于连接计算机的端口。Trunk 类型的端口可以允许多个 VLAN 通过，可以接收和发送多个 VLAN 的报文，一般用于交换机之间连接的端口。Hybrid 类型的端口可以允许多个 VLAN 通过，能够接收和发送多个 VLAN 的报文，既可以用于交换机之间的连接，也可以用于用户之间计算机的连接。

Hybrid 端口和 Trunk 端口在接收数据时，处理方法是一样的，唯一不同之处在于发送数据时，Hybrid 端口可以允许多个 VLAN 的报文发送时不打标签，而 Trunk 端口只允许默认 VLAN 的报文发送时不打标签。

3. 默认 VLAN

Access 端口只属于 1 个 VLAN，所以它的默认 VLAN 就是它所在的 VLAN，不用设置。Hybrid 端口和 Trunk 端口属于多个 VLAN，所以需要设置默认 VLAN ID。默认情况下，Hybrid 端口和 Trunk 端口的默认 VLAN 为 VLAN 1。

如果设置了端口的默认 VLAN ID，当端口接收到不带 VLAN Tag 的报文后，则将报文转发到属于默认 VLAN 的端口；当端口发送带有 VLAN Tag 的报文时，如果该报文的 VLAN ID 与端口默认的 VLAN ID 相同，则系统将去掉报文的 VLAN Tag，然后再发送该报文。（注：华为交换机默认 VLAN 被称为"Pvid Vlan"；思科交换机默认 VLAN 被称为"Native Vlan"）。

4. 交换机接口出入数据处理过程

（1）Access 端口

收报文：收到一个报文，判断是否有 VLAN 信息。如果没有，则打上端口的 PVID，并进行交换转发；如果有，则直接丢弃（默认）。

发报文：将报文的 VLAN 信息剥离，直接发送出去。

（2）Trunk 端口

收报文：收到一个报文，判断是否有 VLAN 信息。如果没有，则打上端口的 PVID，并进行交换转发；如果有，判断该 Trunk 端口是否允许该 VLAN 的数据进入，如果可以则转发，否则丢弃。

发报文：比较端口的 PVID 和将要发送报文的 VLAN 信息，如果两者相等，则剥离 VLAN 信息后再发送；如果不相等，则直接发送。

（3）Hybrid 端口

收报文：收到一个报文，判断是否有 VLAN 信息。如果没有，则打上端口的 PVID，并进行交换转发；如果有，则判断该 Hybrid 端口是否允许该 VLAN 的数据进入，如果可以则转发，否则丢弃（此时端口上的 untag 配置是不用考虑的，untag 配置只在发送报文时起作用）。

发报文：①判断该 VLAN 在本端口的属性（disp interface，即可看到该端口对哪些 VLAN 是 UNTAG，哪些 VLAN 是 TAG）；②如果是 UNTAG，则剥离 VLAN 信息后再发送；如果是 TAG，则直接发送。

思考与练习

一、填空题

1. Access 端口是可以承载 _____ 个 VLAN 的端口；Trunk 端口是可以承载 _____ 个 VLAN 的端口。

2. 当 Trunk 端口收到一个没有打标签的数据帧时，按照 _____ VLAN 转发。
3. 主要的 VLAN 划分方式有 _____、_____、_____ 和 _____ 四种。
4. 在一个交换机中，最多可以存在 _____ 个 VLAN。

二、选择题
1. 在以太网交换机转发数据帧的过程中，它通过查找（　　）来转发数据帧。
A. 路由表　　　　B. 直接转发　　　　C. 广播式　　　　D. MAC 表
2. 某二层交换机有 4 个端口，它的广播域和冲突域的个数分别是（　　）。
A. 1 和 4　　　　B. 4 和 4　　　　C. 1 和 1　　　　D. 4 和 1

三、简答题
请简述 CSMA/CD 发送数据和接收数据的工作过程。

任务 3　路由协议与 ACL

3.1　任务及情景引入

最初的 PTN 分组传送设备是介于数据链路层和网络层之间的一种设备，发展至今，许多设备制造商生存的 PTN 设备也集合了路由器的功能，可以更好地支持多业务的承载，成为当前移动承载网领域的主流解决方案。未来的移动通信网络有大量的多点对多点的通信场景，对于实时性要求比较高的语音业务，PTN 可采用网管静态约束路由的方式来规划承载路径，同时为了更好地实现 QoS，PTN 也加入了数据流的访问控制策略。本次任务主要学习路由协议的基础理论知识。

本次任务重点介绍了三方面的内容，主要包括：

- 路由器的工作原理。
- 常用的路由协议。
- QoS 技术基础。

3.2　路由器工作原理

3.2.1　路由与路由表

（1）路由的概念

从早期的远程登录和文件传输，到现在的电子邮件、Web 浏览等，Internet 已经成为众多应用的基础设施，是一组互相连接的网络。每一个单独的子网都有它自己的网络号。网络号对于特定的子网必须是唯一的。随着网络的发展，每台计算机要跟踪互联网络上其他计算机的地址是很不适宜的，必须有一些方法来减少每台计算机和其他计算机通信的信息量。因此，可以将一个互联网络分成许多分离的但互相连接的网络，使得计算机只需跟踪互联网上的一些网络，而不必跟踪每一台计算机。路由器就是负责完成这种分离网络工作的设备。

所谓路由，是指指导 IP 数据包发送路径的信息。在 IP 数据包发送过程中，信息至少会经过一个或多个中间节点。早在 40 多年之前就已经出现了对路由技术的讨论，但是直到 20 世纪 80 年代，路由技术才进入商业化的应用。路由技术之所以在问世之初没有被广泛使用，主要是因为 20 世纪 80 年代之前的网络结构都非常简单，路由技术没有用武之地。直到最近十几年，大规模的互联网络才逐渐流行起来，为路由技术的使用与发展提供了良好的基础和平台。

路由器是用于连接不同网络的专用计算机设备，在不同网络间转发数据单元。可以这样来打个比方：如果把 Internet 的传输线路看作一条信息公路的话，组成 Internet 的各个网络相当于分布于公路上的各个城市，它们之间传输的信息（数据）相当于公路上的车辆，而路由器就是进出这些城市的大门和公路上的驿站，它负责在公路上为车辆指引道路和在城市边缘安排车辆进出。因此，作为不同网络之间互相连接的枢纽，路由器系统构成了基于 TCP/IP 的国际互联网 Internet 的主体脉络，是 Internet 的骨架。在园区网、地区网乃至整个 Internet 研究领域中，路由器技术始终处于核心地位，其发展历程和方向，成为整个 Internet 研究的一个缩影。由于未来的宽带 IP 网络仍然使用 IP 来进行通信，路由器将扮演更为重要的角色。

（2）路由表的构成

路由器的一个作用就是为经过路由器的每个数据包寻找一条最佳传输路径，并将该数据有效地传送到目的站点。选择通畅快捷的近路，能大大提高通信速度，减轻网络系统通信负荷，节约网络系统资源，提高网络系统畅通率。由此可见，选择最佳路径的策略（即路由算法）是路由器的关键所在。为了完成这项工作，在路由器中保存着各种传输路径的相关数据——路由表（Routing Table），供路由选择时使用。通常情况下，路由器根据接收到的 IP 数据包的目的网段地址查找路由表，决定转发路径。路由表被存放在路由器的 RAM 上，这意味着路由器如果要维护的路由信息较多时，必须有足够的 RAM，而且一旦路由器重新启动，那么原来的路由信息都会消失。

通常情况下，路由表包含了路由器进行路由选择时所需要的关键信息。这些信息构成了路由表的总体结构。路由表的构成如图 3-1 所示。

Dest	Mask	Gw	Interface	Owner	Pri	Metric
172.16.8.0	255.255.255.0	1.1.1.1	fei_0/1.1	static	1	0

图 3-1 路由表的构成

- 目的网络地址（Dest）：用于标识 IP 包要到达的目的逻辑网络或子网地址。
- 掩码（Mask）：与目的地址一起来标识目的主机或目的网段。将目的地址和子网掩码"逻辑与"后可得到目的主机或目的子网所在网段的网络地址。例如，目的地址为 8.0.0.0、子网掩码为 255.0.0.0 的主机或目的子网所在网段的网络地址为 8.0.0.0。掩码由若干个连续"1"构成，既可以用点分十进制表示，也可以用掩码中连续"1"的个数来表示。
- 下一跳地址（Gw）：与承载路由表的路由器相邻的路由器的端口地址，有时也把下一跳地址称为路由器的网关地址。
- 发送的物理端口（Interface）：学习到该路由条目的接口，也是数据包离开路由器去往目的地将经过的接口。
- 路由信息的来源（Owner）：表示该路由信息是怎样学习到的。路由表可以由管理员手工建立（静态路由表），也可以由路由选择协议自动建立并维护。路由表不同的建立方式也决定了其中路由信息的不同学习方式。
- 路由优先级（Pri）：决定了来自不同路由来源的路由信息的优先权。
- 度量值（Metric）：用于表示每条可能路由的代价，度量值最小的路由就是最佳路由。

图 3-1 中的路由信息的含义为：到达子网 172.16.8.0/24 的下一跳地址为 1.1.1.1，本地输

出接口为 fei_0/1.1，本条路由是由 static 方式产生的，路由优先级为 1，Metric 值为 0。

3.2.2 路由的分类

无论手工或自动学习，路由表最初是如何建立起来的呢？建立起路由表后又如何进行维护呢？路由器不是即插即用设备，路由信息必须通过配置才会产生，并且路由信息必须要根据网络拓扑结构的变化做相应的调整与维护。这些都是如何实现的呢？

1. 按照产生的方式分类

根据路由信息产生（或生成）的方式和特点，路由可以分为直连路由、静态路由、默认路由和动态路由几种。

（1）直连路由

所谓直连路由，是指到达与路由器直接相连网络的路径信息。直连路由是由链路层协议发现的，一般指去往路由器的接口地址所在网段的路径，该路径信息不需要网络管理员维护，也不需要路由器通过某种算法进行计算获得，只要该接口处于活动状态（Active），路由器就会把通向该网段的路由信息填写到路由表中去，如图 3-2 所示。

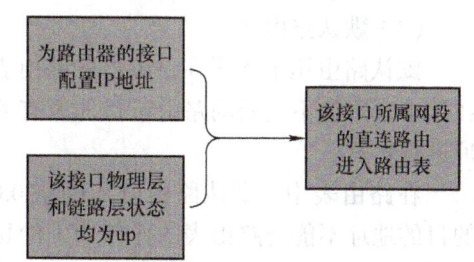

图 3-2 直连路由的形成

直连路由的产生方式（Owner）为直连（Direct），路由优先级为 0，拥有最高路由优先级。其 Metric 值为 0，表示拥有最小 Metric 值，如图 3-3 所示。直连路由会随接口的状态变化在路由表中自动变化。当接口的物理层与数据链路层状态正常时，此直连路由会自动出现在路由表中。当路由器检测到此接口 down 掉后，此条路由会自动消失。

```
IPv4 Routing Table:
Dest           Mask              Gw           Interface  Owner   Pri  Metric
10.0.0.0       255.255.255.0     10.0.0.1     fei_0/1    direct  0    0
10.0.0.1       255.255.255.255   10.0.0.1     fei_0/1    address 0    0
192.168.0.0    255.255.255.252   192.168.0.1  el_1       direct  0    0
192.168.0.1    255.255.255.255   192.168.0.1  el_1       address 0    0
ZXR10#
```

图 3-3 直连路由在路由表中的体现

既然直连路由不能帮助路由器解决非直连网段的路由问题，那么解决非直连网络的路由问题就要通过静态路由或者动态路由来完成。

（2）静态路由

由系统管理员手工设置的路由称为静态路由。一般是在系统安装时，根据网络的配置情况预先设定的。它不会随未来网络拓扑结构的改变而自动变化。静态路由的优点是不占用网络和系统资源，并且安全可靠；缺点是当一个网络发生故障后，静态路由不会自动修正，不能自动对网络状态变化做出相应的调整，必须由管理员介入，需要手工逐条配置。静态路由是否出现在路由表中取决于下一跳是否可达，即此路由的下一跳地址所处网段对本路由器是否可达。静态路由在路由表中的产生方式（Owner）为静态（Static），路由优先级为 1，其

Metric 值为 0，如图 3-4 所示。

```
ZXR10#show ip route
IPv4 Routing Table:
  Dest         Mask            Gw         Interface    Owner    Pri   Metric
  3.0.0.0      255.0.0.0       3.1.1.1    fei_0/1.3    direct   0     0
  3.1.1.1      255.255.255.255 3.1.1.1    fei_0/1.3    address  0     0
  10.0.0.0     255.0.0.0       1.1.1.1    fei_0/1.1    ospf     110   10
  10.1.0.0     255.255.0.0     2.1.1.1    fei_0/1.2    static   1     0
  10.1.1.0     255.255.255.0   3.1.1.1    fei_0/1.3    rip      120   5
  0.0.0.0      0.0.0.0         1.1.1.1    fei_0/1.1    static   0     0
```

图 3-4　静态路由在路由表中的体现

（3）默认路由

默认路由用来指明在路由器的路由表中不存在明确目标路由的数据包的转发路径。对于在路由表中找不到明确路由条目的所有的数据包，都将按照默认路由指定的接口或下一跳地址进行转发。

在路由表中，默认路由以到网络 0.0.0.0（掩码为 0.0.0.0）的路由形式出现。如果报文的目的地址不能与路由表的任何明确的目标路由条目匹配，那么该报文将选取默认路由。如果没有默认路由且报文的目的地址不在路由表中，该报文将被丢弃。同时，向源端返回一个 ICMP 报文，指出该目的地址或网络不可达。

默认路由在多个目标网络存在相同的下一跳网络中是非常有用的。在这种网络中，使用默认路由可以大大缩小路由表的条目数，缩短查找路由表花费的时间。

（4）动态路由

动态路由协议通过算法计算路由信息，并生成、维护和转发 IP 数据包需要的路由表。当网络拓扑结构改变时，动态路由协议可以自动更新路由表，并负责决定数据传输的最佳路径。动态路由协议的优点是可以自动适应网络状态的变化，自动维护路由信息而不需要网络管理员的参与；其缺点是需要占用一定的网络带宽与系统资源，安全性也不如静态路由。在有冗余连接的复杂网络环境中，适合采用动态路由协议。

2. 动态路由的分类

（1）按应用范围分类

由于因特网的规模非常大，如果让所有的路由器都知道所有的网络应怎样到达，则这种路由表将非常大，并且这些路由器之间交换路由信息所需的带宽会使因特网的通信链路受限而饱和。因此，因特网将整个网络划分为许多较小的自治系统（Autonomous System，AS）。一个自治系统是一个运营商经营和管理的广域网（或城域网）。自治系统最重要的特点就是有权自主决定在本系统内应采用何种路由协议。一个自治系统内的所有网络都属于一个行政单位（如一个公司、一所大学、政府的一个部门等）来管辖。

路由协议按照在自治系统中的使用范围可以分为内部网关协议（Interior Gateway Protocol，IGP）和外部网关协议（External Gateway Protocol，EGP）。在自治系统内部使用的路由协议称为内部网关协议；在自治系统之间使用的路由协议称为外部网关协议。IGP 与 EGP 的区分如图 3-5 所示。

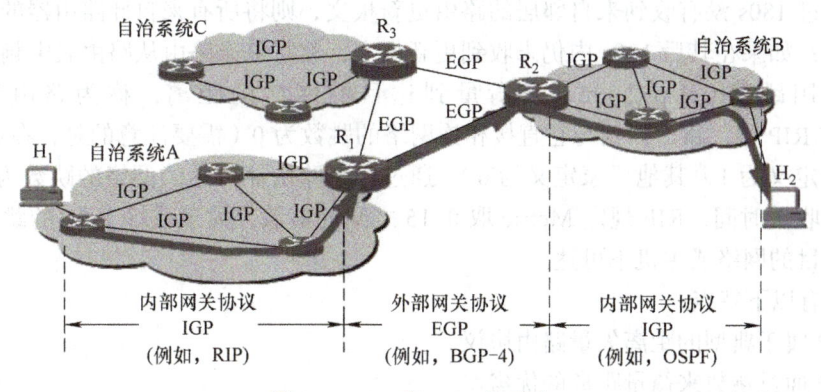

图 3-5　IGP 和 EGP 的区分

内部网关协议是目前使用最多的路由协议，如 RIP、OSPF、IGRP、EIGRP 和 IS-IS。使用最多的外部网关协议是 BGP-4。

（2）按照算法进行分类

动态路由按照算法进行分类，可以分为距离矢量算法和链路状态算法两大类路由协议。距离矢量名称的由来是因为路由是以矢量（距离，方向）的方式被通告出去的，这里的距离是根据度量值来决定的。通俗地讲，就是往某个方向上的距离。运行距离矢量路由协议的每个路由器维护一张矢量表，表中列出了当前已知的到每个目标的最佳距离，以及所使用的线路。通过在邻居之间相互交换信息，路由器不断地更新它们内部的路由表。距离矢量路由协议包括 RIP、IGRP、EIGRP 和 BGP。

链路状态路由选择协议又称为最短路径优先协议，它是基于 Edsger Wybe Dijkstra 的最短路径优先（SPF）算法而提出的。它比距离矢量路由协议复杂得多，根据路由器的链路状态信息（包括链路类型、带宽、开销等）进行最优路径的计算。链路状态路由协议包括 OSPF、IS-IS 等。

3.3　常用路由协议

前面介绍了路由的分类，下面重点介绍两种常用的动态路由协议。这两种路由协议分别是 RIP 和 OSPF 协议。

3.3.1　RIP

1. RIP 简述

RIP 是最早出现的一种路由协议，它最初发源于 UNIX 系统的 GATED 服务，在 RFC 1508 文档中对 RIP 进行了描述。RIP 系统的开发是以 XEROX Palo Alto 研究中心（PARC）所进行的研究以及 XEROX 的 PDU 和 XNC 路由选择协议为基础的。但是 RIP 的广泛应用却得益于它在加利福尼亚大学伯克利分校的许多局域网中的实现。

RIP 是一种相对简单的动态路由协议，但在实际使用中有着广泛的应用。RIP 是一种基于 D-V 算法的路由协议，它通过 UDP 交换路由信息，每隔 30s 向外发送一次更新报文。如果路由器经过 180s 没有收到来自邻居的路由更新报文，则将所有来自此路由器的路由信息标识为不可达；如果在其后 120s 内仍未收到更新报文，就将该条路由从路由表中删除。

RIP 使用跳数（Hop Count）来衡量到达目的网络的距离，称为路由权（Routing Metric）。在 RIP 中，路由器到与它直接相连网络的跳数为 0（需要注意的是，在 ZTE 路由器中将该跳数定义为 1，其他厂家定义为 0），通过一个路由器可达的网络的跳数为 1，以此类推。为限制收敛时间，RIP 规定 Metric 取 0~15 之间的整数，大于或等于 16 的跳数被定义为无穷大，即目的网络或主机不可达。

RIP 具有以下特点：

1）RIP 属于典型的距离矢量路由协议。
2）RIP 通过跳数来衡量距离的优劣。
3）RIP 允许的最大跳数为 15，大于或等于 16 时表示不可达。
4）RIP 仅和相邻路由器交换信息。
5）RIP 交换的路由信息是当前本路由器的整个路由表。
6）RIP 每隔 30s 周期性地交换路由信息。
7）RIP 适用于中小型网络，分为 RIPv1 和 RIPv2 两个版本。

2. RIP 的实现

（1）RIP 路由表的初始化

路由器在刚刚开始工作时，只知道到自己直连接口的路由（直连路由），在 RIP 中将直连路由的距离定义为 0。如图 3-6 所示，路由器 RTA、RTB 仅仅知道与它们直接连接的网络信息，RTA 在初始化时将它的直连子网 10.1.0.0 和 10.2.0.0 距离定义为 0，RTB 在初始化时将它的直连子网 10.2.0.0 和 10.3.0.0 距离定义为 0。

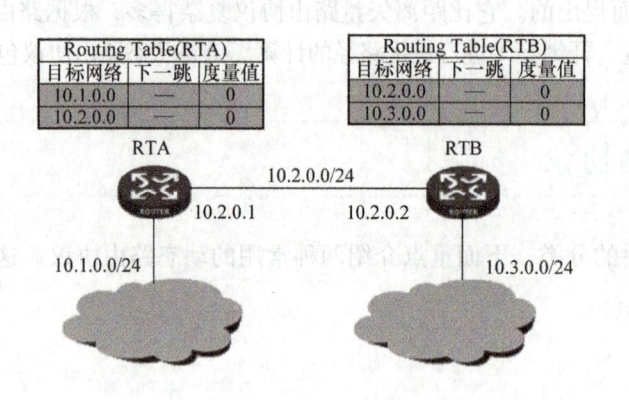

图 3-6　RIP 路由表的初始化

（2）RIP 的更新

在 RIP 中，路由器每隔 30s 周期性地向其邻居路由器发送自己完整的路由表信息，并且同样也从相邻的路由器接收路由信息，然后更新自己的路由表。在图 3-6 中，路由器 RTA 向 RTB 发送自己的完整路由表信息，同时 RTB 也向 RTA 发送自己的完整路由表信息。当 RTA 与 RTB 相互交换路由表后，它们各自更新自己的路由表。更新后的路由表如图 3-7 所示，对于 RTA，学习到了 10.3.0.0 的路由，下一跳指向 RTB，距离为 1；对于 RTB，学习到了 10.1.0.0 的路由，下一跳指向 RTA，距离为 1。

Routing Table(RTA)			Routing Table(RTB)		
目标网络	下一跳	度量值	目标网络	下一跳	度量值
10.1.0.0	—	0	10.1.0.0	10.2.0.1	1
10.2.0.0	—	0	10.2.0.0	—	0
10.3.0.0	10.2.0.2	1	10.3.0.0	—	0

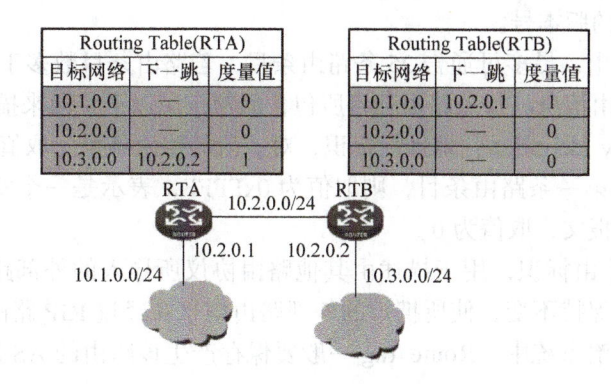

图 3-7 更新后的路由表

在 RIP 中，路由表的更新遵循以下原则。

1）对本路由表中已有的路由项，当发送报文的网关相同时，不论度量值增大或是减少，都更新该路由项。

2）对本路由表中已有的路由项，当发送报文的网关不同时，只在度量值减少时，更新该路由项。

3）对本路由表中不存在的路由项，在度量值小于不可达值（16）时，在路由表中增加该路由项。

4）路由表中的每一路由项都对应一老化定时器，当路由项在 180s 内没有任何更新时，定时器超时，该路由项的度量值变为不可达（16）。

某路由项的度量值变为不可达后，在 120s 之后从路由表中清除。

3. RIP 版本

RIP 主要有两个版本：RIPv1 和 RIPv2。RIPv1 报文格式如图 3-8 所示。

Command	Version	Unused (set to all zeros)
Address Family identifier		Route Tag
IP Address		
0		
0		
Metric		
…… (Multiple fields, up to a maximum of 25)		
Address Family identifier	……	Route Tag
IP Address		
0		
0		
Metric		

图 3-8 RIPv1 报文格式

每个 RIP 报文都以由 4B 组成的一个公用头开始，紧跟在后面的是一系列路由条目，反映了其路由信息，具体内容如下。

- Command：RIP 报文类型。Command 为 1，表示一个路由请求报文；Command 为 2，表示一个路由响应报文。

- Version：RIP 的版本号。

在一个 RIP 报文中，最多可通告 25 条路由条目，若路由条目数多于 25 条，则需要用多个 RIP 报文来交换路由信息。每条路由条目所包含的信息用以下字段来描述。

- Address Family identifier：地址族标识，对一般的路由条目，取值为 2。若是跟在 RIP 报文头后面的第一条路由条目，则取值为 0xFFFF，表示是一个安全认证；若是对所有路由的请求报文，取值为 0。
- Route Tag：路由标识，用于描述由其他路由协议所导入的外部路由信息。该字段域在扩散过程中保持不变，使所携带的外部路由信息在经过 RIP 路由域时得以保存，并导入到另一自治系统中。Route Tag 一般要保存产生该路由的 AS 值，RIP 本身不需要该属性值。
- IP Address：可达的目的地址，一般是指网络地址。
- Metric：到可达路由所需经过的路由器数，其取值范围在 1 ~ 16。度量值在 1 ~ 15 内为可达路由，大于或等于 16 表示路由不可达。

RIPv1 是最早使用的动态路由协议，其特点如下。

1）RIPv1 是有类路由协议。

2）RIPv1 使用 255.255.255.255 的广播地址发送路由更新信息。

3）RIPv1 不支持变长子网掩码（Variable-Length Subnet Masks，VLSM），也不支持对于不连续子网的划分。

4）RIPv1 不支持报文认证。

RIPv2 报文格式如图 3-9 所示。

Command	Version	Unused (set to all zeros)
Address Family identifier		Route Tag
IP Address		
Subnet Mask		
Next Hop		
Metric		
……		
(Multiple fields, up to a maximum of 25)		
Address Family identifier ……		Route Tag
IP Address		
Subnet Mask		
Next Hop		
Metric		

图 3-9　RIPv2 报文格式

- Subnet Mask：可达目的地址的掩码。IP Address 和 Subnet Mask 是一个地址/掩码对，共同标识一个可达的网络地址前缀。当其取值为 0.0.0.0 时，该路由条目没有子网掩码。
- Next Hop：到达该可达路由的更好的下一跳的 IP 地址。对一般的可达路由，Next Hop 为 0.0.0.0，表示下一跳的 IP 地址就是发布该路由信息的路由器地址。对于公共访问介质（如以太网、FDDI 等）上的路由器扩散路由信息时，若某路由信息是由该公共访问介质上的某路由器传送来的，则在该公共访问介质上往其他路由器进一步扩散该路由信息时，下一跳 IP 地址 Next Hop 应为先前的路由器地址，而不是目前发布该路由信息的路由器地址，以使该路由上的 IP 报文在途经公共访问介质时，直接送往前一个路由器，不需经由这个多余的中转路由器，此时，Next Hop 不再为 0.0.0.0，而是前一个路由器的 IP 地址。
- 认证：确认合法的信息包，目前支持纯文本的口令形式。在 RIPv2 中，增加了口令和 MD5 的安全认证机制。认证是每一报文的功能，因为在报文头中只提供 2B 的空间，而任一合理的认证表均要求多余 2B 的空间，故 RIPv2 认证表使用一个完整的 RIP 路由项。如果在报文中最初路由项 Address Family Identifier 域的值是 0xFFFF，路由项的剩余部分就是认证。包含认证 RIP 报文路由项采用如图 3-10 所示的格式。

Command(1)	Version(1)	Unused
0xFFFF		Authentication type(2)
Authentication (16)		

图 3-10　RIPv2 的认证报文格式

相对于 RIPv1，RIPv2 做了改进，特点主要如下。

1）RIPv2 是一种无类别路由协议。

2）RIPv2 协议报文中携带子网掩码信息，支持 VLSM 和无类别域间路由（Classless Inter-Domain Routing，CIDR）。

3）RIPv2 支持以组播方式发送路由更新报文，组播地址为 224.0.0.9，减少网络与系统资源消耗。

4）RIPv2 支持对协议报文进行验证，并提供明文验证和 MD5 验证两种方式，增强安全性。

4. RIP 的缺陷

在 20 世纪 80 年代，主要使用的动态路由协议为 RIP。这种距离矢量路由协议存在一些缺陷，主要表现在以下几个方面。

1）Metric 的可信度差。RIP 只以跳数衡量路由的优劣，对路由器之间的链路带宽、延迟等因素不做考虑，这会导致数据包传送在一个看起来跳数最小，但实际带宽窄和延时大的链路上。

2）交换路由信息对网络带宽浪费大。RIP 在交换路由信息的方式上，相邻路由器之间通过定期广播整个路由表信息来进行路由信息的交换，然而，在传递的这个路由表中，有些路由信息对于接收方来说可能完全不需要，这样就对网络带宽造成了浪费；再则，在稍大一点的网络中，路由器之间交换的路由表会很大，而且很难维护，导致路由收敛很缓慢。

3）RIPv1 不支持 CIDR 和 VLSM。

3.3.2　OSPF 协议

1. 链路状态路由协议

由于 RIP 的缺陷，为了更加合理地计算路由和使用网络资源，需要一种新的路由协议，这就是链路状态路由协议。链路状态路由协议的目的是映射互联网的拓扑结构。基于链路状态的路由算法也叫最短路径优先（SPF）算法。该算法维护着关于整个网络拓扑信息的复杂数据库。每个链路状态路由器提供关于它邻居的拓扑结构的信息。这个信息在网络上泛洪，目的是所有的路由器可以接收到第一手信息。链路状态协议的路由器并不会广播路由表内的所有路由信息，相反，链路状态路由器将发送已经改动的链路状态信息。链路状态路由器将向它们的邻居发送呼叫消息，这种信息称为链路状态通告（LSA）。然后，邻居将 LSA 复制到它们的路由选择表中，并传递信息到网络的剩余部分，这个过程称为泛洪（Flooding）。它的结果是向网络发送第一手信息，为网络建立更新路由的准确映射。链路状态路由协议使用代价，而不是使用跳数来衡量路由的优劣。代价是自动或人工赋值的，根据链路状态协议的算法，代价可以由数据包必须穿越的跳数、链路带宽、链路负荷或者管理员加入的其他权重来评价。

链路状态路由协议工作过程如图 3-11 所示。

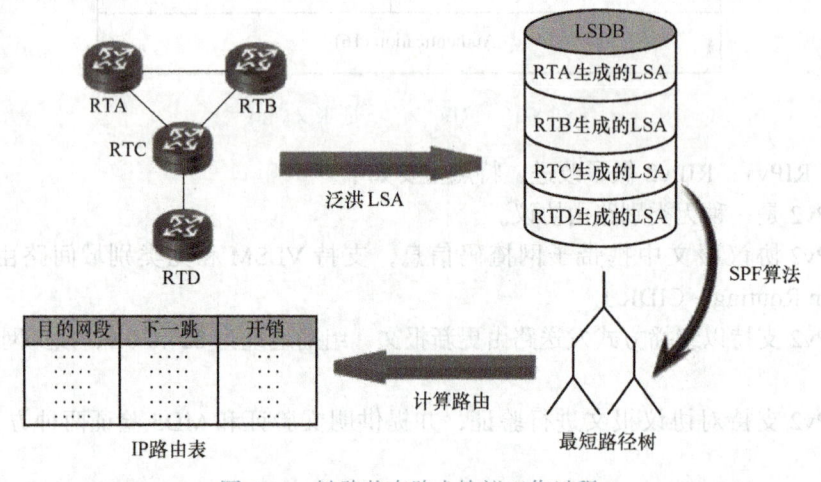

图 3-11　链路状态路由协议工作过程

1）每个路由器通过泛洪链路状态通告（LSA）向外发布本地链路状态信息。

2）每一个路由器通过收集其他路由器发布的链路状态通告以及自身生成的本地链路状态通告，形成一个链路状态数据库（LSDB），最终所有路由器上的链路状态数据库是相同的。

3）通过自己的 LSDB，每台路由器计算一个以自己为根、以网络中其他节点为叶的最短路径树。

4）每台路由器计算的最短路径树给出了到网络中其他节点的路由信息。

2. OSPF 协议概述

OSPF 是 IETF（Internet Engineering Task Force）开发的一个基于链路状态的自治系统内部路由协议（IGP），用于在单一自治系统（Autonomous System，AS）内部决策路由。在 IP 网络上，它通过收集和传递自治系统的链路状态来动态地发现并传播路由。

随着 Internet 技术在全球范围的飞速发展，OSPF 已成为目前 Internet 广域网和 Intranet 企业网采用最多、应用最广泛的路由协议之一。

OSPF 协议特点如下：

1）适应范围广。OSPF 支持各种规模的网络，最多可支持几百台路由器。

2）最佳路径。OSPF 是基于带宽来选择路径。

3）快速收敛。如果网络的拓扑结构发生变化，OSPF 立即发送更新报文，使这一变化在自治系统中同步。

4）无自环路由协议。由于 OSPF 是通过收集到的链路状态信息来计算最短路径树，故从算法本身保证了不会生成自环路由。

5）支持变长子网掩码。由于 OSPF 在描述路由时携带网段的掩码信息，所以 OSPF 协议不受自然掩码的限制，对 VLSM 和 CIDR 提供很好的支持。

6）支持区域划分。OSPF 协议允许自治系统的网络被划分成区域来管理，区域间传送的路由信息被进一步抽象，从而减少了占用网络的带宽。

7）等值路由。OSPF 支持到同一目的地址的多条等值路由。

8）支持验证。它支持基于接口的报文验证以保证路由计算的安全性。

9）组播发送。OSPF 在有组播发送能力的链路层上以组播地址发送协议报文，既达到了广播的作用，又最大程度地减少了对其他网络设备的干扰。

3. OSPF 的基本术语

（1）自治系统

自治系统简称为 AS。一个自治系统是指使用同一种路由协议交换路由信息的一组路由器。

（2）路由器 ID

OSPF 协议使用一个被称为路由器 ID（Router ID）的 32 位无符号整数来唯一标识一台路由器。这个编号在整个自治系统内部是唯一的。

路由器 ID 是否稳定对于 OSPF 协议的运行来说是很重要的。路由器 ID 可以通过手工配置和自动选取两种方式产生。手工配置路由器 ID 时，一般将其配置为该路由器的某个活动状态的接口 IP 地址。自动选取的原则如下：

如果路由器配置了逻辑环回接口（Loopback Interface），选取具有最小 IP 地址的环回接口的 IP 地址作为路由器 ID。如果不存在环回接口，则选取路由器上处于激活（UP）状态的物理接口中最小的 IP 地址作为路由器 ID。

采用环回接口的好处是，它不像物理接口那样随时可能失效。因此，用环回接口的 IP 地址作为路由器 ID 更稳定，也更可靠。

当一台路由器的路由器 ID 选定以后，除非该 IP 所在接口被关闭或该接口 IP 地址被删除、更改或路由器重新启动，否则路由器 ID 将一直保持不变。

（3）邻居（Neighbors）

运行 OSPF 协议的路由器每隔一定时间发送一次 Hello 数据包，Hello 数据包的 TTL 值为 1。可以互相收到对方 Hello 数据包的路由器构成邻居关系。两个互为邻居的路由器之间可以一直维持这样的邻居关系，也可以进一步形成邻接关系。如图 3-12 所示，两台路由器形成邻居关系。

（4）邻接（Adjacency）

邻接关系是一种比邻居关系更为密切的关系。互为邻接关系的两台路由器之间不但交流 Hello 数据包，还发送 LSA 泛洪消息。

（5）OSPF 链路状态数据库 LSDB

在一个 OSPF 区域内，每个路由器都将自己活动接口（并且是运行 OSPF 协议的接口）的状态及所连接的链路情况通告给其他所有的 OSPF 路由器。同时，每个路由器也收集本区域内所有其他 OSPF 路由器的链路状态信息，并将其汇总成为 OSPF 链路状态数据库。

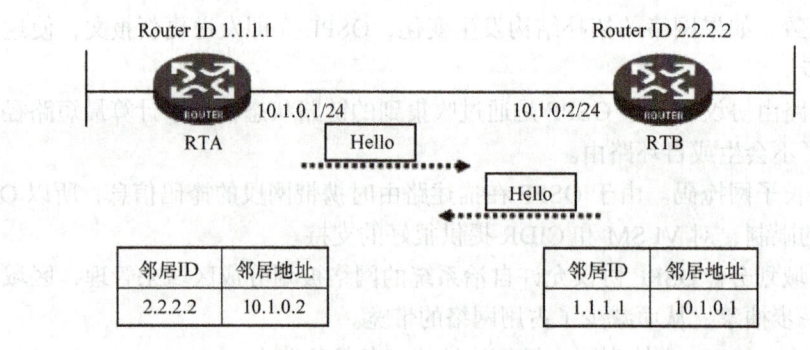

图 3-12　邻居关系的建立

经过一段时间的同步后，同一个 OSPF 区域内的所有 OSPF 路由器将拥有完全相同的链路状态数据库。这些路由器定时传送 Hello 存活信息包以及 LSA 更新数据包以反映网络拓扑结构的变化。

3.4　QoS 技术

3.4.1　QoS 的基本概念

在任何时间、任何地点和任何人实现任何媒介信息的交流是人类在通信领域的永恒需求，在 IP 技术成熟以前，所有的网络都是单一业务网络，如 PSTN 只能开电话业务，有线电视网只能承载电视业务，X.25 网只能承载数据业务等。网络的分离造成业务的分离，降低了沟通的效率。

由于互联网的流行，IP 应用日益广泛，IP 网络已经渗入各种传统的通信范围，基于 IP 构建一个多业务网络成为可能。三网合一是大势所趋。即视频、语音、数据同时以分组交换的方式传送。但是，不同的业务对网络的要求是不同的，如何在分组化的 IP 网络实现多种实时和非实时业务成为一个重要话题，由此人们提出了 IP QoS 的概念。

IP QoS 是指 IP 网络的一种能力，即在跨越多种底层网络技术（FR、ATM、Ethernet、SDH 等）的 IP 网络上，为特定的业务提供其所需要的服务。

QoS 包括多个方面的内容，如带宽、时延、时延抖动等，每种业务都对 QoS 有特定的要求，有些可能对其中的某些指标要求高一些，有些则可能对另外一些指标要求高一些。特别是对三网合一后的视频和语音的数据，对相关指标要求也特别严格。这就要求能够提供相应的 QoS 保证，来保证质量地交付这些应用。

QoS 需要完成以下的工作：
- 避免并管理 IP 网络拥塞。
- 减少 IP 报文的丢包率。
- 调控 IP 网络的流量。

QoS 基本概念及模型

- 为特定用户或特定业务提供专用带宽。
- 支撑 IP 网络上的实时业务。

QoS 指标实际上是业务质量的技术化描述，对于不同的业务，QoS 缺乏保障时，所呈现出来的业务表象是不同的。一般而言，QoS 包括以下几个技术指标。

（1）可用带宽

可用带宽指网络的两个节点之间特定应用业务流的平均速率，主要衡量用户从网络取得业务数据的能力，所有的实时业务对带宽都有一定的要求，如对于视频业务，当可用带宽低于视频源的编码速率时，图像质量就无法保证。

（2）时延

时延指数据包在网络的两个节点之间传送的平均往返时间，所有实时性业务都对时延有一定要求，如 VoIP 业务，时延一长，通话就会变得让人难以忍受。

（3）丢包率

丢包率指在网络传输过程中丢失报文的百分比，用来衡量网络正确转发用户数据的能力。不同业务对丢包的敏感性不同，在多媒体业务中，丢包是导致图像质量恶化的最根本原因，少量的丢包就可能使图像出现马赛克现象。

（4）时延抖动

时延抖动指时延的变化，有些业务（如流媒体业务）可以通过适当的缓存来减少时延抖动对业务的影响；而有些业务则对时延抖动非常敏感，如语音业务，稍许的时延抖动就会导致语音质量迅速下降。

（5）误码率

误码率指在网络传输过程中报文出现错误的百分比。误码率对一些加密类的数据业务影响尤其大。

此外，QoS 还可能包含其他一些指标，如网络可用性等。业务的服务质量不仅包括上述提到的 QoS 指标，还包括链路质量、终端设备性能等，所有这些，都影响到用户对业务的使用。所以，只有实现网络系统和业务系统的结合，才能保障各种业务的质量。

3.4.2 QoS 的模型

目前 QoS 有两种主要的解决模型，综合服务模型（Integrated Service，IntServ）和区分服务模型（Differentiated Service，DiffServ）。

IntServ 是一种端到端基于流的 QoS 技术。网络中所有节点为特定的流承诺一致的服务。终端在发送数据之前，需要根据业务类型向网络提出 QoS 要求。网络根据一定的接纳策略，判断是否接纳该业务的请求。若接纳，预留资源以承诺满足该请求。通常网络通过带外的资源预留协议（Resource Reservation Protocol，RSVP）信令建立端到端的通信路径。RSVP 只是在网络节点之间传递 QoS 请求，它本身并不完成这些 QoS 的要求。也可以通过其他技术如 PQ、CQ、WFQ 等来满足这些 QoS 要求。

DiffServ 即差分服务模型，是基于 DSCP 的 QoS 解决方案，网络中的每一节点自定义服务类别，可以满足用户不同的 QoS 需求，易于扩展。与 IntServ 不同，它不需要信令，逐跳转发，即在一个业务发出报文前，不需要通知路由器。在网络入口处根据服务要求对业务进行分类、流量控制，同时设置报文的 DSCP 域。

差分服务编码点（Differentiated Services Code Point，DSCP）的作用主要是为了保证通信的 QoS，在每个数据包 IP 头部的服务类别 TOS 标识字节中，利用 6bit（取值为 0 ~ 63）来划分不同服务类别，区分服务的优先级。每一个 DSCP 编码值都被映射到一个已定义的 PHB（Per-Hop Behavior）标识码。

在网络中，可以根据 QoS 机制和分组的 DSCP 值来区分每一类通信，包括资源分配、队列调度、分组丢弃策略等，统称为 PHB。当网络出现拥塞时，根据业务的不同服务等级约定，有差别地进行流量控制和转发来解决拥塞问题。

RFC 定义了四类标准的 PHB，分别是尽力转发、加速型转发、确保型转发、兼容 IP 优先级的类型选择型，每类 PHB 都对应一组 DSCP。PHB 这样的分类依据是那些可见的服务特征，如时延、抖动或丢包率。

1）尽力转发（Best Effort，BE）。没有质量保证，一般对应于传统的 IP 分组投递服务，只关注可达性，其他方面不做任何要求。IP 网络中，默认的 PHB 就是 BE。任何路由器都必须支持 BE PHB。

2）加速转发（Expedited Forwarding，EF）。低时延、低抖动、低丢包率，对应于实际应用中的视频、语音、会议电视等实时业务。

3）确保型转发（Assured Forwarding，AF）。代表带宽有保证、时延可控的服务，适用于视频、语音、企业 VPN 等业务。

4）兼容 IP 优先级的类型选择型（Class Selecter，CS）。因为现网有些存量设备不支持差分服务，只解析 DSCP 前 3 位，为了后向兼容，标准预留了所有格式为 ×××000 的 DSCP 值，这类值就对应为 CS PHB。

大家经常看到的是，AF 是带有后缀的，比如 AF11、AF21 等，CS 也有 CS6、CS7 等，而 BE、EF 都不带后缀。这是怎么回事呢？那是因为，BE 和 EF 对应的只有唯一的一个 DSCP 值，CS 和 AF 有多个 DSCP 值与之对应。例如，AF 被细分为 4 个等级，且每个等级有 3 个丢弃优先级，其表达形式为：AF1x ~ AF4x（x 代表丢弃优先级，取值为 1 ~ 3）。

举例说明 AF 的用法。假设有 4 个小区的网络，接入 ISP 的同一台边缘路由器。如果某个小区发送了大量的 FTP 数据，可能导致拥塞，干扰其他小区的 FTP 传输。为了公平，约定每个小区 FTP 总速率不能超过 500Mbit/s。但有时它们可随意发送，甚至会超过 1Gbit/s。怎么办呢？可以在每个入接口上（用 CAR）监测 FTP 速率，并重标记报文的 DSCP。如果速率小于等于 500Mbit/s，标记为 AF11；如果速率在 500M ~1Gbit/s，标记为 AF12；如果速率超过 1Gbit/s，标记为 AF13。当拥塞发生时，优先丢弃 AF13，其次是 AF12，AF11 就会在最后被丢弃。

3.4.3　报文的分类和标记

如图 3-13 所示，报文的分类就是指对待转发的数据包进行入队的操作。实现 DiffServ 差分服务模型就是根据不同的队列设置不同的服务类型，这就需要用到报文的分类。

网络管理者可以设置报文分类的策略，这个策略可以包括：物理接口、源地址、目的地址、MAC 地址、IP、应用程序的端口号。

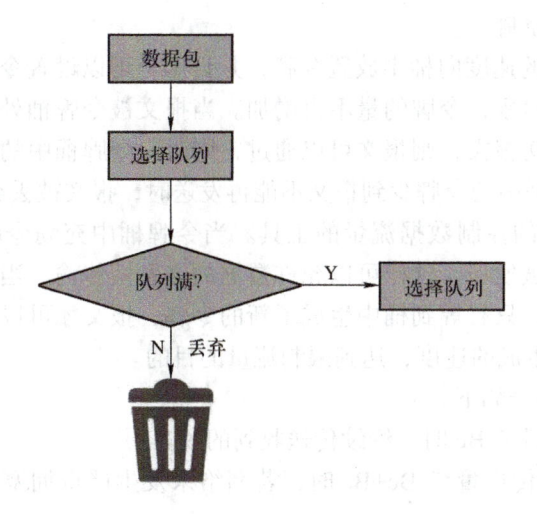

图 3-13 报文的分类

一般的分类算法都局限在 IP 报文的头部，包括链路层（Layer 2）、网络层（Layer 3）、传输层（Layer 4），很少使用报文内容作为分类标准。

分类的结果没有范围限制，它可以是一个由五元组（源地址、源端口号、协议号码、目的地址、目的端口号）确定的流，也可以是到某个网段的所有报文。

报文分类使用如下技术：
- 基于访问控制列表 ACL。
- 基于 IP 优先级。

一般在网络的边界，使用 ACL 来进行报文的分类，同时对分类后的数据进行标记；在网络内部，节点就根据标记进行服务的分类。

3.4.4 流量管理

流量管理是基于网络的流量现状和流量管控策略，对数据流进行识别分类，并实施流量控制、优化和对关键业务应用进行保障的相关技术。

令牌桶是控制接口速率的一个常用算法，令牌桶的参数包括如下内容。

CIR：承诺信息速率。

PIR：峰值信息速率。

Bc：承诺突发量，网络允许用户以 CIR 速率在 Tc 时间间隔传送的数据量。

Be：最大突发量，网络允许用户在 Tc 时间间隔内传送的超过 Bc 的数据量。

Tc：抽样间隔时间，每隔 Tc 时间间隔对虚电路上的数据流量进行监视和控制，即 Tc=Bc/CIR。

根据预先设置的匹配规则来对报文进行分类。如果是没有规定流量特性的报文，就直接继续发送，并不需要经过令牌桶的处理；如果是需要进行流量控制的报文，则会进入令牌桶中进行处理。如果令牌桶中有足够的令牌可以用来发送报文，则允许报文通过，报文可以被继续发送下去；如果令牌桶中的令牌不满足报文的发送条件，则报文被丢弃。这样，就可以对某类报文的流量进行控制。

令牌桶按用户设定的速度向桶中放置令牌,并且用户可以设置令牌桶的容量,当桶中令牌的量超出桶的容量的时候,令牌的量不再增加。当报文被令牌桶处理时,如果令牌桶中有足够的令牌可以用来发送报文,则报文可以通过,同时,令牌桶中的令牌量根据报文的长度做相应的减少。当令牌桶中的令牌少到报文不能再发送时,报文被丢弃。

令牌桶是一个很好的控制数据流量的工具。当令牌桶中充满令牌的时候,桶中所有的令牌代表的报文都可以被发送,这样可以允许数据的突发性传输。当令牌桶中没有令牌的时候,报文将不能被发送,只有等到桶中生成了新的令牌,报文才可以被发送,这使得报文的流量只能小于等于令牌生成的速度,达到限制流量的目的。

在 Tc 内,参数的解释如下:
- 当用户数据传送量≤Bc 时,继续传送收到的帧。
- 当 Bc<用户数据传送量≤Bc+Be 时,若网络未发生严重拥塞,则继续传送,否则将这些帧丢弃。
- 当用户数据传送量 >Bc+Be 时,将超过范围的帧丢弃。

举例来说,如果约定一个队列的 CIR=128kbit/s,Bc=128kbit,Be=64kbit,则 Tc=Bc/CIR=1s。在这一段时间内,用户可以传送的突发数据量可达到 Bc+Be=192kbit,传送数据的平均速率为 192kbit/s,其中,正常情况下,Bc 范围内的 128kbit 的帧在拥塞情况下,这些帧也会被送达终点用户,若发生了严重拥塞,这些帧会被丢弃。

也可以对 Be 范围内的 64kbit 的帧采取标记,在网络未发生拥塞的时候,继续发送这些标记的报文;而在网络发生拥塞的时候,优先丢弃这些标记的报文。

流量监管的典型作用是限制进入某一网络的某一连接的流量与突发。在报文满足一定条件时,如果某个连接的报文流量过大,流量监管就可以对该报文采取不同的处理动作,如丢弃报文、重新设置报文的优先级等。通常的用法是使用承诺接入速率(Committed Access Rate,CAR)来限制某类报文的流量,例如限制 FTP 报文不能占用超过 40% 的网络带宽。CAR 是利用令牌桶进行流量控制的。

3.4.5 拥塞管理

随着业务的增加,网络面临更大的压力。局部可能出现拥塞的情况。比如多个链路向一个链路突发、流量过大、高速链路向低速链路传送等。在拥塞发生的时候,设备默认采取尾丢弃策略。如果不加以控制,有些应用会因为丢弃而重传,造成下一个周期的拥塞,引起网络的恶性循环。

另外,在拥塞发生的时候,有时导致拥塞的是非关键的业务,比如 FTP。相对而言,语音和视频需要更高的服务要求。实际上,在现代的生产中,语音和视频可能比 FTP 更为关键。所以,就有必要对服务质量控制,在拥塞发生时,牺牲非关键业务来保证网络对关键业务的服务质量。没有这些服务质量控制,不太重要的应用可能会很快将网络资源用尽,其代价是那些更重要的应用不能使用网络资源,从而浪费用户的投资。

拥塞管理处理的方法是使用队列技术。将所有要从一个接口发出的报文通过一定的规则导入到多个队列,按照各个队列的服务级别进行处理,如图 3-14 所示。

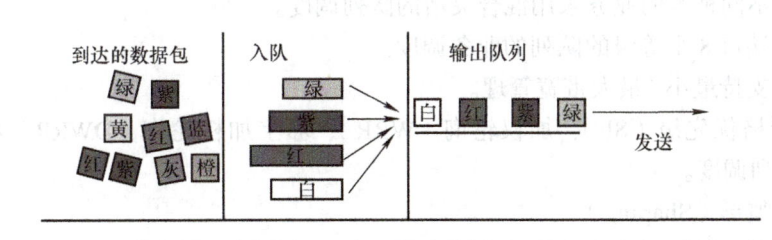

图 3-14 拥塞管理示意图

不同队列的算法用来解决不同的问题,并产生不同的效果。常用的队列有 FIFO、PQ、CQ、WFQ 等。

拥塞管理的特点可以概括为:
- 网络拥塞时,保证不同类别的报文得到不同的服务。
- 将不同类别的报文放入不同的队列,不同队列将得到不同的调度优先级、概率或带宽保证。
- 拥塞管理常用的算法包括 FIFO(First In First Out)、PQ(Priority Queue)、CQ(Custom Queue)、WFQ(Weighted Fair Queuing)。

3.4.6 QoS 功能

(1)流量分类

支持基于端口及 2 层、3 层、4 层数据包头内容的分类,包括物理接口、源地址、目的地址、MAC 地址、IP 或应用程序的端口号。

(2)流量策略
- 支持流量监管功能,采用 ACL(Access Control List)实现流分类,基于流实现承诺信息速率(CIR)、承诺突发长度(CBS)、超额信息速率(EIR)和超额突发长度(EBS),支持双令牌桶。
- 对于超合约速率流量支持丢弃、标记颜色等策略动作。
- 支持入口和出口的流量监管。

(3)拥塞避免

拥塞避免主要完成业务缓冲和丢弃处理,在网络节点发生拥塞时可以有选择有区别地丢弃少量数据包,对网络拥塞情况进行缓解。

支持基于流的带宽控制。
- 支持避免包头阻塞功能。
- 支持自适应阈值管理。
- 支持以太网业务的约定访问速率(CAR)。
- 每端口支持最少 8 个优先级队列,每队列支持最小或最大带宽管理。
- 支持尾部丢弃和加权随机早期检测(WRED)的拥塞避免。
- 支持基于差分服务(DiffServ)的 QoS 调度。

（4）队列调度

支持根据不同种类的业务采用混合灵活的队列调度。

- 支持每端口 8 个等级的队列的业务调度。
- 每队列支持最小 / 最大带宽管理。
- 支持严格优先级（SP）、加权轮询（WRR）、赤字加权轮询（DWRR）和 SP+DWRR 混合方式的队列调度。

（5）流量整形（Shaping）

支持基于优先级队列的流量整形功能和基于端口的流量整形功能。

思考与练习

一、填空题

1. 路由器运行 RIP 时，仅和 _____ 路由器交换信息，并且按固定的 _____ s 时间间隔交换路由信息。
2. OSPF 协议是基于 _____ 的动态路由选择协议。
3. 在以太网类型的网络中，OSPF 协议是每隔 _____ s 发送一次 Hello 报文。
4. 互为邻接关系的路由器，一定也互为 _____ 关系。
5. 数据业务常见的 QoS 流分类有 _____、_____、_____ 3 类，_____ 类业务优先级较低，_____ 类优先级较高。

二、选择题

1. 关于 RIP，下列说法正确的有（   ）。
   A. RIP 是一种 IGP   B. RIP 是一种 EGP
   C. RIP 是一种距离矢量路由协议   D. RIP 是一种链路状态路由协议
2. RIP 是为小型网络设计的，它的跳数限制为（   ）跳。
   A. 10   B. 14   C. 15   D. 16
3. RIP 属于典型的（   ）路由选择协议。
   A. 距离矢量   B. 链路状态   C. 自治系统间   D. 大型网络
4. RIP 周期进行路由表更新，默认的广播周期为（   ）s。
   A. 10   B. 20   C. 30   D. 40
5. 在 RIP 中 Metric 等于（   ）为不可达。
   A. 8   B. 10   C. 15   D. 16
6. 下列关于链路状态算法的说法正确的是（   ）。
   A. 链路状态是对路由的描述
   B. 链路状态是对网络拓扑结构的描述
   C. 链路状态算法本身不会产生自环路由
   D. OSPF 和 IGRP 都使用链路状态算法
7. 关于 OSPF 中 Router ID 的论述正确的是（   ）。
   A. 是可有可无的   B. 必须手工配置
   C. 是所有接口中 IP 地址最大的   D. 可以由路由器自动选择

三、简答题

1. 路由表主要由哪些内容构成？
2. 请简述 RIP 的特点。
3. OSPF 和 RIP 的区别是什么？
4. 简述链路状态路由选择协议的工作过程。
5. 目前主要的 QoS 模型有哪些？

任务 4　MPLS 技术

4.1　任务及情景引入

目前 PTN 可分为以太网增强技术和传输技术结合 MPLS 两大类，前者以 PBB-TE 为代表，后者以 MPLS-TP 为代表。国内的华为、中兴、烽火等通信设备制造商均采用 MPLS-TP 技术，MPLS-TP 是在 MPLS 技术的基础上演变产生的，它是一种面向连接的分组传送技术，将业务信号映射进 MPLS 帧并利用 MPLS 机制（例如标签交换、标签堆栈）进行转发，本次任务主要学习 MPLS 技术的基础理论，为下一步学习 PTN 的关键技术 MPLS-TP 打下基础。

通过本次任务的学习，应当了解以下内容：
- MPLS 技术产生的背景和特点。
- MPLS 技术的常用概念和工作流程。
- MPLS 标签分发协议 LDP。
- MPLS 链路的保护与恢复技术。
- MPLS 技术的优点。

4.2　MPLS 技术概述

Internet 在近些年中的爆炸性增长为服务提供商（ISP）提供了巨大的机会，同时也对其骨干网络提出了更高的要求。人们希望 IP 网络不仅能够提供 E-Mail 上网等服务，还能够提供语音、图形、视频等宽带实时性业务。早期在世界范围内存在两大核心网络技术：计算机界倡导且应用广泛的 IP 网络技术和电信界推崇的 ATM 技术，其都各有自身的优缺点。IP 网络技术有连接简单、灵活、网络利用率高等优点，但同时也存在明显的不足之处。

1）路由交换存在问题，网络规模的扩大导致全球路由表容量急剧膨胀，致使维护路由表负担加重。路由器分组转发时采取最长匹配原则查询路由表，这进一步加重了自身的负担，导致 IP 数据包每经过一个路由器就产生一定的延时。

2）IP 技术不提供 QoS 业务支持。IP 技术采用的数据转发模式在流量和网络带宽管理上功能很弱，缺乏有效的流量管理手段，经常发生拥塞，导致 IP 电话业务丢包率增高以及语音传送质量变差。此外，由于路由器时延致使实时传输困难，从而更导致 QoS 很难得到保证。

3）报文在 IP 网络中传输时，需要解析第 3 层报文头部中的 IP 地址，网络的安全性以及对用户信息的保密程度不高。

ATM 是为实现 B-ISDN 提出的面向分组的交换技术，它将任何业务信息都变成固定长度的信元（53B），并通过异步时分复用技术把不同用户和不同业务的信元变成连续的比特流送入交换机，交换机通过硬件实现寻径和信元转发，从而大大提高了信息转发容量和转发速度。同时，ATM 又是一种面向连接的交换技术，用户进行通信前先申请虚路径，提出业务要求，如峰值比特率、平均比特率、突发性、质量要求和优先级等。网络根据用户要求和资源的占用情况来决定是否可以为用户提供虚路径，实现按需动态分配带宽，从而通过统计复用技术达到网络资源的充分利用。在保证语音、数据、图像和多媒体信息传输的同时，还具有无级别带宽分配、安全和自愈力强等优点。但是，ATM 技术在网络的实际应用中却出现了以下问题。

1）纯 ATM 网络的实现过于复杂，导致应用价格高，一般桌面用户无力承受。

2）在网络发展的同时，相应的业务开发没有跟上，导致目前的发展举步维艰。

3）虽然交换机作为网络的骨干节点已经被广泛使用，但到桌面的业务却发展得十分缓慢。

由于 IP 技术和 ATM 技术在各自的发展中都遇到了实际困难，需要相互借鉴，所以这两种技术的结合有着必然性。这样，MPLS 就应运而生了。它利用两种技术的主要优势，有机地结合了第二层快速交换和第三层路由的功能。MPLS 将第三层的路由在网络的边缘实施，而在 MPLS 的网络核心采用第二层交换，这样各层协议可互相补充，充分发挥第二层良好的流量管理以及第三层"Hop-By-Hop"路由的灵活性，实现端到端的传输。

多协议标签交换（Multi-Protocol Label Switch，MPLS）是一种集标签交换和网络层路由技术于一身的标准化路由与交换技术，它吸收了 ATM 交换的一些思想，无缝地集成了 IP 路由技术的灵活性和二层交换的简捷性，在面向无连接的 IP 网络中增加了 MPLS 这种面向连接的属性，通过采用 MPLS 建立虚连接的方法为 IP 网络增加了一些管理和运营的手段。

4.3 MPLS 技术的基本内容和工作机制

MPLS 技术位于传统的第二层与第三层协议之间，其上层的协议与下层的协议可以是当前网络中存在的各种协议，所以称为多协议。MPLS 称为"标签交换"技术，是因为它将第二层 ATM 标签交换和第三层 IP 路由协议有机结合起来，引入基于标签的机制，而且还把路由选择和数据转发分开，由标签来规定一个分组通过网络的路径。MPLS 的实质是将路由器移到网络的边缘，而将快速、简单的交换机置于网络中心，对一个连接请求实现一次路由选择和多次交换，其主要目的是将标签转发数据包的基本技术与网络层路由选择有机地集成。MPLS 是在 TAG 交换的基础上发展起来的，既吸收了 IP 交换、TAG 交换方案的部分思想，又对它们进行了扩充。

MPLS 基本原理

4.3.1 MPLS 的基本概念和术语

下面介绍 MPLS 中几个重要的概念。

（1）转发等价类（Forwarding Equivalence Class，FEC）

MPLS 实际上是一种分类转发的技术，它将具有相同转发处理方式（目的相同、使用的转发路径相同或具有相同的服务等级等）的分组归为一类，这种类别就称为转发等价类。属于相同转发等价类单元的分组在 MPLS 网络中将获得完全相同的处理。转发等价类的划分方式非常灵活，可以是源地址、目的地址、源端口、目的端口、协议类型、VPN 等的任意组合。例如，在传统的采用最长匹配算法的 IP 转发中，到同一个目的地址的所有报文就是一个转发等价类。

（2）标签（Label）

用于标识一个 FEC 的短而定长（20bit）标志符，在物理上连续且只有本地意义。当报文分组到达 MPLS 网络入口时，它将按一定规则被划归为不同的 FEC，根据分组所属的 FEC，将相应的标签封装在分组中。

（3）标签交换路径（Label Switched Path，LSP）

标签交换路径由一个或多个标签交换跳连接而成的路径，通过标记交换路径，分组可以穿越整个 MPLS 网络。

（4）标签交换路由器（Label Switched Router，LSR）

支持 MPLS 协议的路由器是 MPLS 网络中的基本元素。标签交换路由器由两部分组成：控制单元和转发单元。控制单元将负责标签的分配、路由的选择、标签转发表的建立、标签交换路径（LSP）的建立和拆除等工作。转发单元则依据标签转发表对收到的标签分组进行转发。LSR 的体系结构如图 4-1 所示。

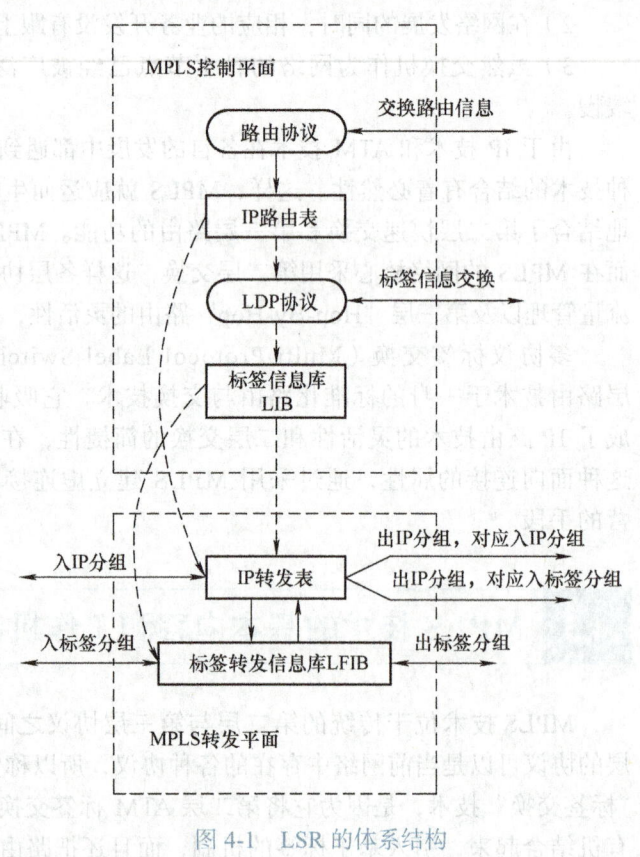

图 4-1 LSR 的体系结构

（5）标签分发协议（Label Distribution Protocol，LDP）

LDP 是 MPLS 的控制协议，也就是 MPLS 技术的核心。它相当于传统网络中的信令协议，将负责 FEC 的分类、标签的分配以及分配标签的传输和 LSP 建立、维护等一系列操作。

4.3.2 MPLS 的主要转发表项

1）标签转发信息库（LFIB）：使用标签来进行索引，作用类似于路由表，包含各个标签所对应的各种转发信息。每个入标签对应一条表项，每条表项包括入标签、入端口、IP 地址/MASK 等。LFIB 表项如表 4-1 所示。

表 4-1　LFIB 表项

入标签	入端口	IP 地址 /MASK	出端口	出标签
2001	1	192.168.1.10/32	0	2003

2）下一跳转发条目（NHLFE）：转发标签分组是使用下一跳转发条目，其包含下列信息。

• 分组的下一跳。

• 在分组的标签栈上完成的下列 3 种操作之一：一是用特定的新标签替换标签栈顶的标签（SWAP）；二是标签栈执行出栈操作（POP）；三是用特定的新标签替换标签栈顶的标签，然后将一个或多个特定的新标签压入标签（PUSH）。

• NHLFE 还可以包含传送分组使用的数据链路层封装类型，传送分组时标签栈的编码方式，以及进行分组处理所需的其他信息。

3）FEC 到 NHLFE 映射（FTN）：FTN 将每个 FEC 映射到一组 NHLFE，对于收到的未打标签的分组，要在转发之前打上标签时，需要使用 FTN。当 FTN 将某一特定标签映射到包含多个元素的一组 NHLFE 上时，在对该分组进行转发之前必须从该组中明确地选出一个元素。

4）输入标签映射（ILM）：将每个输入标签映射到一组 NHLFE，对收到的标签分组进行转发时使用 ILM。当 ILM 将某一特定标签映射到包含多个元素的一组 NHLFE 时，转发该分组之前必须从该分组中明确的选出一个元素。

4.3.3　MPLS 的报文结构

MPLS 报文头部结构如图 4-2 所示。

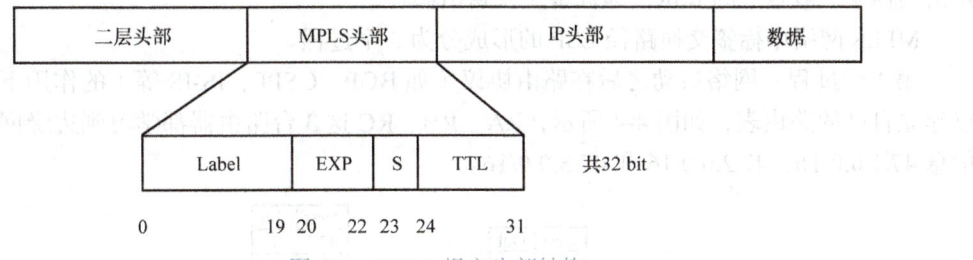

图 4-2　MPLS 报文头部结构

MPLS 报头的位置介于二层和三层之间，俗称 2.5 层。MPLS 可以承载的报文通常是 IP 包。其中 32bit 的标签各个域的含义如下。

Label（20bit）：标签域，可用于数据转发的标签大于 5。

EXP（3bit）：保留，可用于传递区分服务的服务类型信息。

S（1bit）：栈底标记，表示该标签是否为标签栈的栈底（S = 1 表示栈底）。

TTL（8bit）：MPLS 分组的生存期，在 MPLS 网络边界设置，每经过一个 MPLS 网络中继段，TTL 值便减 1。

MPLS 可以看作是一种面向连接的技术。通过 MPLS 信令或手工配置的方法建立 MPLS 标签交换路径以后，在 LSP 的入口把需要通过这个 LSP 的报文打上 MPLS 标签，中间路由器在收到 MPLS 报文以后直接根据 MPLS 报头的标签进行转发，而不用再通过 IP 报头的 IP

地址查找路由表。在 MPLS LSP 的出口（或倒数第二跳），弹出 MPLS 报头，还原 IP 报文。

4.3.4　MPLS 的工作过程

MPLS 是一种将具有相同转发处理方式的分组归为一类的分类转发技术。MPLS 是通过将第二层交换和第三层路由技术相结合的方法，采用"一次路由，多次交换"的方法来避免在核心网络上多次路由，以简捷的方式完成分组的传送。具体来说，就是在 MPLS 网络中，通过 LDP（标签分发协议）可以动态地建立一系列由源到目的 LSR（标签交换路由器）的 LSP，形成逻辑的全网状拓扑结构。进入 MPLS 网络的 IP 分组被封装成标签分组后基于标签高速转发，而不需要进行复杂的路由查找和转发。MPLS 的基本组网如图 4-3 所示。

MPLS 数据转发过程

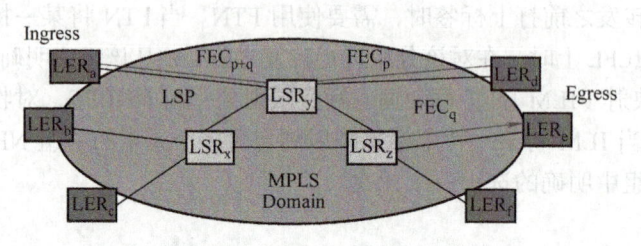

图 4-3　MPLS 的基本组网

图 4-3 中，LER 为标签边缘路由器，分组从 IP 域或其他网络进入到 MPLS 域的入口 LER 称为 Ingress 节点，从 MPLS 域离开的出口 LER 称为 Egress 节点；而 MPLS 网络中间的路由器称为一般意义的 LSR，即标签交换路由器。

MPLS 网络中标签交换路径 LSP 的形成分为 3 个过程。

第 1 个过程：网络启动之后在路由协议（如 BGP、OSPF、IS-IS 等）的作用下，各个节点建立自己的路由表，如图 4-4 所示，RA、RB、RC 这 3 台路由器都学习到边缘网络的路由信息 47.1.0.0/16，47.2.0.0/16 和 47.3.0.0/16。

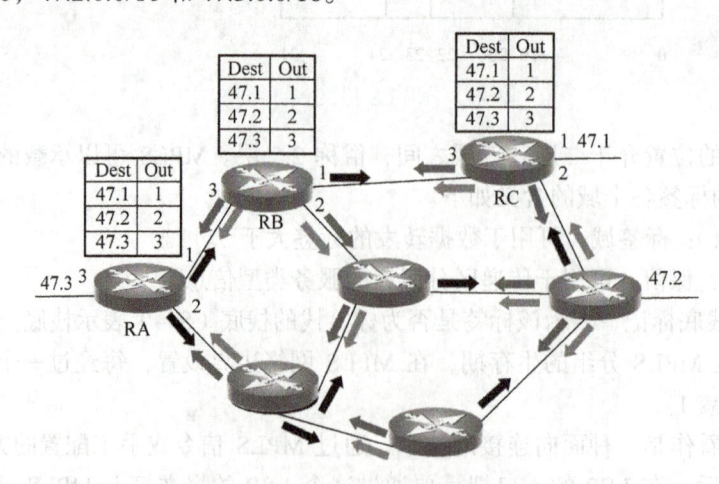

图 4-4　各个节点建立自己的路由表

任务 4　MPLS 技术

第 2 个过程：根据路由表，各个节点在 LDP 的控制下建立标签交换转发信息库 LIB。LIB 表的形成如图 4-5 所示。路由器 RC 作为 47.1.0.0/16 网段的出口 LSR 随机分配标签"40"，发送给上游邻居 RB，并记录在标签交换转发数据库 LIB 中。当路由器 RC 收到标记"40"的报文时就知道这是发送给 47.1.0.0/16 网段的信息。当路由器 RB 收到 RC 发送的关于 47.1.0.0/16 网段及标签"40"的绑定信息后，将标签信息及接收端口记录在自己的 LIB 中，并为 47.1.0.0/16 网段随机分配标签发送给除接收端口外相应的邻居。假设 RB 为 47.1.0.0/16 网段分配标签"50"发送给接口 int3 的邻居 RA。在 RB 的 LIB 中就产生这样的一条信息：

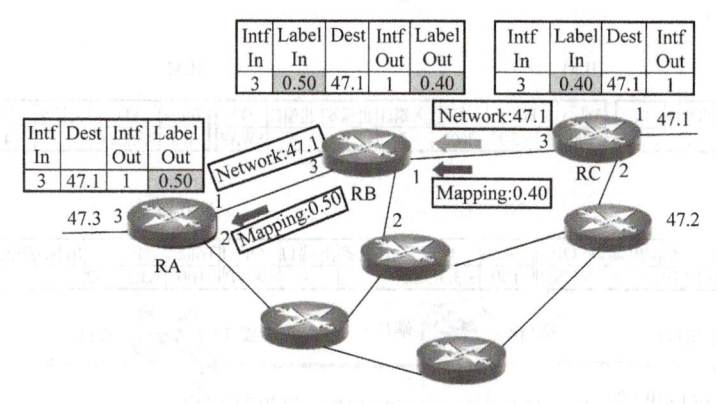

Intf In	Label In	Dest	Intf Out	Label Out
3	50	47.1.0.0	1	40

该信息表示，当路由器 RB 从接口 int3 收到标记为"50"的报文时，将标记改为"40"并从接口 int1 转发，不需要经过路由查找。

同理，RA 收到 RB 的绑定信息后将该信息记录，并为该网段分配标签。

第 3 个过程：随着标签的交互过程的完成，将入口 LSR、中间 LSR 和出口 LSR 的输入输出标签互相映射拼接起来后，就形成了标签交换路径 LSP。如图 4-5 在 RA、RB、RC 之间形成了关于 47.1.0.0/16 网段的标签交换路径 LSP。

MPLS 进行分组转发的基本步骤如下：

1）在 MPLS 网络内，每个 LSR 运行 OSPF 或者 IS-IS 等域内路由协议负责获取该区域内的拓扑信息，同时运行 LDP，根据拓扑信息完成分组目的地址/标签的映射和映射信息的分发，存储在各自的 FIB 表中，并且为指定类别的分组建立专用的 LSP。

2）在入口 LER 上，从 FIB 表中提取出 Token 值不是 Invaild 的表项形成 FTN 表（FIB 表中 Token 值为 Invaild 表示进行 IP 转发，而 Token 值为有效时，进行 MPLS 转发），同时，分析分组的网络层报文头部信息，在 FTN 表中选择对应的表项，给该分组打上表示分组归属的 FEC 关联标签，即形成 NHLFE 表项，然后转发给相应的 LSP 的下一节点 LSR。

3）在中间节点上，仅基于标签值在数据链路层依次转发分组，不必再分析网络层报文头部信息。根据 NHLFE 和 ILM 表项，找到与出口关联的新标签，替换旧标签。

4）在出口 LER 上，有两种情况：

• 如果边界节点的下一个节点为非 MPLS 节点，则删去标签，按照传统网络路由协议寻径和转发分组。

- 如果边界节点的下一节点为另一 MPLS 域的边界节点，则采用"标签栈"技术，使分组继续以标签交换的方式进入下一 MPLS 域。或者采用"倒数第二跳弹出"技术，无论是哪种情况，在倒数第二跳的节点上，分配特定的标签（通常为 3），以表示下一跳为出口，在出口 LER 上弹出标签，恢复成原来的 IP 分组。具体转发过程的举例如图 4-6 所示，在入口 LER 读取到达的 IP 分组的目的主机地址 3.3.3.3，查询 NHLFE，给分组打上标签 2001，经过端口 1 发送出去。在中间 LSR 读取该标签，在 ILM 中查询，用特定的弹出标签 3 替换标签 2001，从端口 3 发送出去。出口 LER 处收到分组后，发现收到的是标签 3，则弹出标签，从端口 5 发送出去。

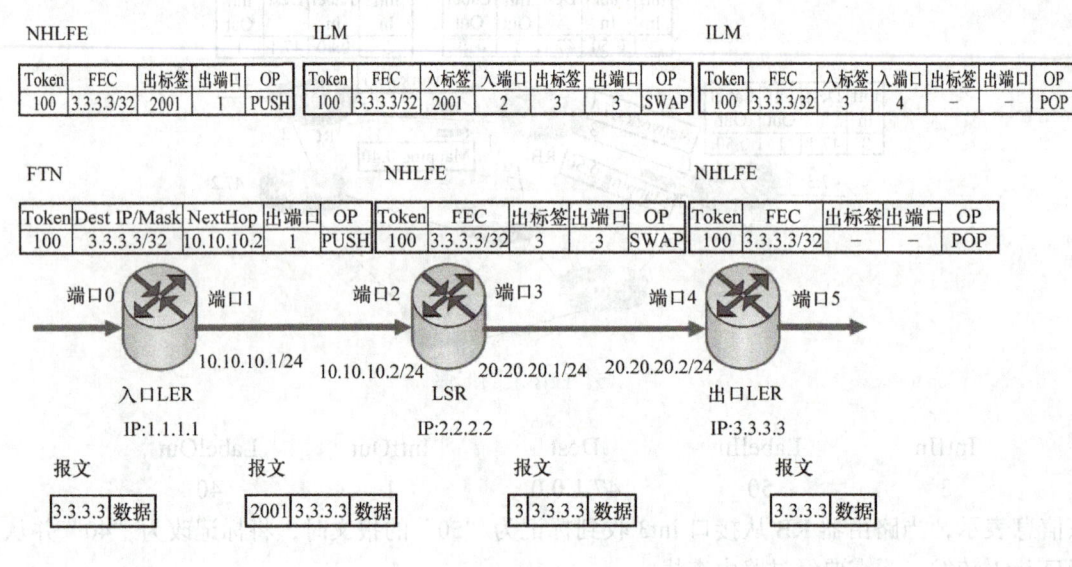

NHLFE					ILM						ILM					
Token	FEC	出标签	出端口	OP	Token	FEC	入标签	入端口	出标签	出端口	OP	Token	FEC	入标签	入端口	出标签	出端口	OP
100	3.3.3.3/32	2001	1	PUSH	100	3.3.3.3/32	2001	2	3	3	SWAP	100	3.3.3.3/32	3	4	-	-	POP

FTN						NHLFE						NHLFE				
Token	Dest IP/Mask	NextHop	出端口	OP	Token	FEC	出标签	出端口	OP	Token	FEC	出标签	出端口	OP
100	3.3.3.3/32	10.10.10.2	1	PUSH	100	3.3.3.3/32	3	3	SWAP	100	3.3.3.3/32	-	-	POP

端口0 → 端口1 　 端口2 → 端口3 　 端口4 → 端口5

10.10.10.1/24 　 10.10.10.2/24 　 20.20.20.1/24 　 20.20.20.2/24

入口LER 　 LSR 　 出口LER
IP:1.1.1.1 　 IP:2.2.2.2 　 IP:3.3.3.3

报文: 3.3.3.3 | 数据
报文: 2001 | 3.3.3.3 | 数据
报文: 3 | 3.3.3.3 | 数据
报文: 3.3.3.3 | 数据

图 4-6　报文转发的过程

4.3.5　倒数第二跳弹出机制

PHP（Penultimate Hop Poping）意思为次末跳弹出或者倒数第二跳弹出，这是 MPLS 的一个基础性机制，下面进行分析。

如图 4-7 所示，路由器 A、B、C 都通过路由协议学习到 30.0/24 的路由，由于设备都激活了 LDP（标签分发协议），因此都会为 30.0/24 路由捆绑标签，并且将标签映射分发给自己的 LDP 邻居，从图中可以看到，C 为路由分配了标签 301，B 为路由分配了标签 201。

现在 A 路由器收到一个目的地是 30.0/24 网络的 IP 数据包，经过 FIB 查表后将数据包压入标签 201 然后转发给 B（注意，A 发送标签数据给 B，要压入的是 B 给分的标签），B 收到这个标签包后，通过 LFIB 表（标签转发信息表）查找后将标签置换成 301 然后转发给 C。

C 收到这个标签包后，先查 LFIB 表，发现要将标签弹出，于是它将标签弹出，弹出后发现是个 IP 报文，于是又去查 FIB 表，最终将这个 IP 数据包转发出去。C 进行了两次查找动作。这显然降低了转发效率。其实标签可以在倒数第二跳（也就是在 B 处）上弹出，如此一来 C 收到的就是一个 IP 数据包，它只需查找 FIB 表将收到的 IP 报文路由出去即可。

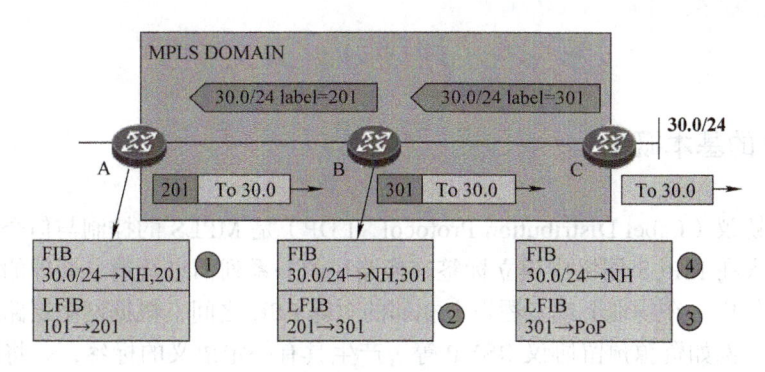

图 4-7 没有采用 PHP 的标签交换过程

如果采用 PHP 倒数第二跳弹出机制，路由器为本地的路由分配的标签就是一个特殊的标签值——3。当一台标签交换路由器收到一个标签包，在 LFIB 中进行查表时，若出站标签为 3，则意味着需要将标签包的顶层标签弹出。

如图 4-8 所示，路由器 C 为本地的直连路由 30.0/24 所分配的标签为被保留的约定标签（Well-Known）标签 3，它将标签映射传递给 B。如此一来，B 收到 A 发送过来的标签值为 201 的标签包，会将标签弹出得到 IP 包，再转发给 C，如此 C 仅需对 IP 包进行 FIB 表的查询和转发即可，提高了转发效率。

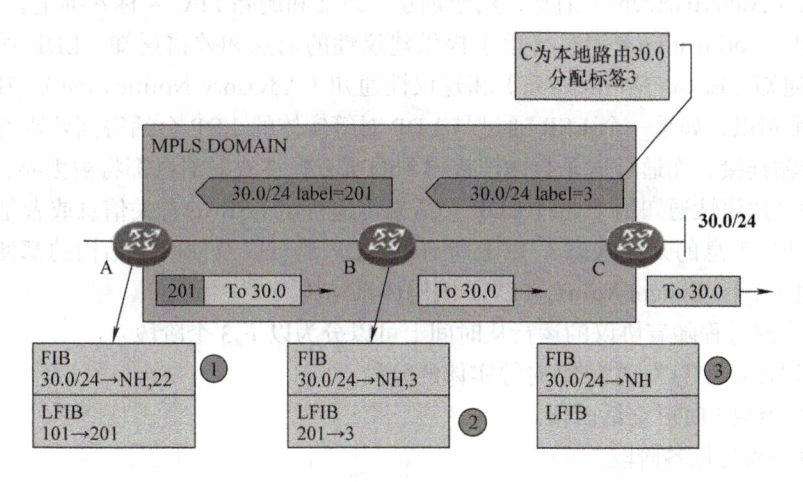

图 4-8 采用 PHP 的标签交换过程

需要提出的是，倒数第二跳弹出机制（PHP）有两种标签：一是隐式空（implicit null），这是目前所主要采用的方式，在 LDP 中标签值为 3；另一个是显式空（explicit null），在 LDP 中标签值为 0。

如果收到 LDP 邻居发送来的关于某条路由分配的标签值为 3，则发送前往该目标网段的数据给该邻居时，会将该标签弹出，再将内层数据转给邻居。而如果邻居关于某条路由分配的标签值为 0，那么本地在转数据给邻居时，会带上标签头（标签值为 0 的）一并发给邻居，这是为了在某种情况下保持网络规划的统一性。例如为了部署 MPLS 的 QoS，最后一跳必须使用标签包中的 EXP 字段，因此标签不能被弹出。

4.4 标签分发协议（LDP）

4.4.1 LDP 的基本概念

标签分发协议（Label Distribution Protocol，LDP）是 MPLS 的控制与信令协议，是标签交换路由器用来在 MPLS 网络中建立标签交换路径的一系列消息及消息处理的过程。其实质是在 MPLS 网络中，在物理上或者逻辑上相邻的对等 LSR 之间，根据网络层路由信息和其他一些相关协议（例如资源预留协议 RSVP 等）产生具有一定语义的标签，并将这些标签分发到与其相邻的对端 LSR 上，由此将网络层路由直接映射到数据链路层的交换路径上，形成标签交换路径的一系列处理过程。

LDP 操作的最基本单元是一对 LDP 对等实体（LDP Peers）。LDP 对等实体是指其间存在着 LDP 会话，使用 LDP 来交换标签和 FEC 映射信息的两个 LSR。LDP 允许这两个 LDP 对等实体同时通过一个 LDP 会话来获取对方的消息。LDP 会话用于在 LDP 对等实体间进行标签信息交换。在 LDP 中主要有以下 4 种 LDP 消息。

1）发现（Discovery）消息，用于通告和维护网络中的 LSR 的存在。
2）会话（Session）消息，用于建立、维护和终止 LDP 对等实体之间的会话连接。
3）通告（Advertisement）消息，用于创建、改变和删除 FEC – 标签绑定。
4）通知（Notification）消息，用于提供建议性的消息和差错通知。LDP 通知消息分为两种：差错通知（Error Notification）和建议性通知（Advisory Notification）。其中差错通知用于指示严重错误，如果一个 LSR 通过与 LDP 对等实体的 LDP 会话得到差错通知，LSR 将关闭 TCP 传输连接，而通过这条会话连接得到的所有标签映射消息都将被丢弃，同时还将结束 LDP 会话。建议性通知用于通过 LDP 会话来传递特定 LSR 的有关信息或者是以前从 LDP 对等实体收到的消息的某些状态。以上所有的 LDP 消息以及他的子结构的都使用相同的类型 - 长度 - 值（Type-Length-Value，TLV）编码体系结构。

LDP 的实现过程随着协议的运行从时间上可以分为以下 3 个阶段：
1）使用 Hello 消息发现 LDP 对等实体的阶段。
2）建立和维护 LDP 会话阶段。
3）分发和管理标签阶段。
下面将具体说明这 3 个阶段。

4.4.2 LDP 发现

LDP 发现是为了使 LSR 发现可能的 LDP 对等实体。目前有两种发现机制：一是基本的发现机制，用于找出与 LSR 在链路层上直接相连的 LSR；另一个是扩展的发现机制，用于在链路层上发现非直接相连的 LSR。在 LSR 上，如果某一接口使用的是基本发现机制，那么此 LSR 将在该接口上周期性地发送 LDP Hello 消息，该消息使用 UDP 封装发往连接在同一子网上的所有路由器，端口号为 646。这个消息还同时携带有相应 LSR 及其接口的 LDP 标识与标签空间标识，还可以有其他一些信息。接收到这个 Hello 消息的 LSR 不仅知道了与其相邻的 LSR，而且知道了它们直接通信将要使用的接口和标签空间等参数。

扩展的发现机制用于两个非直连的 LSR 之间。使用扩展 LDP 发现机制的 LSR 周期性地发送目标 LDP Hello 消息，该消息也封装在 UDP 中，发往特定单播地址的 646 端口，同样携带有 LSR 要使用标签空间的 LDP 标识及其他一些信息。与基本发现机制相比，该消息有两个方面的不同：

1）Hello 消息是发往特定的单播 IP 地址的，而不是与某一接口相连的所有具有相同组播地址的路由器组。

2）扩展发现机制的 Hello 消息发送是非对称的。这表示当一个 LSR 使用和另一个目标 LSR 建立连接的扩展发现机制时，目标 LSR 可以决定自己是响应还是忽略收到的 Hello 消息，如果选择了前者，那么它就周期性地发送目标 Hello 消息给发起 Hello 的 LSR。

4.4.3 LDP 会话建立和维护

两个 LSR 之间交换 LDP Hello 消息的结果是触发 LDP 会话建立，此时两个对等实体之间将针对相应接口的标签空间建立 Hello 邻接体（Adjacency）关系。所谓标签空间，分为每接口标签空间和每平台标签空间。每平台标签空间，也就是说，在一台 LSR 上对于不同的 LSP 路径不可以分配相同的标签，而每接口标签空间就是在一台 LSR 上，只要接口不同就可以分配相同的标签。LDP 中使用 LDP 标识符（LDP Identifiers）来标识特定 LSR 的标签空间范围。LDP 标识符长度为 6B，前面 4B 表示特定 LSR 的 IP 地址，后 2B 表示 LSR 内的标签空间序号，其形式为：<IP 地址 > : < 标签空间序号 >。

LDP 会话建立的过程分为以下两步。

1）传输连接的建立：根据 Hello 消息中的传输地址 TLV 或者源 IP 地址比较两个对等实体之间地址的大小，以确定 TCP 建立过程中和会话初始化过程中的主动方和被动方，其中 IP 地址大的为主动方。然后由邻接体关系中的主动 LDP 实体尝试在 TCP 的 646 端口上创建一个与被动的 LDP 实体之间的 TCP 连接。

2）会话初始化：Hello 邻接体之间建立 TCP 连接后，将交换 LDP 初始化消息，协商 LDP 会话参数。需要协商的参数包括 LDP 版本号、标签分发方式、会话保持定时器值，用于标签控制下 ATM 的 VPI/VCI 的范围和用于标签控制下帧中继的 DLCI 范围等。如果参数协商成功后，就发送 keep-alive 消息作为响应，两个 LDP 实体之间就建立起对应于所协商标签空间的 LDP 会话。如果参数协商不成功，则发送"会话拒绝 / 参数错误"通知消息，同时关闭 TCP 连接。

两个 LDP 实体的会话参数配置有可能不兼容，如果这样的话，这两个 LSR 之间将可能会陷入无穷的消息序列之中，也就是说，一方将可能不停地发送差错通知消息并拒绝另外一方的会话初始化请求。

LSR 必须采取使用指数后退的方式抑制重新建立 LDP 会话的次数。同时，如果 LSR 检测到上述情况时，应该采取措施通知网管人员。初始化消息被拒绝至少 15s 后，LSR 才能重新发送 LDP 会话初始化消息，如果初始化消息又被拒绝，则在再次发送初始化消息之前，至少延时 120s。主动方 LSR 必须延时一段时间才能重新建立 LDP 会话的 TCP 连接。

除非操作人员重新配置其中一个 LSR，否则被抑制的初始化消息序列不可能自动停止。在对参数重新配置之后，如果会话初始化请求不再被拒绝，这时可以取消对随后会话建立过程的抑制。

LDP 会话的维护用于对 LDP 会话的完整性进行检测，LDP 主要使用定时器来实现这个功能。LSR 为每个 LDP 会话维护一个会话保持定时器，当 LSR 在设定的时间内收到来自特定会话连接的 LDP 数据单元后，LSR 刷新定时器，重新开始计时；如果在时限内没有收到任何 LDP 数据单元，那么 LSR 认为 LDP 会话传输出现错误或者 LDP 对等体出现了故障，LSR 就会关闭 TCP 连接，结束会话。

LDP 会话创建和维护状态机如图 4-9 所示。

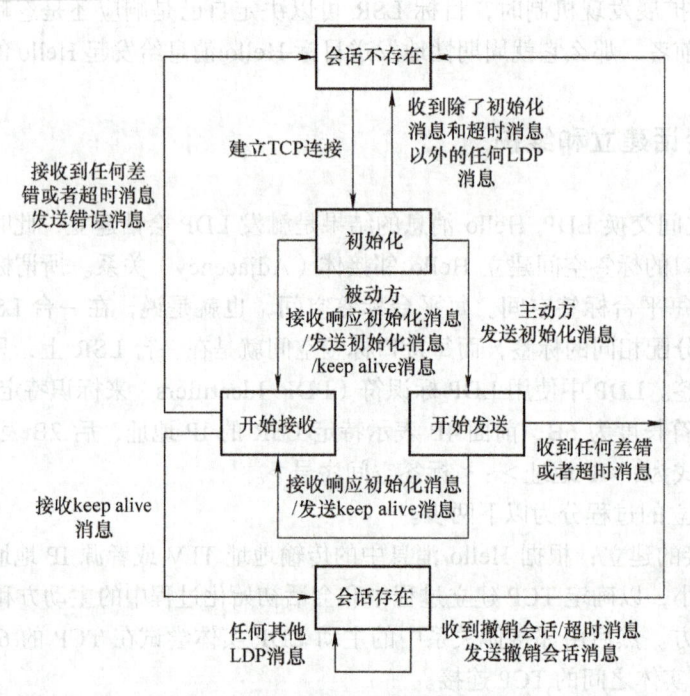

图 4-9　LDP 会话创建和维护状态机

4.4.4　标签分发和管理

两个对等 LDP 实体之间需要对以下 3 种 LDP 的操作方式进行协商。

1. 标签控制方式

LSR 使用独立（Independent）还是有序（Ordered）LSP 控制方式决定了 LSR 在 LSP 初始建立过程中的行为。

（1）独立（Independent）标签控制

当使用独立的 LSP 控制时，每个 LSR 可以在任何时候向和它相连的 LSR 通告标签映射。例如当工作在独立下游按需标签分发控制方式下，LSR 可以立刻对上游的标签请求消息发出响应，而不需要等待来自下一跳 LSR 的标签映射消息。当工作在独立下游自主标签分发控制下，只要 LSR 准备好对于特定 FEC 进行标签转发，LSR 就可以向和它相连的 LSR 通告特定

FEC- 标签映射消息。使用独立标签控制允许 LSR 在收到下游的标签映射消息之前，就可以向上游通告标签映射消息。

（2）有序（Ordered）标签控制

当使用有序的 LSP 控制时，只有当 LSR 收到特定 FEC 下一跳的特定 FEC- 标签映射消息或者 LSR 是 LSP 的出口节点时，LSR 才可以向上游发送标签映射消息。如果 LSR 既不是特定 FEC 的出口节点也不存在对于特定 FEC 的标签绑定，那么 LSR 在对特定 FEC 进行 FEC- 标签绑定并向上游 LSR 返回特定 FEC- 标签绑定消息之前，必须等待收到下游 LSR 的特定 FEC- 标签响应消息。

2. 标签保持方式

标签保持方式是指 LSR 对收到的、但是目前暂时无用的标签 -FEC 绑定的处理方式。标签保持方式主要有两种：保守标签保持方式和自由标签保持方式。前者是丢弃所有无用的标签 -FEC 绑定，而后者将无用的标签 -FEC 绑定保存起来以供以后之用。

（1）保守标签保持方式

在下游自主标签分发的方式中，从任何相邻 LSR 都可以收到对于所有路由的标签映射消息。当使用保守标签保持方式的时候，只有用于数据转发的 FEC- 标签绑定才会被保留，即接收到的 FEC- 标签绑定来自路由的下一跳 LSR。

在下游按需标签分发方式中，SR 仅仅向 FEC 下一跳 LSR 发送标签请求消息。由于下游按需标签分发方式主要用于标签资源有限的环境，因此下游按需标签分发方式通常会使用保守标签保持方式。保守标签保持方式的优点在于只有用于数据转发的标签才会被分配和维护。对于标签资源有限的 LSR 而言，这一点是非常重要的。保守标签保持方式的一个缺点是如果路由改变了特定 FEC 的下一跳 LSR，在分组能够继续进行标签转发之前，LSR 必须等待来自新的下一跳的特定 FEC- 标签映射消息。

（2）自由标签保持方式

在下游自主标签分发方式下，LSR 可以从任何相邻 LSR 收到对于所有路由的标签映射消息。当使用自由标签保持方式时，不论发送 LSR 是否是其所通告的特定 FEC- 标签映射的下一跳，LSR 对于所有的标签映射都加以保留。当使用下游按需标签分发方式时，LSR 可以选择向所有相邻 LSR 对于所有已知的地址前缀发送标签请求消息。但是，下游按需标签分发方式通常用于诸如 ATM 交换机等设备，在这种情况下，LDP 推荐使用保守标签保持方式。

自由标签保持方式的主要优势在于 LSR 可以快速对路由变化做出响应，这主要是由于标签映射已经存在，当路由发生改变时，如果本地数据库中有适用的标签映射，将可以直接使用而不必向下游重新发起标签请求。自由标签保持方式的主要缺点在于对当前不需要的标签映射也要进行维护和管理，需要消耗更多的系统资源。

3. 标签分发通告方式

根据上游 LSR 是否需要向下游对等 LSR 明确提出标签请求来划分，标签分发通告方式可分为下游按需（Downstream on Demand）标签分发通告方式和下游自主（Downstream Unsolicited，DU）标签分发通告方式。两者的主要区别在于由哪一个 LSR 负责发起标签映射请求和标签映射的通告进程。LDP 允许下游 LSR 为明确提出标签请求的 LSR 分配 FEC- 标签绑定，MPLS 体系结构同样允许 LSR 对未提出标签请求的其他 LSR 主动分配 FEC- 标签绑定。两种标签分发技术可以同时用在一个网络中。但是对于任何特定的 LDP 会话，LSR 必须知道 LDP 对等实体使用的是哪种标签分发方式，从而避免出现其中一个 LSR 使用下游自主标签分发方式，并假定其下游对等 LDP 实体也使用相同的方式这种情况。因为如果出现这种情况，而下游 LDP 对等实体实际上需要等待标签请求消息的话，就不会等到上游 LSR 的标签请求消息，此时下游 LDP 对等实体将不会分配标签，也不会发送标签映射消息，这样 LSP 将无法正常建立。

4.5 MPLS 链路的保护与恢复技术

所有网络的通信链路及通信节点都有可能发生故障，而且在某种情况下，网络还可能受到蓄意破坏。为保证用户的服务质量，网络必须具备快速故障检测和恢复的能力。MPLS 流量工程中的 LSP 保护与恢复机制提供了这种能力，它是指在网络发生故障时，及时进行链路切换，保障网络应用不受影响。传统的 SDH 恢复时间量级为 50ms，而传统 IP 路由的恢复时间量级为几十秒，MPLS 保护机制可在减少大量开销的情况下，提供高效的故障恢复新策略。目前，MPLS 快速故障恢复的时间量级大致处于 IP 路由恢复和 SDH APS 恢复时间量级之间。根据保护的范围与采用的手段不同，保护体制可分为路径保护、链路保护和节点保护 3 类。

1）路径保护：用于对整条 LSP 提供 1∶1 的保护，即可以配置两条 LSP，一条处于激活状态，另一条处于备份状态。一旦主 LSP 出现故障，业务立刻导向备份的 LSP。

2）链路保护：用于对 LSP 中的某条通信链路提供保护，当一条已经建立的 LSP 中的某段链路出现故障时，业务会立刻从处于故障链路上游的节点通过备份链路到达原下游节点，即业务会切换到备份链路上。

3）节点保护：用于为 LSP 中的某个通信节点提供保护，在一条已经建立的 LSP 中某个节点出现故障时，业务会立刻从处于故障节点上游的节点，通过备份链路到达该故障节点的下游节点，即业务会切换到备份链路上以绕过故障节点。

这 3 种措施各有优缺点，具体分析如下。

1）保护的范围不一样。路径保护是用于对整个 LSP 提供备份，而且在布置备份 LSP 时，要求这两条 LSP 尽量不要有相同的路径。节点保护和链路保护则用于对一条 LSP 中的某个节点或某段链路提供备份信道。

2）对网络资源的占用不一样。路径保护要求备份 LSP 所提供的 QoS 参数尽量与主 LSP 保持一致，为此备份 LSP 和主 LSP 需要占用同样的网络资源。但是，在通信过程中，只一个 LSP 上有业务，另一 LSP 则处于闲置状态。而节点保护和链路无须提供备份 LSP，仅提供备份链路。显然，在这 3 种方式中，路径保护对网络资源的浪费最大。

3）扩展性不一样。路径保护只能用于对某指定的 LSP 提供 1∶1 的备份，其备份 LSP 无法承载其他 LSP 上的业务。当需要为另外的 LSP 提供保护时，需要另外布置一条 LSP，其配置工作量比较大。而节点保护和链路保护所提供的备份链路可以保护多条 LSP，即对 LSP 提供 1∶N 的保护。显然，后两种方式的扩展性更强。

由于传统路由协议收敛较慢（IGP 在秒级，BGP 在分钟级），不能满足承载多媒体等实时业务的需求，因此必须对网络流量提供毫秒级的 LSP 保护能力。使用 MPLS 快速重路由（Fast Reroute，FRR）技术可以在链路或节点发生故障时，在发现故障的节点上进行保护，这样就允许流量继续从保护链路或节点的隧道中通过，使得数据传输不至于发生中断。其优势是：可以实现在没有信令介入的情况下，由故障检测点直接对故障链路流量根据预先设定的保护路径进行重定向；可以提高保护恢复的速度；通过有选择地在网络薄弱环节配置保护能力，避免了在可靠网络重复保护，无谓消耗核心网络资源。

4.6 MPLS 技术的优势

MPLS 与传统的网络（特别是 IPoA，即 IP over ATM）相比，具有众多的优势，很有可能使其成为下一代 IP 网络的基础，其优势如下。

1）在 MPLS 网络的边缘 LSR 对各种 IP 分组进行 FEC 的划分，FEC 的划分只进行一次，相较于传统网络在转发的每一跳都要对 IP 分组进行分析，MPLS 对于 IP 分组分析的开销大大降低。同时，内部 LSR 可以不具备边缘 LSR 所需的复杂的 FEC 划分功能。而 MPLS 的转发可以由不具备 IP 分组头分析能力但具有标签转发能力的设备来实现。另外，MPLS 网络可以为分组附加各种本地转发策略。标签分组可以携带有关入口 LSR 的信息，这在传统网络中是无法做到的。这都是 MPLS 标签交换的连接性带来的。

2）简化了控制过程。MPLS 采用集成模式，将路由、寻址与控制等功能集成到一起，使得控制过程大大简化，取消了各种协议与地址转换和各种服务器，从而降低了各种协议接口技术的复杂性。

3）改善了网络的可扩展性。由于将 MPLS 控制单元引入网络，MPLS 能够解决 N 平方问题，大大改善了可扩展性。

4）具备一定的 QoS 能力。MPLS 使 IP 网络能够具备一定的 QoS 能力，这对于日益增长的 Internet 业务与规模是至关重要的。MPLS 可以实现许多以前技术所无法实现的功能，例如显式路由、环路控制、组播、VPN 等。

5）能够提供以往 IP 网络中无法保证的流量业务。在路由改变导致某一条路径不通时，具有流量工程能力的 MPLS 技术可以很轻易地将数据流切换到新的路径上，充分利用可能的转发路径，进而充分利用整个网络的链路资源。

6）利用成熟的协议。MPLS 可以利用现有的成熟的路由协议（如 OSPF、BGP）以及传输层协议（如 TCP），一方面简化了网络的设计过程，另一方面也保证了网络的可靠性。

7）保证互操作性。MPLS 能够支持各种传输层协议与链路层协议，并且独立于任何厂商，是一种标准的解决方案，有利于保证各个厂商产品之间的互操作性。

8）有利于网络技术的演进。控制单元和转发单元的分离，使得 MPLS 能够同时支持 MPLS 与传统的协议网络，而且在实现 MPLS 网络之后，若要增加新的网络功能，只要改变控制单元的软件即可。这对于网络技术的演进十分有利。

9）MPLS 可以达到与传统电路交换网络比拟的服务质量。在服务质量上，尤其是对于语音图像等业务，传统的电路交换网络是现有的 IP 网络难以匹敌的。但是，MPLS 网络与传统的电路交换网络相比，在此方面毫不逊色。

因此，发展和使用 MPLS 技术具有以下重大意义。

1）MPLS 可用于多种网络层和链路层技术，最大限度地兼容了原有的各种技术，促进了网络互连互通和网络的融合统一，使网络演进和过渡更加容易；特别对于当前从 IPv4 到 IPv6 的过渡有重要意义。

2）MPLS 技术引入定长的标签用于数据转发，同时各个节点之间通过标签串接组成标签交换路径，引入了虚线路的特性。

3）MPLS 技术在网络体系结构上对网络功能进行划分，将复杂的分组处理任务推到网络边缘去完成，核心网络只负责完成简单的转发功能，其"边缘智能，核心高速"的设计思想提高了网络的可扩展性。

4）MPLS 技术在网络节点中对控制平面和数据平面进行了明确的划分。数据平面包括转发组件，按照标签交换算法执行简单的标签交换操作；控制平面涉及 OSI 参考模型中网络层对等的功能，例如路由和信令功能，推动业务量穿过整个网络。

总之，MPLS 是为了解决 IP 网络所面临的问题而产生的，MPLS 的基本思想是对协议堆栈进行简化，实现 IP 和链路层的紧密结合，为实现各种高层业务提供一个简单而高效的多技术平台。MPLS 不仅能够解决现有网络中存在的可扩展性、带宽瓶颈等问题，而且能够实现许多更为强大的网络功能，使网络可控可管，能够保证网络层业务的顺利演进。因此，MPLS 是一种很好的骨干 IP 网络技术。

思考与练习

一、填空题

1. MPLS 通常被认为位于网络层的_____层和_____层之间。
2. MPLS 是以_____转发代替传统路由器的_____转发。
3. 根据保护范围的不同，MPLS 保护大致可以分为_____、_____、_____。
4. 倒数第二跳弹出机制（PHP）有两种标签，其中，隐式空方式的 LDP 标签值是_____。
5. 转发等价类 FEC 是将_____归为一类，划分 FEC 的依据可以有_____。
6. 分组在 MPLS 域转发的过程中，标签栈的操作方式通常有_____、_____、_____ 3 种方式。
7. 在 MPLS 网络中，路由器通过查询_____进行数据的转发。

二、选择题

1. 推入一层 MPLS 标签的报文比原来 IP 报文多（　　）字节。
   A. 4　　　　　B. 8　　　　　C. 16　　　　　D. 32
2. 基于 MPLS 标签最多可以标示出（　　）类服务等级不同的数据流。
   A. 2　　　　　B. 8　　　　　C. 64　　　　　D. 256

三、简答题

1. 简述 MPLS 数据转发的过程。
2. 简述 PHP 倒数第二跳弹出机制。
3. 简述 LDP 标签分发协议的工作过程。

任务 5　PWE3 技术

5.1　任务及情景引入

端到端伪线仿真（Pseudo-Wire Emulation Edge to Edge，PWE3）是指在分组传送网的两个 PE 节点间提供通道，尽可能真实地模仿 ATM、以太网、低速 TDM 电路和 SONET/SDH 等业务的基本行为和特征的一种二层业务承载技术。

本次任务主要掌握伪线的基本概念、相关术语，以及伪线在分组传送网中业务仿真的原理。

如图 5-1 所示，某运营商建立了一个全国骨干网，提供了 PWE3 业务，客户有两个分部，分别位于北京、上海。北京分部是以 ATM 接入运营商的骨干网，上海分部是以 FR 接入运营商的骨干网。运营商可以在北京的 PE1 与上海的 PE2 两个接入点之间建立 PWE3 连接。

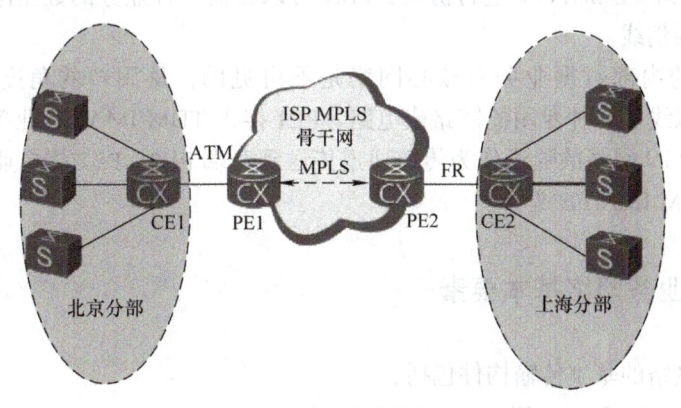

图 5-1　PWE3 仿真业务应用

通过 PWE3，运营商就可以给客户提供跨域广域网的私网点到点业务，不需要因为接入方式的不同而做特别的处理。对客户而言，组网简单、方便，不需要改变自己原有的企业网规划；对运营商而言，不需要改变原有的接入方式，可以直接将原有的接入方式平滑迁移到 IP 骨干网中。

通过本次任务的学习，掌握以下知识点：
- PWE3 技术的基本概念。
- PWE3 技术的体系结构。
- PWE3 的协议分层模型。
- PWE3 的控制平面。
- 伪线建立流程和数据转发过程。
- 伪线对电路业务、以太网业务和 ATM 业务的仿真。

5.2 PWE3 概述

5.2.1 PWE3 的基本概念

PWE3 是一种端到端的二层业务承载技术。在 PTN 网络中，PWE3 可以真实地模仿 ATM、帧中继、以太网、低速 TDM 电路和 SONET/SDH 等业务的基本行为和特征。PWE3 以 LDP（Label Distribution Protocol）为信令协议，通过隧道（如 MPLS 隧道）模拟 CE 端（Customer Edge）的各种二层业务，比如各种二层数据报文、比特流等，使 CE 端的二层数据在网络中透明传递。PWE3 可以将传统的网络与分组交换网络连接起来，实现资源共享和网络的拓展。

伪线（Pesudo Wire）指一根假的线，如果在两台设备之间直接拉一根网线，那就是真的线。而伪线仿真就是说用某种技术模拟了一根线，把两台设备连在一起进行通信。简单来说，PW 是一种通过分组交换网（PSN）把一个承载业务的关键要素从一个 PE 运载到另一个或多个 PE 的机制。通过 PSN 网络上的一个隧道（IP/L2TP/MPLS）对多种业务（ATM、FR、HDLC、PPP、TDM、Ethernet）进行仿真，PSN 可以传输多种业务的数据净荷，这种方案里使用的隧道定义为伪线。

PW 所承载的内部数据业务对核心网络是不可见的，从用户的角度来看，可以认为 PWE3 模拟的虚拟线是一种专用的链路或电路。PE1 接入 TDM/IMA/FE 业务，将各业务进行 PWE3 封装，以 PSN 网络的隧道作为传送通道传送到对端 PE2，PE2 将各业务进行 PWE3 解封装，还原出 TDM/IMA/FE 业务。

5.2.2 PWE3 业务网络基本要素

PWE3 业务网络的基本传输构件包括：
- 接入链路（Attachment Circuit，AC）。
- 伪线。
- 转发器（Forwarders）。
- 隧道（Tunnel）。
- 封装（Encapsulation）。
- PW 信令（Pseudo Wire Signaling）协议。
- 服务质量（Quality of Service）。

下面详细解释 PWE3 业务网络基本传输构件的含义及作用。

（1）接入链路

接入链路是指终端设备到承载接入设备之间的链路，或 CE 到 PE 之间的链路。在 AC 上的用户数据可根据需要透传到对端 AC（透传模式），也有需要在 PE 上进行解封装处理，将 payload 解出再进行封装后传输（终结模式）。

（2）伪线

伪线也可以称之为虚连接。简单地说，就是 VC 加隧道，隧道可以是 LSP、L2TP 隧道、GRE 或者 TE。虚连接是有方向的，PWE3 中虚连接的建立是需要通过信令（LDP 或者 RSVP）来传递 VC 信息，将 VC 信息和隧道管理，形成一个 PW。PW 对于 PWE3 系统来说，就像是一条本地 AC 到对端 AC 之间的一条直连通道，完成用户的二层数据透传。

（3）转发器

PE 收到 AC 上传送的用户数据，由转发器选定转发报文使用的 PW，转发器事实上就是 PWE3 的转发表。

（4）隧道

隧道用于承载 PW，一条隧道上可以承载一条 PW，也可以承载多条 PW。隧道是一条本地 PE 与对端 PE 之间的直连通道，完成 PE 之间的数据透传。

（5）封装

PW 上传输的报文使用标准的 PW 封装格式和技术。PW 上的 PWE3 报文封装有多种，在 draft-ietf-pwe3-iana-allocation-x 中有具体的定义。

（6）PW 信令协议

PW 信令协议是 PWE3 的实现基础，用于创建和维护 PW，目前，PW 信令协议主要有 LDP 和 RSVP。

（7）服务质量

根据用户二层报文头的优先级信息，映射成在公用网络上传输的 QoS 优先级来转发。

下面通过一个例子说明伪线和隧道的关系。假如要从成都金堂坐汽车到重庆开县，沿途会经过高速公路和一般公路，那么 Tunnel 就是高速公路，AC 就是普通公路，而 PW 就要告诉你沿哪条高速公路，到了收费站后从哪个出口出去上哪条普通公路。Tunnel 使用外层标签（公共交通卡）通行，PW 使用内层标签（个人交通卡）指示出口。同样在这里要注意，PW 和 Tunnel 一样也是单向的，如果需要开通双向业务的话，同样需要创建两条方向相反的 PW。

PW 进一步可以分为静态 PW 和动态 PW。其中静态 PW 不使用信令协议进行参数协商，而是通过命令手工指定相关信息，数据通过隧道在 PE 之间传递。动态 PW 是通过信令协议（通常为远程 LDP）建立起来的。

5.3　PWE3 的体系结构

5.3.1　网络参考模型

1. 基本模型

图 5-2 为点到点的伪线网络参考模型。PE1 和 PE2 需要为它们的客户（CE1 与 CE2）提供一条或者多条 PW，使得它们的客户能够在 PSN 网络上通信。PSN 隧道是为了给 PW 提供一条数据通道而建立的。隧道为一个 PE 跨过 PSN 到对端 PE 构成的数据传送的路径，一条

隧道中可以复用多条 PW。

对核心网络而言，PW 业务是不可见的，而核心网络对 CE 来说也是透明的。在 PW 业务端，原始数据单元（比特、信元或包）经过 AC 到达，被封装进 PW-PDU 中，然后经过 PSN 隧道在网络上传输。PE 对 PW-PDU 进行必要的封装与解封装，同时也处理 PW 业务所需要的其他功能，比如排序与定时。

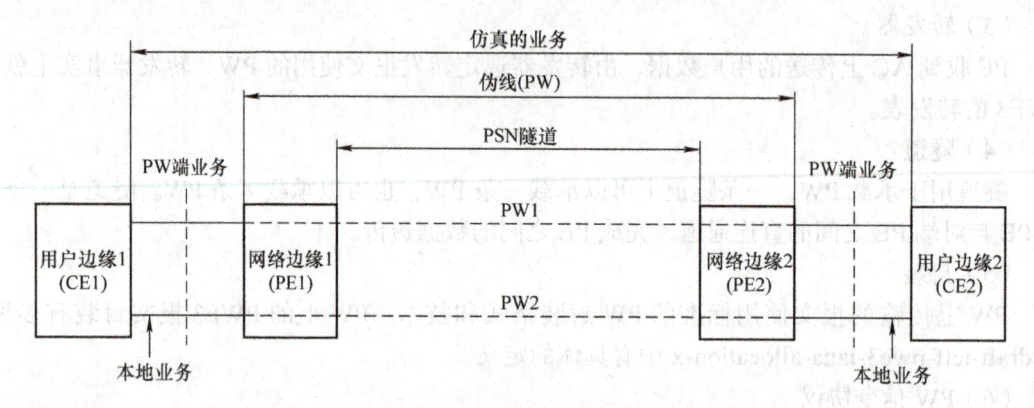

图 5-2 点到点的伪线网络参考模型

2. 预处理

对于某些应用，PE 接收到来自 CE 的本地数据单元（净荷和信令），在 PW 发送之前需要进行某些操作，这类操作称为预处理（Pre-processing，PREP）。预处理包括具有本地特征标识的转换（如 VPI/VCI），或从一种业务类型转换到另外一种业务类型等。预处理操作可以在外围设备上进行，然后，已经处理过的数据再通过一个或多个物理接口发送到 PE。在大多数情况下，在 PE 内部进行这些操作虽然有好处，但也要付出额外处理的代价。处理完之后的数据再通过 PE 内的虚接口发送到 PW 上。

预处理操作被包含在 PWE3 参考模型中，是为了提供一个共同的参考点。具有预处理（PREP）功能的 PW 网络参考模型如图 5-3 所示，它表示的是具有预处理的 PE1 与没有这一功能的 PE2 之间的互通。这是一个有用的参考点，因为它强调了 PREP 与 PW 之间的功能接口就是传输业务的一个物理接口，这样有效地定义了必需的互联规格。

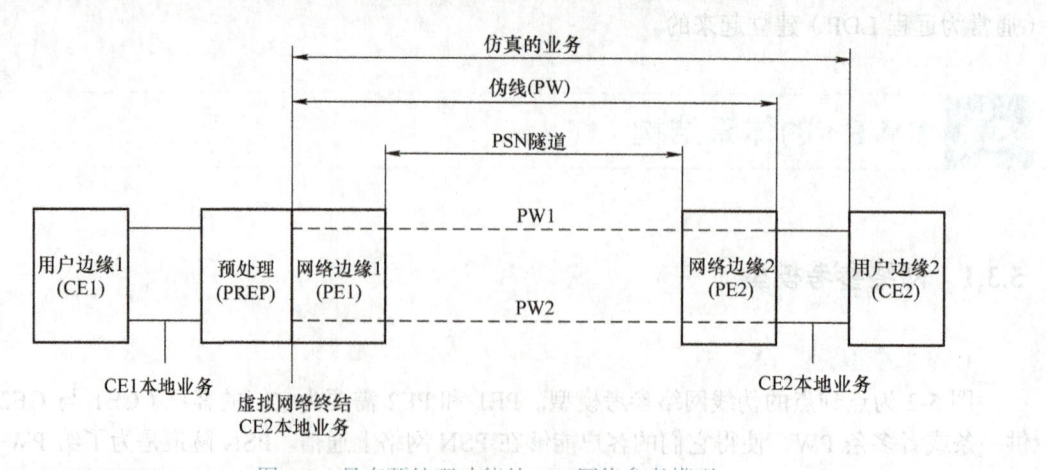

图 5-3 具有预处理功能的 PW 网络参考模型

该模型主要强调的是 PREP 和 PW 之间的功能接口。PREP 分为两个部分：转发（Forwarding，FWD）和本地业务处理（Native Service Processing，NSP）。

（1）转发

一个 CE 可以有一条或多条电路连接到 PE，PE 要有选择地将其中一条电路上的净荷转发到一条或多条 PW 上；同样，也需要 PE 对接收到的来自 PSN 的 PW-PDU 反方向地执行这种转发功能。转发单元选择 PW 的依据是：进入的 AC、净荷或者静态/动态配置的转发信息。

图 5-4a 是一个简单的转发单元，由于转发单元只有一个输入接口和一个输出接口，所以它只能进行过滤处理。图 5-4b 是一个更全面的转发单元，它从一个或者多个 AC 中提取净荷，然后将其导入到一个或者多个 PW 中。这种情况下，对净荷的操作包括过滤、定向与融合。

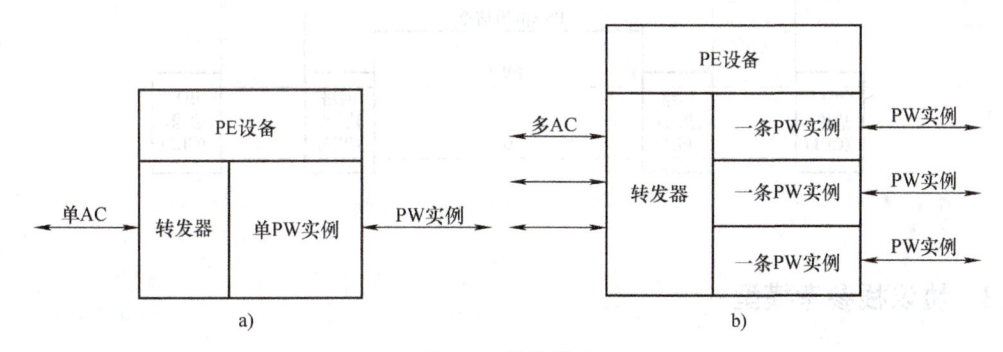

图 5-4　转发单元

a）一对一转发单元　b）多对多转发单元

（2）本地业务处理

NSP 是指某些形式的数据或地址转换功能，或者是根据净荷语义学知识所执行的其他转换功能。引入 NSP 的好处是限定 PW 两端是相同类型的操作，从而简化了 PW 的设计。把所要求的网络业务类型转换，使其与不同业务类型互通，从 PWE3 机制中分割处理，用来满足其他协议文件的规定，如 ATM 与 Ethernet 业务互通。

3. PW 与 NSP、FWD 之间的关系

图 5-5 为多 AC 到多 PW 转发的 NSP 关系，表明了 PE 设备内 NSP、转发器、PW 三者之间的关系。当净荷在连接 CE 的物理接口与连接 FWD 的虚接口之间传递时，NSP 对原理数据进行格式转换操作，同时 NSP 还可以完成链路层终结和网络层的应用处理。NSP 适用于任何对净荷的转换处理（如修改、插入等），一个 PE 设备可能包含不止一个 FWD。

图 5-5　多 AC 到多 PW 转发的 NSP 关系

5.3.2　维护参考模型

如图 5-6 所示为 PW 的维护参考模型，它表示了实现 PW 所需要的信令支撑机制，PWE3 的维护模型可分为以下 3 个方面。

1）CE（端到端）间的维护：比如帧中继的 PVC 状态信令维护、ATM 的 SVC 信令维护、TDM 的 VCS 信令维护等。

2）虚线路（PE 间）的维护：应用 LDP 或者 BGP 在 PE 间通过参数的协商建立虚线路并相互通告虚线路的状态信息，在 PW 不需要的时候删除虚线路等操作。

3）隧道维护：在 PSN 上建立用于报文转发的隧道，常见的是 MPLS 隧道。

从图 5-6 可以看出，两个 PE 之间的一条（PSN）隧道上可以支持一条或多条伪线（PW），这称为隧道上的 PW 复用。

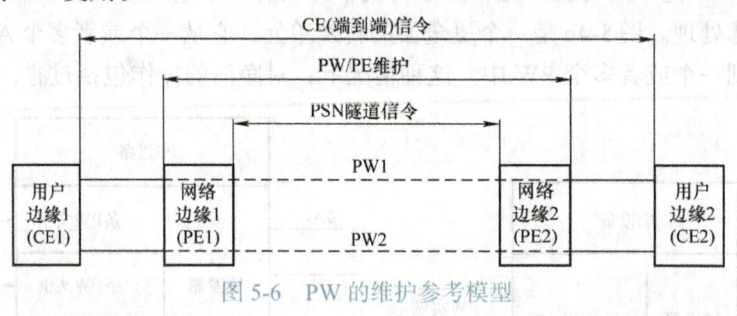

图 5-6　PW 的维护参考模型

5.3.3　协议栈参考模型

图 5-7a 是 PWE3 的协议栈参考模型，图 5-7b 是具有预处理功能的 PWE3 协议栈参考模型。PW 为源 CE 到达其远端目的 CE 提供了仿真的物理或逻辑连接。发送方 PE 对来自源 CE 的本地数据单元经过封装层的封装，再通过 PSN 传送到接收方 PE，接收方 PE 净荷进行去封装并将其恢复为原来的格式，再发送到目的 CE。图 5-7b 是图 5-7a 的扩展。预处理包括 CE 接口的业务处理以及本地业务处理和 PW 之间的转发两部分，图中还标出了 PE 对 CE、PSN 之间的接口。

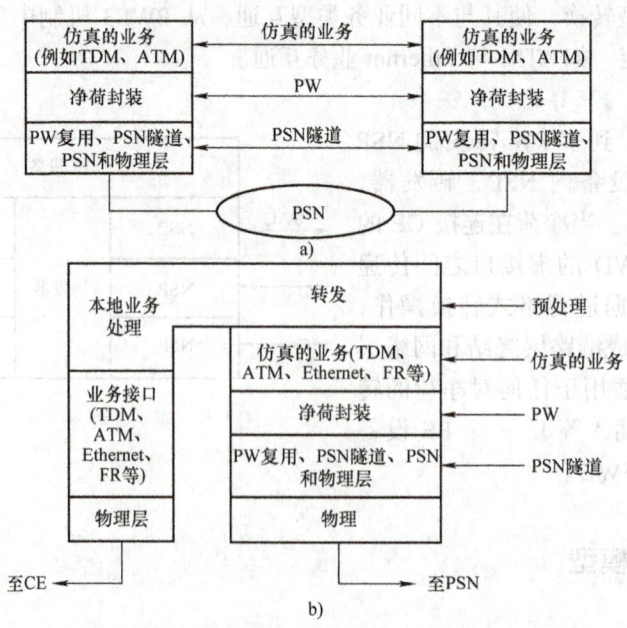

图 5-7　PWE3 协议栈参考模型及具有预处理功能的 PWE3 协议栈参考模型
a）PWE3 协议栈参考模型　b）具有预处理功能的 PWE3 协议栈参考模型

5.4 协议分层模型

PWE3 协议分层模型用于最小化基于不同 PSN 类型的 PW 操作之间的差异。协议分层模型的设计有如下目标：使得每个 PW 的定义独立于下面的 PSN 网络，并通过 IETF 协议进行定义和实现。

5.4.1 逻辑协议分层模型

支持 PW 所要求的逻辑协议分层模型如图 5-8 所示。

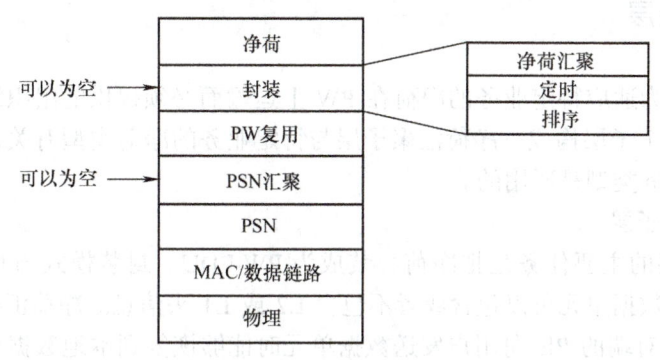

图 5-8 逻辑协议分层模型

有效载荷在封装层上传送，封装层包含在有效载荷中没有出现但对端 PE 通过物理接口向 CE 发送时所需要的信息；如果不需要超出净荷本身的所有信息，则封装层可以不要。PW 复用层提供了一条 PSN 隧道中传递多条 PW 的能力，每条隧道的识别是 PSN 层的任务，每条隧道中的特定 PW 的识别应具有唯一性。PSN 汇聚层的任务是增强 PSN 的接口，取得 PSN 对 PW 接口的一致性，或使得 PW 与 PSN 的类型无关；如果 PSN 已经满足业务要求，则 PSN 汇聚层为空。目前支持 PWE3 业务的 PSN 头、数据链路和物理层可以是 IPv4、IPv6 和 MPLS。

5.4.2 有效载荷层

用户上行报文整个作为有效载荷，包括二层、三层、用户 VLAN 等信息。根据本地数据单元，将有效载荷分为分组、信元、比特流和结构化的比特流 4 种类型。这些类型和特定业务的对应关系如表 5-1 所示。

表 5-1 有效载荷和特定业务的对应关系

有效载荷	PW 服务类型
分组	以太网、帧中继、ATM ALL5 协议报文
信元	ATM
比特流	非结构化的 E1、T1、E3、T3
结构化的比特流	SONET/SDH

分组是可变尺寸的，如 HDLC 或 Ethernet 帧，分组的长度可能会比 PSN 的最大传送单元（MTU）大。对于分组典型的封装是要去掉传输开销，例如 HDLC 有效载荷在使用 PW 传送之前要去掉标志、填充比特以及 FCS 域。分组可以要求时序和时钟的功能。

信元是固定长度的，如 53B 的 ATM 信元，以及更长的 188B MPEG 运送流分组，一个信元所包含的固定长度比特是由特定的协议决定的。为了减少每个 PSN 分组的开销，多个信元可以串接为单个有效载荷。信元的业务通常需要支持时序和时钟功能。

比特流采用逐比特模式，每个比特都被作为独立的信息单元处理，其本身不能从任何结构中获取好处。而对于结构化的比特流，封装层可以执行静止/空闲压缩或类似的压缩。比特流的业务和结构化的比特流业务都要求支持时序和时钟功能。

5.4.3 PW 封装层

PW 封装层是为适应特定业务的净荷在 PW 上运输而必须提供的组织结构。它由净荷汇聚、排序和定时 3 个子层构成，净荷汇聚子层与特定业务的净荷类型有关，而排序和定时两个子层对所有的业务类型是通用的。

（1）净荷汇聚子层

净荷汇聚子层的主要任务是把净荷封装成为 PW-PDU。封装模式与具体的业务净荷有关。被封装的本地数据单元可以包含或者不包含 L2 或 L1 头信息。净荷汇聚子层携带有附加的必要信息，使得对端的 PE 向用户发送数据单元时能够恢复到本地数据单元的格式。对端 PE 在向用户发送时，用于恢复到本地数据单元格式的信息，不是所有信息都需要由 PW-PDU 携带，例如，PW 的业务类型信息是在 PW 建立期间作为管理状态信息存储在目的 PE 处。为了能够支持 CE 之间的控制信令和数据传送，以及 PE 之间的 PW 控制信令，净荷汇聚子层还涉及对下层的控制通道和数据通道，以及对 QoS 支持的要求。

PWE3 中负载集中层信息及相关信令所走的通道有以下 4 个。

通道 1：用来传递队列信号和状态指示，某些特殊情况下还有可靠地传递 CE-CE 事件的功能。PWE3 需要这个控制通道来提供对复杂数据连接协议的可靠仿效。

通道 2：是不可靠的、有序的，具有较高优先级。典型的应用是 CE 之间信号的交互。普遍的做法是设置某些位以标识具有较高的优先级，如 IP 报文的 DSCP 字段标识、MPLS 报文的 EXP 字段标识等。

通道 3：适合于对时序敏感的数据包。

通道 4：适合于对时序不敏感的普通数据包。

数据平面（通道 1、2、3）传输时要带上相应的标识。在某些情况下数据流会因为地址转换、防火墙等的阻挡而到达不了对端，但控制流是可以穿过这些的。那么在这种情况下除非控制流也打上这些标识，否则 PW 就会感知不到 CE 间路径的存在。

（2）排序子层

排序子层提供了帧排序、帧重复和帧丢失检测 3 方面的功能。有些类型的业务必须按顺序传递，而有些类型的业务不需要按顺序传递，因此不需要排序功能。在无连接的 PSN 上，可以使用帧顺序编号的办法来执行排序功能。对于所发现的帧顺序错误，以及检测到的帧重复和丢失，具体处理办法的选择与具体的业务类型有关。

1）帧排序检测：当承载 PW-PDU 的分组穿越 PSN 网络时，它们到达目的 PE 的顺序可能是乱的。对于某些业务来说，帧（控制帧、数据帧或者两个都是）必须按顺序传递，对于这样的业务，必须提供一些机制确保帧按照顺序传递。

对于无序帧检测，一个可能的办法是在时序子层报头里为每个报文提供一个序列号。有两种解决乱序的方案：丢弃 PW-PDU 和对 PW-PDU 重新进行排序。

2）帧重复检测：穿越一条 PW 的报文很少会被下层的 PSN 复制。但是对某些业务来说，帧重复是完全不可接受的。对这样的业务，必须提供一些机制确保重复的帧不会传输到目的 CE。这种机制可以与确保帧按照顺序传递的机制相同。

3）帧丢失检测：通过对接收到的 PW-PDU 的序列号进行跟踪，目的 PE 可以检测到帧是否丢失。在某些情况下，如果一个 PW-PDU 不能在一定的时间内到达，那么目的 PE 将认为该 PW-PDU 已经丢失。如果一个 PW-PDU 被作为丢失处理之后，又有到达目的 PE 的 PW-PDU，则目的 PE 必须丢弃它。

（3）定时子层

定时子层提供了时钟恢复和按时传输两方面的功能。时钟恢复是从传输的比特流中提取时钟信息。使用物理线传输时，能方便时钟的恢复，但要从具有高跳变的分组流中提取时钟是相对复杂的任务。在某些情况下，可以直接使用来自外部参考的定时信息。按时传输是指要求对接收到的不连续 PW-PDU 按固定相位关系向 CE 传输，要求与从分组流中恢复的时钟，或者外部的参考时钟保持固定的相位关系，从而向 CE 传输数据信息。

为了使网络上传输的单个报文长度尽可能短，在报文封装的时候效率更高，PWE3 协议建议要尽量少地更改原有的报文结构。这样做使得在本地服务处理（NSP）阶段，PE 可以简化操作的复杂度，而且它可以避免在具体实现过程中因各组织对协议理解的不同所带来的副作用。

5.4.4　PSN 隧道层

PWE3 逻辑协议分层模型的 PW 复用层和 PSN 汇聚层可以看作 PSN 隧道层，是 PWE3 对 PSN 的一些要求，包括复用、分片、长度传输。

（1）复用

复用的目的是允许多条 PW 由一条隧道携带，这可以有效地减少复杂性和保护网络资源。一些本地业务可以把多条电路组合成一条干线（Trunk），例如多条 ATM VC 组合成为 ATM VP，多个 Ethernet VLAN 组合成为一个端口。一条 PW 可以互连两端的干线，这类干线仅用一个复用标识值。

（2）分片

通常，在网络上传输的报文都会是一个完整的单元，但当 PWE3 和 PSN 头部加上以后，有可能超过了报文传输的 MTU，这时就需要在本端对报文进行分片，而在另一端则要重新组装。当然，这种现象应该尽量减少。一般来说，报文发起方会在适当的位置对报文进行检查，若监测到报文可能需要分片处理，那么这个报文将不会被发送。当这一阶段的设备不支持此项功能的时候，下面的设备（越靠近报文发送的一方）还是要采取措施尽可能地减少报文的长度。因此，在 PWE3 参考模型中，分片处理总是先经由 CE，只有在 CE 处理不了的时候，PE 才会进行后续的处理。当使用 MTU 规则失败的时候，PE 会转而应用 PW 分片方法或是底层分组交换网的相关服务。考虑到 PE 可能不支持分片功能，那么当 PE 收到超过 MTU 的数据包时会直接丢弃，封装报文的 PE 管理平面不会得到通告。当对端 PE 还原后的数据包大小超过了目的接入链路（Destination AC）的时候，数据包必须被丢弃，这时对端 PE 的管理平面将会得到通知。

（3）长度传输

长度传输功能是将每个 PW-PDU 的具体长度值传递到对端，以便对端正确地恢复本地数据单元。长度传输功能应该是下面 PSN 层的功能，如果下层 PSN 不支持长度传输功能，则可以由 PSN 汇聚层来执行，或者是由封装层来执行确定 PW-PDU 长度的任务。

另外，PWE3 还需要提供 PW-PDU 有效性检验和拥塞控制的功能。

为了保证数据的完整性，网络上的设备都会提供相关的错误检测（如 CRC 校验）。PWE3 也不例外，PWE3 要明确规定数据包的校验和是予以保留然后在 PW 上传输，还是在 PE 的公网侧先去掉校验和，等到了对端再通过计算加上校验和。前者简化了操作，后者节省了带宽。

网络拥塞的原因多种多样，如果 PW 上传输的报文是基于 TCP 连接的，那么当网络拥塞的时候，数据包会自动触发相应的机制来减少报文的发送。如果承载 PW 的 PSN 提供了强化的传输机制，那么 PE 必须能够检测出包的丢失与否，若没有提供这种机制，那么 PE 就要用"尽最大努力"原则并与此原则对应的拥塞控制方法进行报文传输。

对于不是基于 TCP 可靠连接的"尽最大努力"服务，PE 设备必须要对数据包丢失统计检测，以便确定丢包率是否在一个允许的范围内。衡量包丢失率是否在允许的范围内可以让 TCP 流穿过同样条件下的网络路径，在一定的时间内到达的数据包至少要比 PW 流多。这里可以通过 NSP 模块限制速率的方法或者通过关闭一条或几条 PW 来实现网络条件的模拟，至于两者中选择哪种，是根据数据类型具体决定的。

5.5 PWE3 控制平面

5.5.1 PW 的创建和拆卸

在具体应用服务开始前，必须先建立好虚线路（PW），而在服务完成后，PW 又要及时地拆卸掉。PW 的建立或者拆卸可以通过 PE 管理平面的命令下发来触发，也可以通过 AC 的建立或拆卸来触发，或者通过某些自动发现机制的建立或拆卸来触发。在 PW 建立的过程中，端点 PE 通过扩展的隧道信令协议自动互相交换、学习对方的信息。通过手工配置来建立静态的 PW 作为一种特殊的 PW 建立方式也是可以的。

5.5.2 状态检测及通告

在 PW 建立的过程中以及在具体应用服务开展的过程中，为充分仿效本地网络的各种服务，PWE3 机制还要提供状态监测服务，并及时将监测结果反馈给相关的设备。状态检测主要包括 PW 的 up/down 状态通告、连接中断与否、有效负载类型匹配与否、报文传输过程中报文是否有丢失、时序等。

1）PW 的 up/down 状态通告：若要仿效的本地服务要求双向连接，那么相应的 PWE3 也要提供双向的虚线路，只有在双向 PW 和双向 PSN 隧道都建立完成后，仿效的服务才能开展起来。CE 之间的服务是通过 PWE3 机制来仿效的，换句话说，CE 不是直连的。这就有一个问题，当某一段的 AC 发生故障的时候，其他的 AC 是感知不到这种状态的变化的。其他 CE 设备还是会继续向此 CE 设备发送报文，而这些报文在到达与此 CE 相连的 PE 时，都会被 PE 丢弃。也就是说，这些报文占用了宝贵的网络资源，但却都没有到达对端，因此 PWE3 必须要提供一种监测并通告 PW 状态的机制。同样，在 PW 状态由 down 变为 up 的时候，PWE3 也要提供相应 PW 状态变化的机制。已有的二层隧道协议（L2TP）、标签分发协议（LDP）都已经提供了这些机制。在具体应用的时候，可以参看这些协议中的相关细节。

2）连接中断和有效负载类型不匹配：这两种情况都会破坏数据的完整性，导致服务的中断。而 PWE3 底层的隧道信令协议在一定程度上减少了这些现象发生的可能性。在 PW 建立的时候，PE 间就会互相交换 PW Type 信息。在数据报文转发的时候，转发器和 NSP 就是根据 PW Type 来判断两边的 AC 链路是否兼容的。

3）报文丢失、时序：在报文传输的过程中，可能会发生包丢失、时序等现象。对于不同的载荷类型，它们在 PW 上传输时对这些因素的敏感性会不一样。若 PWE3 仿效的本地服务提供了对这些处理机制，那么 PWE3 必须也要提供相应的机制。

以上各种状态的发生是不确定的，网络中受到影响的 CE 也不确定。PWE3 提供了一种状态集合通告的机制。例如当某条 CE 与 PE 间的链路发生故障时，所有经过此链路的数据包得不到通过，服务随即在此中断。如果网络中有多个 CE 与此 CE 通信，那么整个网络将受到较大影响。因此，PWE3 必须提供一种能够向网络中所有相关设备通告失败的消息机制。一种可行的方法是在某条 PW 建立的时候就给它分配一个 Group ID，当组内的某条链路失败时，PWE3 能够向所有拥有共同 Group ID 的设备通告相关信息。当然，底层的隧道信令协议要能支持这种 Group ID 通告的机制。

5.6 PWE3 的工作原理

5.6.1 伪线建立过程

如图 5-9 所示，假如要建立一条从 PE1 接口 1 到 PE2 接口 1 的 PW，首先要在两个 PE 之间建立远程 LDP 会话，用于发布 PW 标签，然后 PE2 针对接口 1 分配标签，并将标签和绑定关系发布到 PE1，PE1 收到标签后与接口 1 绑定，并查找一条从 PE1 到 PE2 的隧道，建立起单向 PW。

在 PWE3 方式中，两个 CE 间可用 PW Type + PW ID 来识别一个 PW。同一个 PW Type 的所有 PW 中，其 PW ID 必须在整个 PE 中唯一。由于 IP 网络传送可能会造成数据包错序，因此在仿真二层业务时可能需要在末端进行报文重组，这个时候就需要启用控制字了，比如在 PTN 方案中通过 PW 进行 E1 电路仿真的时候。

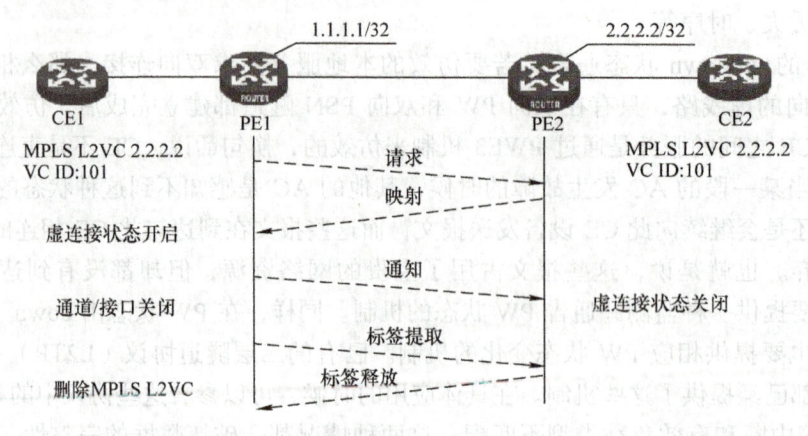

图 5-9 PW 建立过程示意图

控制字是一个 4B 的封装报文头，在 MPLS 分组交换网络里用来传递报文信息，位于内层标签之后。控制字主要有 3 个功能。

1）携带报文转发的序列号，在支持负载分担时报文有可能乱序，可以使用控制字对报文进行编号，以便对端重组报文，这是 IPRAN 对于仿真 E1 电路的 PW 启用控制字的主要原因。

2）填充报文，防止报文过短。

3）携带二层帧头控制信息。

5.6.2 PWE3 数据报文转发

PWE3 建立的是一个点到点通道，通道之间互相隔离，用户二层报文在 PW 间透传。

- 对于 PE 设备，PW 连接建立后，用户接入接口（AC）和虚链路（PW）的映射关系就已经完全确定了。
- 对于 P 设备，只需要完成依据 MPLS 标签进行 MPLS 转发，不关心 MPLS 报文内部封装的二层用户报文。

如图 5-10 所示，以 CE1 到 CE3 的 VPN1 报文流向为例，说明单跳 PWE3 的数据流走向。

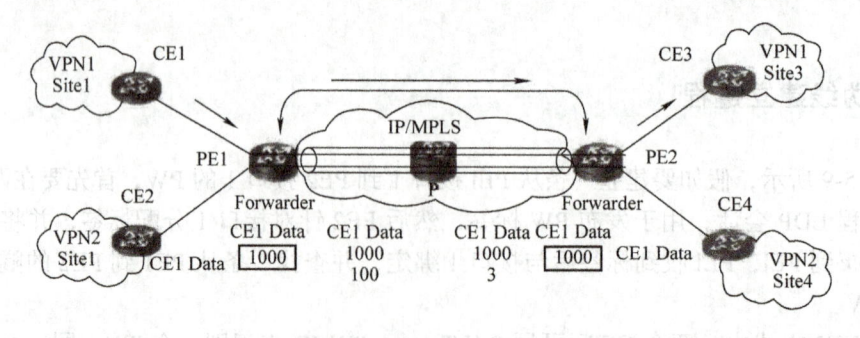

图 5-10 单跳 PWE3 的数据流走向

1）CE1 上送二层报文，通过 AC 接入 PE1。

2）PE1 收到报文后，由转发器选定转发报文的 PW。

3）PE1 再根据 PW 的转发表项生成两层 MPLS 标签（私网标签用于标识 PW，如图 5-10 中的 1000；公网标签用于穿越隧道到达 PE2，如图 5-10 中的 3 和 100）。

4）二层报文经公网隧道到达 PE2，系统弹出私网标签（公网标签在 P 设备上经倒数第二跳弹出）。

5）由 PE2 的转发器选定转发报文的 AC，将该二层报文转发给 CE3。

5.6.3 多跳 PWE3

除了单跳 PWE3 之外，在网络上还可以部署多跳 PWE3 业务。多跳 PWE3 业务可以看作是多条 PW 的拼接，在拼接处交换私网标签。由于 PTN 使用分层结构，在 PTN 中部署 E1 仿真业务时，通常使用多跳 PWE3。多跳 PWE3 的信令流程如图 5-11 所示。

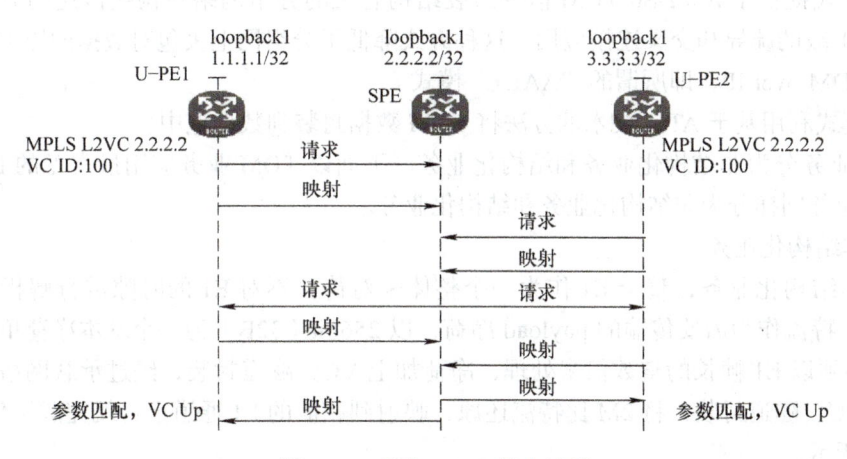

图 5-11 多跳 PWE3 信令流程

多跳 PWE3 的数据转发流程与单跳 PWE3 相似，除了在拼接处的网元，即图 5-4 中的 SPE（Switching PE）需要进行私网标签交换外，其他环节相同，此处不再赘述。

5.7　PWE3 业务仿真

5.7.1　TDM 业务仿真

TDM 业务仿真的基本思想就是在分组交换网络上搭建一个"通道"，在其中实现 TDM 电路（如 E1 或 T1），从而使网络任一端的 TDM 设备不必关心其所连接的网络是否是一个 TDM 网络。分组交换网络被用来仿真 TDM 电路的行为称为"电路仿真"。TDM 业务仿真示意图如图 5-12 所示。

图 5-12　TDM 业务仿真示意图

TDM 业务仿真的技术标准包括如下几个。

（1）SATOP（Structured Agnostic TDM-Over-Packet）

该方式不关心 TDM 信号（E1、E3 等）采用的具体结构，而是把数据看作给定速率的纯比特流，这些比特流被封装成数据包后在伪线上传送。

（2）结构化的基于分组的 TDM（Structure-Aware TDM-Over-Packet）

这种方式提供了 $N \times DS0$ TDM 信令封装结构有关的分组网络在伪线传送的方法，支持 DS0（64K）级的疏导和交叉连接应用。这种方式降低了分组网上丢包对数据的影响。

（3）TDM over IP，即所谓的"AALx"模式

这种模式利用基于 ATM 技术的方法将 TDM 数据封装到数据包中。

TDM 业务分为非结构化业务和结构化业务。下面以 TDM 业务应用最常见的 E1 业务来说明，E1 业务同样分为非结构化业务和结构化业务。

（1）非结构化业务

对于非结构化业务，整个 E1 作为一个整体来对待，不对 E1 的时隙进行解析，把整个 E1 的 2M 比特流作为需要传输的 payload 净荷，以 256bit（32B）为一个基本净荷单元的业务处理，即必须以 E1 帧长的整数倍来处理，净荷加上 VC、隧道封装，经过承载网络传送到对端，去掉 VC、隧道封装，将 2M 比特流还原，映射到相应的 E1 通道上，就完成了传送过程，如图 5-13 所示。

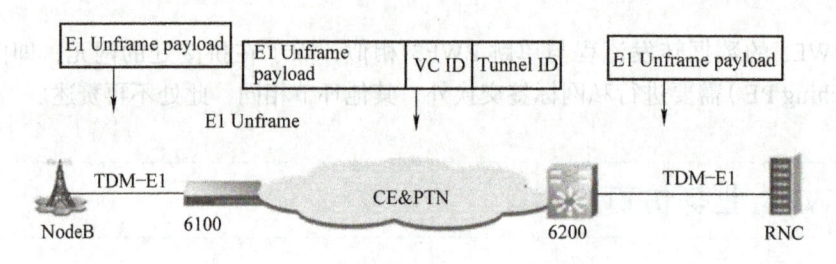

图 5-13　非结构化传送示意图

（2）结构化业务

对于结构化 E1 业务，需要对时隙进行解析，只需要对有业务数据流的时隙进行传送，实际可以看成 $n \times 64k$ 业务，对于没有业务数据流的时隙可以不传送，这样可以节省带宽。

此时是从时隙映射到隧道，可以是多个 E1 的时隙映射到一条 PW 上或一个 E1 的时隙映射到一条 PW 上，也可以是一个 E1 上的不同时隙映射到不同的多个 PW 上，这需要根据时隙的业务要求进行灵活配置，如图 5-14 所示。

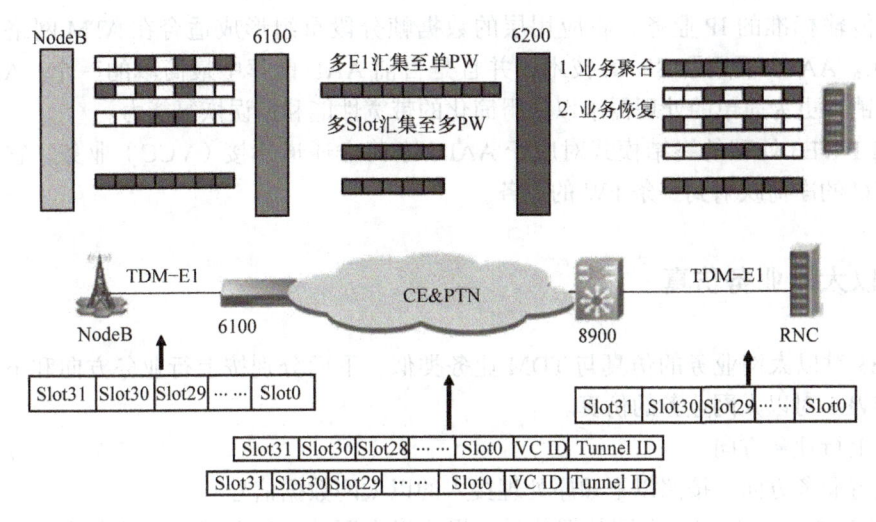

图 5-14　结构化传送示意图

5.7.2　ATM 业务仿真

ATM 业务仿真通过在分组传送网 PE 节点上提供 ATM 接口接入 ATM 业务流量，然后将 ATM 业务进行 PWE3 封装，最后映射到隧道中进行传输。节点利用外层隧道标签进行转发到目的节点，从而实现 ATM 业务流量的透明传输。对于 ATM 业务在 IP 承载网上有两种处理方式。

（1）隧道透传模式

隧道透传模式类似于非结构化 E1 的处理，将 ATM 业务整体作为净荷，不解析内容，加上 VC、隧道封装后，通过承载网传送到对端，再对点进行解 VC/隧道封装，还原出完整的 ATM 数据流，交由对端设备处理。隧道透传可以区分为：

- 基于 VP 的隧道透传（ATM VP 连接作为整体净荷）。
- 基于 VC 的隧道透传（ATM VC 连接作为整体净荷）。
- 基于端口的隧道透传（ATM 端口作为整体净荷）。

在隧道透传模式下，ATM 数据到伪线的映射有两类不同的方式：N：1 映射和 1：1 映射。

N：1 映射支持多个 VCC 或者 VPC 映射到单一的伪线，即允许多个不同的 ATM 虚连接的信元封装到同一个 PW 中去。这种方式可以避免建立大量的 PW，节省接入设备与对端设备的资源，同时，通过信元的串接封装，提高了分组网络带宽利用率。

1：1 映射支持单一的 VCC 或者 VPC 数据封装到单一的伪线中去。采用这种方式，建立了伪线和 VCC 或者 VPC 之间一一对应的关系，在对接入的 ATM 信元进行封装时，可以不添加信元的 VCI 和 VPI 字段，在对端根据伪线和 VCC 或者 VPC 的对应关系恢复出封装前的信元，完成 ATM 数据的透传。这样，再辅以多个信元串接封装可以进一步节省分组网络的带宽。

（2）终结模式

AAL5，即 ATM 适配层 5，支持面向连接的、VBR 业务。它主要用于在 ATM 网及

LANE 上传输标准的 IP 业务，将应用层的数据帧分段重组形成适合在 ATM 网络上传送的 ATM 信元。AAL5 采用了 SEAL 技术，并且是目前 AAL 推荐中最简单的一个。AAL5 提供低带宽开销和更为简单的处理需求以获得简化的带宽性能和错误恢复能力。

ATM PWE3 处理的终结模式对应于 AAL5 净荷虚通道连接（VCC）业务，它是把一条 AAL5 VCC 的净荷映射到一条 PW 的业务。

5.7.3 以太网业务仿真

PWE3 对以太网业务的仿真与 TDM 业务类似，下面分别按上行业务方向和下行业务方向介绍 PWE3 对以太网业务的仿真。

（1）上行业务方向

在上行业务方向，按照以下顺序处理接入的以太网数据信号。

1）物理接口接收到以太网数据信号，提取以太网帧，区分以太网业务类型，并将帧信号发送到业务处理层的以太网交换模块进行处理。

2）业务处理层根据客户层标签确定封装方式，如果客户层标签是 PW，将由伪线处理层完成 PWE3 封装，如果客户层标签是 SVLAN，将由业务处理层完成 SVLAN 标签的处理。

3）伪线处理层对客户报文进行伪线封装（包括控制字）后上传至隧道处理层。

4）隧道处理层对 PW 进行隧道封装，完成 PW 到隧道的映射。

5）链路传送层为隧道报文封装上段层封装后发送出去。

（2）下行业务方向

在下行业务方向，按照以下顺序处理接入的网络信号。

1）链路传送层接收到网络侧信号，识别端口进来的隧道报文或以太网帧。

2）隧道处理层剥离隧道标签，恢复出 PWE3 报文。

3）伪线处理层剥离伪线标签，恢复出客户业务，下行至业务处理层。

4）业务处理层根据 UNI 或 UNI+CEVLAN 确定最小 MFDFR 并进行时钟、OAM 和 QoS 的处理。

5）物理接口层接收由业务处理层的以太网交换模块送来的以太网帧，通过对应的物理接口发往用户设备。

思考与练习

一、填空题

1. PWE3 的中文全称是_____，主要实现对_____、_____、_____等业务的仿真。

2. PWE3 的维护模型可分为_____、_____、_____3 个方面。

3. PWE3 伪线可以模拟仿真_____、_____、_____业务。

4. 伪线也可以称之为虚连接，VC 加隧道，这里的隧道可以是_____、_____、_____。

5. 接入链路 AC 是指_____，PE 收到数据后，通过_____选择伪线进行转发。

6. 目前 PW 信令协议主要有_____和_____。

7. 有效负载类型有_____、_____、_____、_____4 种，其中信元类型对应 PW 中的_____业务。

8. 单段 PWE3 数据转发过程中，_____标签不变，_____标签变化。

二、简答题

1. 简述 PWE3 对于以太网数据的封装和转发过程。
2. 简述 PWE3 对以太网业务的仿真过程。
3. 简述 TDM 结构化 E1 和非结构化 E1 的区别。

任务 6　PTN 关键技术之 MPLS-TP

6.1　任务及情景引入

PTN 技术在发展之初有多种技术方向可以选择，国际电信联盟电信标准化部（ITU-T）和因特网工程任务组（IETF）成立联合工作组，制定了 MPLS-TP 的系列标准，最终使 MPLS-TP 成为 PTN 技术的主流标准，被运营商采用。

本次任务将学习 MPLS-TP 的概念以及分层架构等内容，为后续 PTN 的基本理论学习奠定基础。主要包括以下基础知识：

- MPLS-TP 技术概述。
- MPLS-TP 网络的分层模型。
- PTN 网络的平面及功能。
- PTN 网络的 UNI 和 NNI 接口。
- MPLS-TP 和 MPLS 的区别。
- MPLS-TP 支持的业务类型。
- MPLS APS 保护的工作机制。

6.2　MPLS-TP 技术概述

6.2.1　PTN 的标准之争

从广义的角度讲，只要是基于分组交换技术，并能够满足传送网对于运行维护管理（OAM）、保护和网管等方面的要求，就可以称为 PTN。具体的分组交换技术可以是多协议标签交换（MPLS）、传送多协议标记交换（T-MPLS/MPLS-TP）、以太网、运营商骨干桥接 - 流量工程（PBB-TE）、弹性分组环（RPR）等。

2005 年，由城域以太网论坛提出了电信级以太网的概念，其目的是把以太网变成运营商能够使用的技术，并提供电信级的 QoS 保障，可以称之为新一代的城域电信级以太网技术，其中最具代表性的就是 PBT 技术。PBT 在 2006 年 11 月的 IEEE 标准会议上被提出，后来更名为 PBB-TE。

T-MPLS 由 ITU-T 于 2006 年 2 月提出，目的在于利用 MPLS 技术实现电信级的分组传送。T-MPLS 对 MPLS 中的三层技术进行简化处理，并增加了 OAM 和故障恢复能力，后面经过不断的完善，在网络架构、物理层接口分类、业务处理流程、适配方式、环网保护等方面进行了深化。2007 年 9 月，IETF 和 ITU 成立联合工作组，一起开发 T-MPLS 和 MPLS-TP 标准，随后，T-MPLS 更名为 MPLS-TP，从 T-MPLS 到 MPLS-TP，国际电信联盟电信标准化部（ITU-T）和因特网工程任务组（IETF）经过了多年的竞争和协商达成了共识，体现了传送领域和数据领域之间从竞争到融合的发展历程。可以说 MPLS-TP 是传送领域和数据领域的利益竞争和平衡协调的产物。

PBB-TE 与 MPLS-TP 都是通过改进逐渐成熟的网络技术，不断适应传送网发展需求。两种技术的对比如表 6-1 所示。

表 6-1 PBB-TE/PBT 与 T-MPLS/MPLS-TP 对比

技术方案	T-MPLS/MPLS-TP	PBB-TE/PBT
主要标准	G.8110、8112、8221 等 RFC5462、5586、5654、5718、5860、5921、5950、5951 等	IEEE 802.1ah 定义的 PBB
扩展性	MPLS LSP、HVPLS	802.1ad、802.1ah
业务适配	LSP 标签隧道	LLC 层 MAC in MAC
运行模式	面向连接	面向连接
保护实现	Y.1720/G.8131	VIDP、VID 交换
管理、控制实现	GMPLS 控制平面、Y.1711、802.1ag	Y.1711、802.1ag、802.1ah
QoS 实现	MPLS QoS、MPLS 流量工程、GMPLS 控制	802.1p、网管 / 控制平面、CAC

早些年，通信业界一般理解的 PTN 技术主要包括 T-MPLS 和 PBB-TE，但是支持 PBB-TE 的厂商和运营商越来越少。

6.2.2 MPLS-TP 标准化过程

IETF 和 ITU-T 的联合工作组，发挥各自在标准化方面的特长共同开发 MPLS-TP 技术标准，成立技术工作小组，涉及 OAM、伪线、保护 / 恢复、控制、管理等方面。MPLS-TP 工作组织架构如图 6-1 所示。

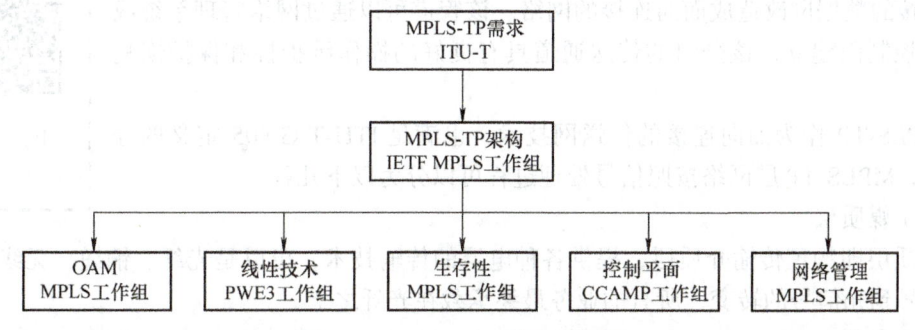

图 6-1 MPLS-TP 工作组织架构

就国内而言，在中国通信标准化协会（CCSA）的推动下，各大高校、科研院校、设备厂家纷纷开展 PTN 标准制定与研究工作。其中北京邮电大学依托国家"863"项目"基于 T-MPLS 的电信级分组传送网络"开展传送特性、智能控制和分布式管理的研究；中国移动、华为技术有限公司、中兴通讯等参与了"分组传送网网络管理技术要求"的研究，而且华为、中兴、烽火、爱立信等厂家纷纷开发出电信级的 PTN 设备。

6.2.3　MPLS-TP 技术特点

MPLS-TP 是国际电信联盟标准化的一种分组传送网（PTN）技术，其特点如下。

- MPLS-TP 克服了传统 SDH 在以分组交换为主的网络环境中的效率低下的缺点。
- MPLS-TP 是借鉴 MPLS 发展而来的一种传送技术。其数据是基于 MPLS-TP 标签进行转发的。
- MPLS-TP 是面向连接的技术。
- MPLS-TP 是吸收了 MPLS/PWE3（基于标签转发 / 多业务支持）和 TDM/OTN（良好的操作维护和快速保护倒换）技术优点的通用分组传送技术。
- MPLS-TP 可以承载 IP、以太网、ATM、TDM 等业务，不仅可以承载在 PDH/SDH/OTH 物理层上，还可以承载在以太网物理层上。
- MPLS-TP 在 MPLS 技术的基础上，增加了传统传输网的运行、管理和维护功能，去掉了 IP 的无连接特性。

MPLS-TP 是 MPLS 在传送网中的应用，它对 MPLS 数据转发面的某些复杂功能进行了简化，去掉了基于 IP 的无连接转发特性，增加了传送风格的面向连接的 OAM 和保护恢复的功能，并将 ASON/GMPLS 作为其控制平面。

6.3　MPLS-TP 网络的分层模型

6.3.1　MPLS-TP 网络垂直分层

MPLS-TP 分组传送网是建立端到端面向连接的分组的传送管道，将面向无连接的数据网改造成面向连接的网络。该管道可以通过网络管理系统或智能的控制面建立，该分组的传送通道具有良好的操作维护性和保护恢复能力。

MPLS-TP 作为面向连接的传送网技术，也满足 ITU-T G.805 定义的分层结构，MPLS-TP 层网络按照信号处理过程可以分为以下几种。

（1）媒质层

媒质层即物理传输介质层，提供各种电层的传输技术，可以是光纤、铜缆、无线等，通过电信号到光信号的转变，所有的业务最终承载在光纤之上。

（2）段层

PTN 的分层结构仍然参考了 SDH 的分层结构，设置了段层和通道层。段层可选，主要提供虚拟段信号的 OAM 功能。

（3）通路层（隧道层）

对第一级的传输管道进行必要的汇聚和封装，形成更大颗粒的业务，并支持业务的可扩展性。

（4）通道层（电路层）

对各种不同客户的信号进行封装，形成各自的传输通道，并提供 OAM 和保护功能，保障业务的传输质量。

在 PTN 架构中，以太网、IP、TDM、ATM、FR 等业务可以作为任意的客户信号直接承载在 PTN 网络之上。

MPLS-TP 的分层结构如图 6-2 所示。

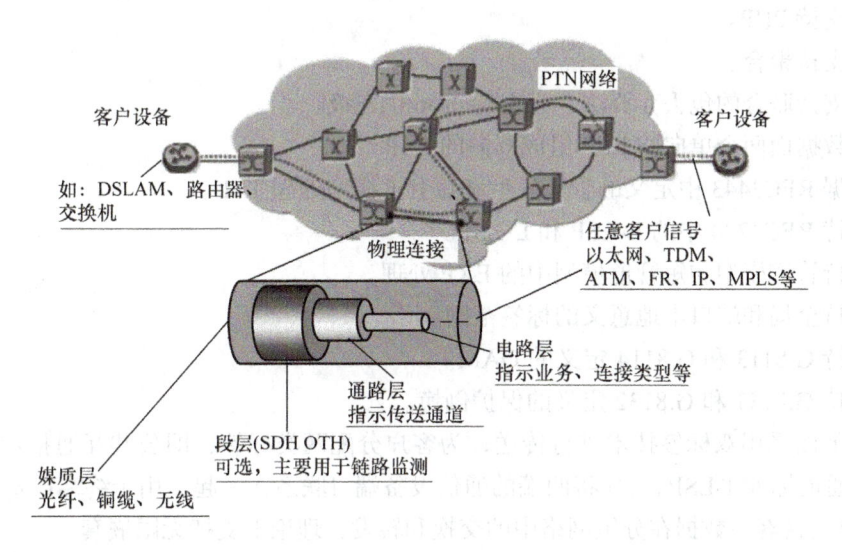

图 6-2 MPLS-TP 的分层结构

6.3.2 MPLS-TP 网络的 3 个平面

MPLS-TP 网络按照逻辑分为 3 个平面：传送平面、管理平面、控制平面。3 个平面功能划分如图 6-3 所示。

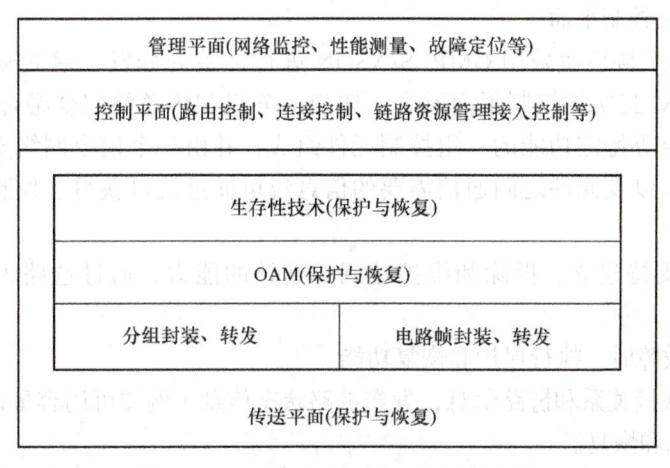

图 6-3 MPLS-TP 的 3 个平面功能划分

下面分别介绍 MPLS-TP 网络的 3 个平面的功能。

（1）MPLS-TP 传送平面

传送平面又叫数据转发平面。传送平面进行基于 MPLS-TP 标签的分组交换，提供从一个端点到另一个端点的双向或单向信息传送，监测连接状态（如故障和信号质量），并提供给控制平面。传送平面还可以提供控制信息、网络管理信息（OAM）和保护。

传送平面的具体要求为：

- 不支持 PHP。
- 不支持聚合。
- 不支持联合的包丢弃算法，只支持 drop 优先级。
- 在数据面两个单向的 LSP 组成双向的 LSP。
- 根据 RFC3443 中定义的管道模型和短管道模型处理 TTL。
- 支持 RFC3270 中的 E-LSP 和 L-LSP。
- 支持管道模型和短管道模型中的 EXP 处理。
- 支持全局和端口本地意义的标签范围。
- 支持 G.8113 和 G.8114 定义的 OAM。
- 支持 G.8131 和 G.8132 定义的保护倒换。

传送平面采用双标签技术进行传送，为客户分配两类标签，即公共互通指示标签 CII 和传输交换通道标签 T-LSP。CII 将两端的通信设备端口联系在一起，用于终端设备区分客户数据；T-LSP 支持客户数据在分组网络中的交换和转发，理论上支持无限嵌套。

传送平面采用通用封装格式，净荷信息可以是 IP 业务、ATM 业务、ATM 信元等，净荷汇聚通过数据信息和控制信息叠加而成，然后添加伪线标签用于确定设备端口类型，最后添加 T-LSP 标签用于建立真正的 LSP。

（2）MPLS-TP 管理平面

管理平面执行传送平面、控制平面以及整个系统的管理功能，它同时提供这些平面之间的协同操作，通过传输 OAM 数据包来完成。管理平面执行的功能包括：性能管理、故障管理、配置管理、计费管理、安全管理。

（3）MPLS-TP 控制平面

MPLS-TP 的控制平面采用 GMPLS/ASON 进行标签的分发，建立标签转发通道，它和全光交换、TDM 交换的控制平面融合，体现了分组和传送的完全融合。MPLS-TP 平面由提供路由和信令等特定功能的一组控制元件组成，并由一个信令网络支撑。控制平面元件之间的互操作性以及元件之间通信需要的信息流可通过接口获得。控制平面的主要功能包括：

- 通过信令支持建立、拆除和维护端到端连接的能力，通过选路为连接选择合适的路由。
- 网络发生故障时，执行保护和恢复功能。
- 自动发现邻接关系和链路信息，发布链路状态信息（例如可用容量以及故障等）以支持连接建立、拆除和恢复。

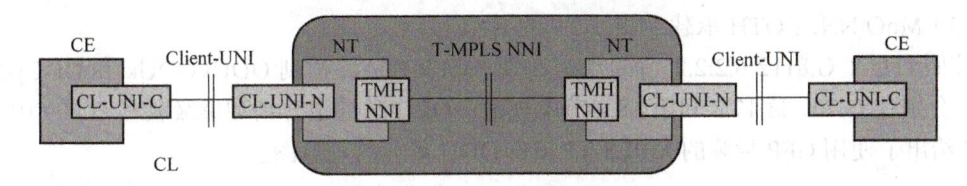

6.4 MPLS-TP 网络接口

MPLS-TP 网络接口的定义如图 6-4 所示。用户边缘设备（CE）和网络（NT）之间的接口为 UNI 接口，即用户网络接口，它是用户设备与网络之间的接口，直接面向用户。NT 和 NT 之间的接口为 NNI 接口，即网络节点接口或网络/网络之间的接口。

图 6-4 MPLS-TP 网络接口的定义

MPLS-TP 接口包括用户网络接口（UNI）和网络节点接口（NNI）两类。网络中的客户层用户网络接口 UNI 可以用来配置客户层设备（CE）到诸如 IP 路由器、ASON 交换设备等业务节点（SN）的接入链路。UNI-C 终结在用户边缘设备（CE）。UNI-C 接口主要有以太网、ATM、TDM、帧中继等。UNI-N 终结在 NT 设备。MPLS-TP NNI 接口包括 MoS、MoE、MoO、MoP 和 MoR。各协议栈结构可以用图 6-5 综合表示。

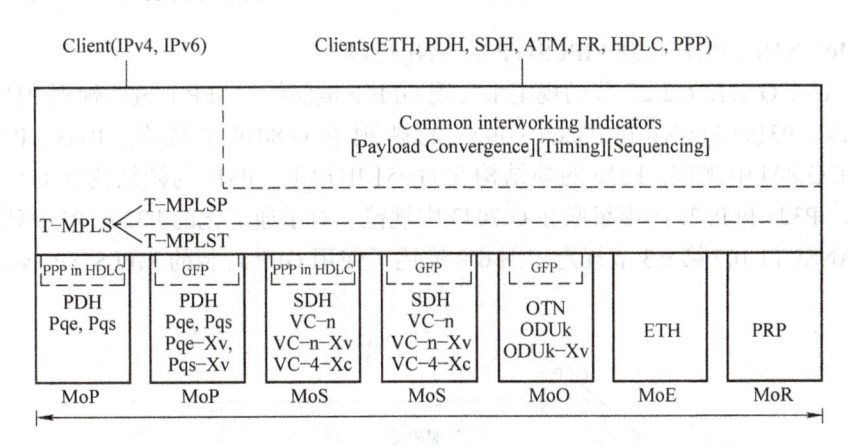

图 6-5 MPLS-TP NNI 接口协议栈结构

下面详细介绍各 MPLS-TP NNI 接口。

（1）MoE NNI：ETH 承载 MPLS-TP（MoE）NNI 接口

按照国际电信联盟制定的标准 ITU-T G.8112 6.2.2.1 节的规定来实现基于以太网链路帧的类型封装。以太网链路帧到 ETY 链路帧的映射在 G.8012 中规定。

（2）MoS NNI：SDH 承载 MPLS-TP（MoS）的 NNI 接口

按照 ITU-T G.8112 第 6.2.2.2 节的规定来实现 GFP-F 链路帧的封装。GFP-F 链路帧到 C11/VC-11-Xv、VC-12/VC-12-Xv、VC-3/VC-3-Xv、VC-4/VC-4-Xv 和 VC-4-Xc 的映射，在 G.707 第 10.6 节中规范。VC 的通道开销和虚级联在 G.707 中规范。图 6-6 给出了 SDH 承载 MPLS-TP 的 NNI 接口的默认封装描述。

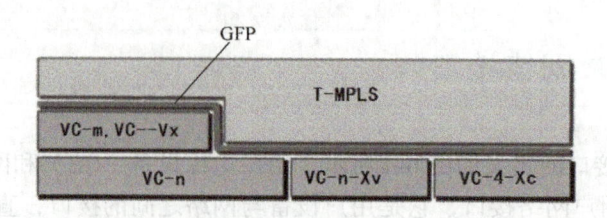

图 6-6 使用 GFP 封装的 SDH 承载 MPLS-TP NNI 接口

（3）MoO NNI：OTH 承载 MPLS-TP 的 NNI 接口

按照 ITU-T G.8112 6.2.2.2 节的规定实现。GFP-F 链路帧到 ODUj/ODUk 和 ODUj-Xv 的映射，分别在 G.709 第 17.3 和第 18.4 节中规范。ODU 的通道开销和虚级联在 G.709 中规范。图 6-7 给出了使用 GFP 封装的 MPLS-TP over ODU 单元的示意图。

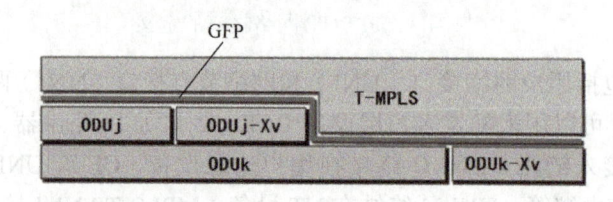

图 6-7 使用 GFP 封装的 MPLS-TP over ODU 单元

（4）MoP NNI：PDH 承载 MPLS-TP 的 NNI 接口

按照 ITU-T G.8112 6.2.2.2 节的规定来实现 GFP-F 链路帧。GFP-F 链路帧到 P11s/P11s-Xv、P12s/P12s-Vx、P31s/P31s-Xv 和 P32e/P32e-Xv 的映射在 G.8040 中规范，P11s、P12s 和 P32e 的帧结构在 G.804 中规范，P31e 的帧结构在 G.951 中规范，P31s 的帧结构在 G.832 中规范。P11s、P12s、P32s 和 P32e 的虚级联在 G.7043 中规范。对于通道化的 P32e、P11s 到 P32e 的直接复用在 ANSI T1.107 第 9.3 节规定。图 6-8 描述了使用 GFP 封装的 MPLS-TP over PDH NNI 单元。

图 6-8 使用 GFP 封装的 MPLS-TP over PDH NNI 单元

6.5 MPLS-TP 网络中数据的转发

MPLS-TP 网络中数据的转发过程：利用网络管理系统或者动态的控制平面（ASON/GMPLS），建立从 PE1 经过 P 节点到 PE2 的 MPLS-TP 双层标签交换路径（LSP），包括通道层和通路层。通道层仿真客户信号的特征，并指示连接特征；通路层指示分组转发的隧道。

MPLS-TP LSP 可以承载在以太网物理层中，也可以在 SDH VCG 中，还可以承载在 DWDM/OTN 的波长通道上。

下面以图 6-9 为例，说明分组业务在 MPLS-TP 网络中的转发。

客户 CE1 的分组业务（以太网、IP/MPLS、ATM、FR 等）在边缘设备 PE1 加上 MPLS-TP 标签 L1（双层标签），经过中间设备 P 将标签交换成 L2（双层标签，内层标签可以不交换），边缘设备 PE2 去掉标签，将分组业务送给客户 CE2。

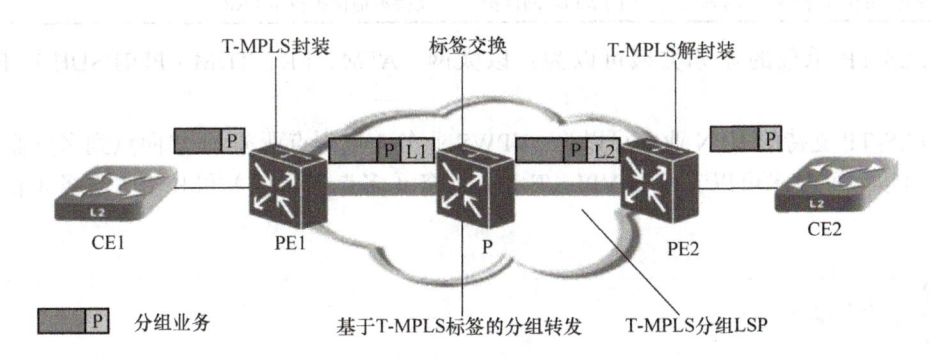

图 6-9 分组业务在 MPLS-TP 网络中的转发

6.6 MPLS-TP 和 MPLS 的差别

MPLS-TP 作为 MPLS 的一个子集，为了支持面向连接的端到端的 OAM 模型，排除了 MPLS 很多无连接的特性。

MPLS-TP 和 MPLS 相比，它们的差别如下，总结见表 6-2。

• MPLS-TP 采用集中的网络管理配置或 GMPLS/ASON 控制面，MPLS 采用 IETF 定义的 MPLS 控制信令，包括 RSVP/LDP 和 OSPF 等。

• MPLS-TP 使用双向的 LSP，其将两个方向的单向 LSP 绑定作为一个双向的 LSP，提供双向的连接。

• MPLS-TP 不支持倒数第二跳弹出（PHP），在 MPLS 网络中，PHP 可以降低边缘设备的复杂度，但是在 MPLS-TP 网络，PHP 破坏了端到端的特性。

• MPLS-TP 不支持 LSP 的聚合，LSP 的聚合意味着相同目的地址的流量可以使用相同的标签，其增加了网络的可扩展性，同时也增加了 OAM 和性能监测的复杂度，LSP 聚合不是面向连接的概念。

• MPLS-TP 支持端到端的 OAM 机制，其参考 ITU-T 定义的 MPLS-TP OAM（G.8114 和 G.8113）标准，而 MPLS 的 OAM 机制为 IETF 定义的 VCCV 和 Ping 等。

• MPLS-TP 支持端到端的保护倒换，支持线性保护倒换和环网保护，MPLS 支持本地保护技术 FRR。

表 6-2　MPLS-TP 和 MPLS 的差别总结

MPLS-TP	MPLS
采用集中的网络管理配置或 GMPLS/ASON 控制面	采用 IETF 定义的 MPLS 控制信令，包括 RSVP/LDP 和 OSPF 等
使用双向的 LSP，提供双向的连接	使用单向 LSP
不支持倒数第二跳弹出（PHP）	支持倒数第二跳弹出（PHP）
不支持 LSP 的聚合	支持 LSP 的聚合
支持端到端的 OAM 机制	OAM 机制为 IETF 定义的 VCCV 和 Ping 等
支持端到端的保护倒换，支持线性保护倒换和环网保护	支持本地保护技术 FRR

MPLS-TP 承载的业务类型可以为：以太网、ATM、FR、TDM（PDH/SDH）、FC、IP/MPLS。

MPLS-TP 支持的 VPN 业务可以为：VPWS 业务（点到点业务）、单向点到多点业务。

结合以太网技术可以支持 H-VPLS/E-Lan 业务（多点到多点）和 RMPS 业务（根基点到多点）。

思考与练习

一、填空题

1. T-MPLS 由 ITU-T 于 2006 年 2 月提出，后更名为_____。
2. 通信业界一般理解的 PTN 技术主要包括_____和_____。
3. MPLS-TP 是 MPLS 在传送网中的应用，它对_____进行了简化，去掉了_____，增加了_____，并将 ASON/GMPLS 作为其控制平面。可用公式_____表示。
4. MPLS-TP 网络按照逻辑分为_____、_____、_____ 3 个平面，其中负责故障定位是_____平面。
5. MPLS-TP 接口包括_____和_____两类。MoS、MoP 属于_____接口。

二、简答题

1. 简述 MPLS-TP 和 PBB-TE 的优缺点。
2. MPLS-TP 和 MPLS 有什么不同？
3. MPLS-TP 支持哪些业务？
4. 简述 MPLS-TP 网络中数据的转发过程。
5. 简述 MPLS-TP 网络的 3 个平面的功能。

任务 7　PTN 网络的 OAM 机制

7.1　任务及情景引入

随着 4G 移动业务的开展和网络的广覆盖，IP 化后的承载网络如何继承 SDH/MSTP 承载网络的运维优势，成为一个被持续关注的课题。一直以来，由于 IP 本身的无连接性、尽力而为的特质，其运维方式与 SDH/MSTP 构建的承载维护方式大相径庭。但 PTN 作为融合传统安全性与网络高带宽双重优势的新型传送技术，其思路是建立面向分组的多层管道，将面向无连接的数据网改造成面向连接的网络。该分组的传送通道具有良好的操作维护性和保护恢复性。在传统的 SDH 网络中，SDH 有强大的开销处理能力，可以在其帧结构的固定位置提供不同开销的处理和传递，而 MPLS 类和以太网类技术主要是依靠扩展报文来携带开销信息。PTN 不仅吸收了分组交换对突发业务高效的统计复用和动态控制面的优点，同时还保留了传送网的 OAM 和高生存性等基本特征。所以，PTN 如何通过完善 OAM 机制提供电信级的端到端的操作管理维护，是 PTN 网络中至关重要的问题。

本任务单元将对 PTN OAM 的标准、基本概念、分层结构进行分析，同时解析 PTN 网络具体的 OAM 功能。

如图 7-1 所示，某网络由网元 A、B、C 共 3 个 PTN 设备组成，假设网元 A 和网元 C 之间有业务通信，当所有设备和链路正常工作时网络无故障。在某时刻，网元 A、C 均无法收到对端的业务信号；这时维护人员可分别在网元 A、B 和 C 上开启 LB 环回诊断测试功能，网元 A 发出 LBM 数据（环回信息），但收不到任何 LBR 数据（环回反馈）；网元 C 发出 LBM 数据后，则只能收到网元 B 的 LBR 数据，于是可判定网元 A 与网元 B 之间光纤断链。

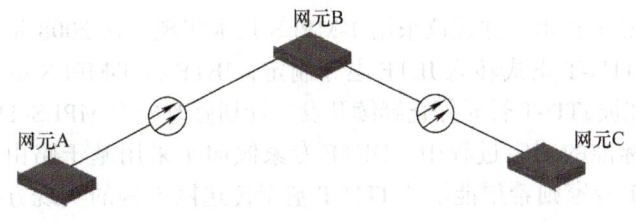

图 7-1　LB 环回测试组网案例示意图

通过本次任务，学习 PTN OAM 的概念、MPLS OAM 层次模型以及各项具体功能，为之后传输网的 OAM 工作奠定基础。内容主要包括：

- PTN OAM 基本概念和相关术语。

- PTN OAM 的层次化管理。
- PTN OAM 的实现机制。
- OAM 各项功能操作的目的及意义。
- PTN 与数据网络通信产品的区别。

7.2 分组传送网 OAM 的基本概念

7.2.1 OAM 的定义

OAM（Operation，Administration and Maintenance）是指为保障网络与业务正常、安全、有效运行而采取的生产组织管理活动，简称操作管理维护。根据运营商网络运营的实际需要，通常将 OAM 划分为以下 3 类。

（1）操作

操作主要完成日常的网络状态分析、告警监视和性能控制活动。

（2）管理

管理是对日常网络和业务进行的分析、预测、规划和配置工作。

（3）维护

维护主要是对网络及其业务的测试和故障管理等进行的日常操作活动。ITU-T 对 OAM 的定义是：

- 性能监控并产生维护信息，根据这些信息评估网络的稳定性。
- 通过定期查询的方式检测网络故障，产生各种维护和告警信息。
- 通过调度或者切换到其他的旁路实体，保证网络的正常运行。
- 将故障信息传递给管理实体。

7.2.2 PTN 的 OAM 标准

PTN 最初由 ITU-T 提出，并建议采用 T-MPLS 技术实现。在 2008 年，经 ITU-T 和 IETF 协商，PTN 标准由 ITU-T 正式转入 IETF 主导制定，IETF 将 T-MPLS 更名为 MPLS-TP，原有 T-MPLS 相关标准被 ITU-T 暂时停止继续开发，计划修改成为 MPLS-TP 标准。

在 PTN OAM 标准的制定过程中，OETF 专家倾向于采用基于路由器架构的实现方案（BFD 扩展），ITU-T 专家则希望能沿用 ITU-T 基于传送网架构的实现方案（Y.1731），因此在 LETF 存在较大分歧。2011 年，根据 SG 会议（主要致力于光传送网的标准所召开的会议）的有效投票结果，SG15 正式确定采用并执行开发 OAM 两种标准的推进方案，在 ITU 并行制定两种方案的 OAM 国际标准；批准通过"MPLS-TP 多协议标签交换网络架构"标准，确定通过 G.8113.1 "应用于传送网环境的 MPLS-TP 操作管理维护"标准，保证 PTN 国际标准制定和产品商用需要。

中国移动已于 2009 年 9 月选择采用 PTN，是全球第一家大规模应用 PTN 的运营商。由于当时基于路由器架构的实现方案尚未成熟，集采时采用 ITU-T 原有的成熟标准进行，集采设备均为基于传送网架构的设备。本书对 PTN OAM 的阐述也均基于 G.8113.1/G.8114 方案（MPLS-TP）进行。

7.2.3　OAM 的分类

按功能划分，OAM 可分为如下几类。
- 故障管理：如故障检测、故障分类、故障定位、故障通告等。
- 性能管理：如性能监视、性能分析、性能管理控制等。
- 保护恢复：如保护机制、恢复机制等。

按对象划分，OAM 可分为如下几类。
- 对维护实体的 OAM。
- 对域的 OAM。
- 对生存性的 OAM。

下面就 PTN OAM 的关键术语定义进行描述。

（1）维护实体（Maintenance Entity，ME）

一个需要维护的实体，表示两个 MEP 之间的联系。在 MPLS-TP 中，基本的 ME 是 MPLS-TP 路径。ME 之间可以嵌套，但不允许两个以上的 ME 之间存在交叠。

（2）维护实体组（ME Group，MEG）

MEG 是指一组满足下列条件的 ME 组合，条件为：
- 属于同一个维护域。
- 属于同一个 MEG 层次。
- 属于相同的点到点或点到多点 MPLS-TP 连接。

对于点到点 MPLS-TP 连接，一个 MEG 包括一个 ME；而对于点到 N（N>1）点连接，一个 MEG 包括 N 个 ME。

（3）维护实体组终端点（MEG End Point，MEP）

维护实体组终端点表示 PTN MEG 的终端点，具有发起和终结故障管理和性能监视 OAM 帧的能力。OAM 帧有别于传送的业务，在传送 PTN 业务的汇聚点加入 OAM 帧，假设其经过与 PTN 业务相同的转发处理，由此来实现 PTN 业务监视。MEP 不终结传送的业务，但可以监视这些业务，即进行帧计数。MEP 用于标识一个 MEG 的开始和结束，能够生成和终结 OAM 分组。

（4）维护实体组中间点（MEG Intermediate Point，MIP）

MEG 的中间节点，不能生成 OAM 分组，但能够对某些 OAM 分组选择特定的动作，对途经的 MPLS-TP 帧可透明传输。MEP 和 MIP 由管理平面或控制平面指定。

（5）维护实体组等级（MEG Level，MEL）

多 MEG 嵌套时，用于区分各 MEG OAM 分组，通过在源方向增加 MEL 和在宿方向减少 MEL 的方式处理隧道中的 OAM 分组。

7.3　PTN 的 OAM 层次模型

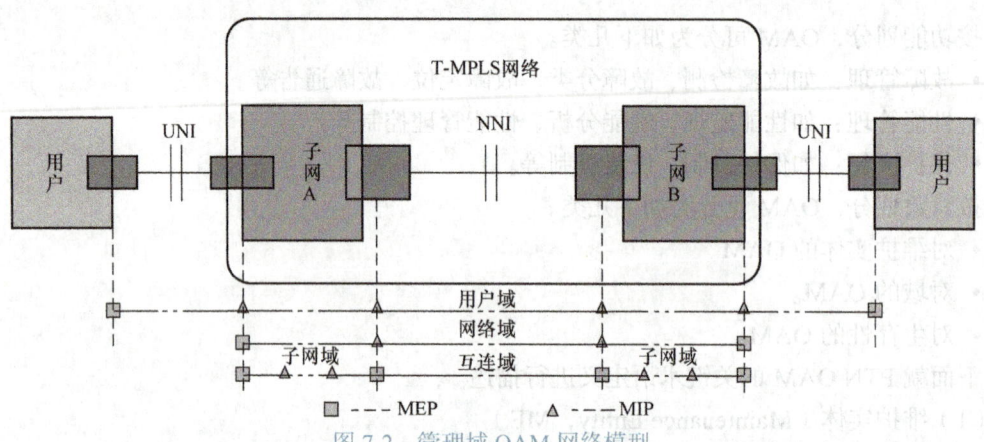

7.3.1　管理域 OAM 网络模型

管理域 OAM 网络模型如图 7-2 所示。

图 7-2　管理域 OAM 网络模型

对于一个 MPLS-TP 网络，不同管理域的 OAM 帧会在该域边界 MEP 处发起，源和目的 MEP 之间的节点为 MIP。所有 MEP 和 MIP 均由管理平面和/或控制平面配置，其中管理平面配置可由网管系统（NMS）执行。

OAM 功能的多样性能够丰富维护管理的内容，多管理域的嵌套和分域处理能够明确维护管理的范围，PTN 网络需要为不同的组织机构提供不同的维护管理内容和范围，主要包括接入链路域、网络域、子网域、业务域等管理域。

根据不同的管理域，PTN 网络的 OAM 功能包括 3 大类，即网络内的 OAM 机制、网络业务层的 OAM 机制以及接入链路层的 OAM 机制。

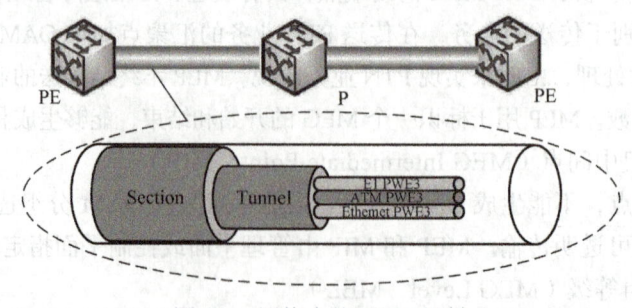

1）网络内的 OAM 机制：在 PTN 网络内的 OAM，主要支持 VC、VP 和 VS 这 3 个分层的机制，对应 PTN 层次模型中的 TMC、TMP 和 TMS，如图 7-3 所示。

图 7-3　网络内的 OAM 机制

① 通道层（Channel）-TMC：通道层代表业务的类型，和 PWE3 的伪线意义相同，因此有些地方又称为伪线层，主要用于检测业务 PWE3 伪线是否有故障，监控各类业务连接与

性能。PW OAM 实现业务的端到端管理。

② 通路层（Tunnel）-TMP：通路层提供传送网络通道。LSP OAM 检测整个通道，对应于 LSP 隧道，预防随着增加 OAM 业务而伴随出现网络性能低效，以达到 Tunnel 层次的监控并提供保护。

③ 段层（Section）-TMS：可选。段层主要保障通道层在端到端网络节点间能够完整地传送消息。TMS 层检测保护的是隧道的段层。段层主要用于检测通道两个节点之间的连接状况，以充分节省带宽并提供强有力的网络保障。

2）网络业务层的 OAM 机制：主要包括以太网业务的 OAM 机制和 ATM 业务的 OAM 机制。

3）接入链路层的 OAM 机制：包括以太网接入链路的 OAM 机制、SDH 接口的再生段和复用段层告警性能 OAM 机制，以及 E1 告警和性能 OAM 机制 3 类。

7.3.2　MEG 嵌套

在 MEG 嵌套的情况下，使用 MEL 区分嵌套的 MEG。每个 MEG 工作在 MEL=0 层次，即：
- 所有 MEG 的所有 MEP，其生成的 OAM 分组 MEL=0，且所有 MEG 的所有 MEP 仅终止 MEL=0 的 OAM 分组。
- 所有 MEG 的 MIP 仅对 MEL=0 的分组选择动作。

在传输报文的过程中如果遇到另外一个 MEG，就会产生嵌套。在 MEG 嵌套的情况下，报文生成时 MEL 值（多 MEG 嵌套时，用于 MEG 分组层数的识别，一共有 8 个等级，即 0~7 级）自动设置为 0，MEP 按照 MEL 来进行 OAM 报文校验和丢弃，每个 MEP 发出的 OAM 报文中 MEL 值都为 0，并且只处理 MEL 值为 0 的 OAM 报文。每当 OAM 报文进入了一个嵌套的 MEG 中，MEL 值就会加 1，同理，如果报文离开了一个嵌套的 MEG，值就会减 1，通过这样处理 MEL 的方式，就能够确保每个 MEP 只处理本层级别的 OAM 报文。

如图 7-4 所示，网络中现有 2 个嵌套的 MEG，一个 LSP MEG 嵌套在另一个 PW MEG 中。

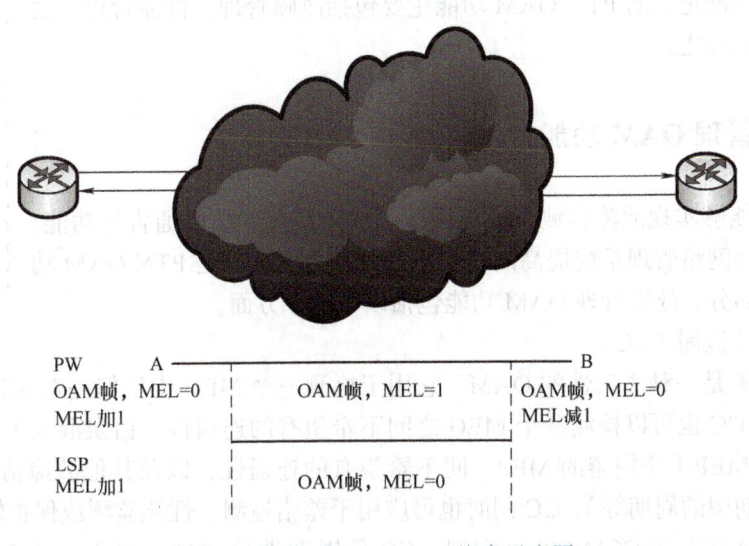

图 7-4　MSTP OAM MEG 嵌套示意图

在 PW 中，A 端点产生 OAM 报文时其等级为 0，当该 OAM 报文在进入 LSP MEG 时 MEL 加 1，此时等级 MEL 为 1；当该报文离开时，MEL 值会自动减 1，这时其等级就是 0。图中 B 端点收到这个报文之后，检测到 MEL 为 0，就处理自己这一层的报文。

7.3.3　PTN OAM 处理流程

根据 PTN OAM 层次架构以及不同 OAM 的管理域范围的不同，针对业务 OAM 报文、接入链路 OAM 报文、网络内 OAM 报文均有不同的处理流程，具体如下。

（1）业务 OAM 报文

UNI 侧物理接口收到业务 OAM 报文，并提取 OAM 信息，送往 OAM 模块进行处理，再发往相应的业务处理模块进行处理，进入 QoS 模块，由 QoS 模块根据策略进行流分类和流标记处理、流量监管后，进入分组转发模块，分组转发模块对业务报文的路径进行查找和内部无阻塞交换，交换后再在 QoS 模块做拥塞管理、队列调度、流量整形，经线路适配模块后发送到相应的 NNI 侧物理接口。

（2）接入链路 OAM 报文

UNI 侧物理接口收到接入链路 OAM 报文，从中提取 OAM 信息，并根据需要发往相应的接入链路保护处理模块，接入链路保护处理模块根据 OAM 信息触发接入链路保护倒换。

（3）网络内 OAM 报文

NNI 侧物理接口收到伪线、隧道和段层 OAM 报文，从中提取 OAM 报文信息，并根据需要发往相应的网络保护处理模块，网络保护处理模块根据伪线、隧道和段层 OAM 信息触发网络侧保护倒换。

7.4　MPLS-TP 的 OAM 功能

G.8113.1 标准定义的 PTN OAM 功能主要包括故障管理、性能管理、通信通道以及其他功能。

7.4.1　故障管理 OAM 功能

故障管理能够实现故障检测、故障验证、故障定位和故障通告等功能，它的目的是配合网络管理系统提高网络的可靠性和可用性，是 PTN OAM 功能中最关键的部分。故障管理 OAM 功能包括以下几个方面。

（1）连续性检测（CC）

连续性检测是一种主动性的 OAM。它用于检测一个 MEG 中任何一对 MEP 间连续性的丢失（LOC）。CC 也可以检测两个 MEG 之间不希望有的连通性（错误混入），在 MEG 内与一个不要求的 MEP（非期望的 MEP）间不希望有的连通性，以及其他故障情况（例如非期望的等级、非期望的周期等）。CC 同时也可应用于差错检测、性能监测或保护转换的应用。

CC 功能通过发送 CCM/CV 包实现，CC 是周期性传送的，对于一个 MEG 中所有的

MPLS-TP 的
OAM 机制和
功能

MEP，CC 的传输周期是一样的。根据不同的 OAM 应用，CC 的传输周期可以设置为不同的值（即指 CCM/CV 包的发送周期），一般情况下，差错管理默认的传输周期为 1s，性能监测默认的传输周期为 100ms，保护倒换默认的传输周期为 3.33ms。当一个 MEP 能产生带有 CC 信息的帧时，它也期望从 MEG 中与它对等的 MEP 处接收带有 CC 信息的帧。

通过连续性检测的功能，可以提供多种故障管理特性，当在 3.5 倍的传输间隔内没有接收到来自某个对等的 MEP 的 CC 报文时，它就检测出与哪个 MEP 失去了连续性；当接收到的 CC 报文中的 MEG 等级低于本身的等级时，它就检查出非期望的 MEG 等级连接；当接收到不等于本身 MEG ID 的报文时，它就检查出错误混入；如果接收报文中的 MEP ID 有错误，它就检查出非期望的 MEP 接入；当接收报文的传输周期与本身不一致时，它就检查出非期望的周期。同时，连续性检查功能会与网络设备的告警和网管系统协作，将检测出的故障上报到指定的系统进程中。

（2）告警指示信号（AIS）

告警指示信号功能用于在服务器层（子层）检测到故障情况后止住告警。

带有 AIS 信息的帧可以由 MEP（包括服务器 MEP）在检测到故障情况时在客户的 MEG 等级上发出。此类故障情况有：在执行 CC 时信号异常的情况以及在关闭 CC 时出现的情况。

只有一个 MEP（包括服务器 MEP）被配置成能发出带有 AIS 信息的帧。在检测到故障情况时，该 MEP 可以立即开始在配置的客户 MEG 等级上周期性地持续发送带有 AIS 信息的帧，直到故障情况消除。MEP 在无 AIS 的情况下检测到失去连续性故障时，将恢复产生失去连续性故障的告警。

（3）远端故障指示（RDI）

远端故障指示功能用于 MEP 和与其对等的 MEP 实体之间互相通告已经发生的故障情况。RDI 仅在传输 CC 实现时才使用。

RDI 有如下两种应用：①单端的差错管理接收单元检测到一个 RDI 故障，而它与该 MEP 的其他故障情况相关联，它可能会是这些故障的原因。在单个 MEP 中，未接收到 RDI 消息将指示整个 MEG 中无故障。②用于远端性能的监测。RDI 反映远端曾有过的故障情况，可以作为性能监测进程的输入。

一个处于故障状态的 MEP 发送带有 RDI 信息的帧。而一个 MEP 在接收到带有 RDI 信息的帧时，可以确定与它对等的 MEP 所遇到的故障情况。

MEP 在与其对等的 MEP 检测到故障情况时，应在故障状态持续期间，在 CCM/CV 帧中设置 RDI 字段。MEP 的 CCM/CV 帧是周期性发送的，当故障情况清除后，MEP 在随后传输的 CCM/CV 帧中应清除 RDI 字段。

（4）环回（LB）检测

环回检测功能用于检验一个 MEP 与一个 MIP 或对等的 MEP 间的连通性。该功能工作在按需模式，源端维护端点发送该请求 OAM 报文，宿端维护中间点或维护端点接收该报文并返回相应应答 OAM 报文，用于验证维护端点与维护中间点或对端维护端点间的双向连通性，以检测节点间及节点内部故障，进行故障定位。

该功能类似于 Ping。它是一种按需 OAM 功能，通常由管理者命令发起。IEEE 802.1ag.CFM 只定义了单播消息，而 Y.1731 定义了单播和多播两种类型。

单播环回检测可用于检验 MEP 和 MIP 或者对等 MEP 间的双向连通性。同时，也可以在一对对等 MEP 间进行双向诊断测试，比如检验带宽吞吐量、检测比特错误率等。多播环回功能用于检验一个 MEP 与多个对等 MEP 间的双向连通性。当在一个 MEP 上调用多播 ETH-LB（以太网环回）功能的时候，该 MEP 向多播环回的发起者返回它所检测到的与其具有双向连通性的对等 MEP 的列表。

（5）链路跟踪（LT）功能

链路跟踪功能类似于 IP 层的 tracert 功能，用于确定源 MEP 到目标 MEP 的路径，其实现方式是：由源 MEP 发送 LTM PDU 给目标 MEP，目标 MEP 及 LTM PDU 所经过的 MIP 收到该报文后，会发送 LTR PDU 给源 MEP，源 MEP 则根据收到的 LTR PDU 来确定到目标 MEP 的路径。

（6）性能测试（TST）

性能测试（TST）主要用于执行一些调试功能，如带宽、流量、丢包、比特误码等，其主要通过发送 OAM 测试包来完成测试。

当进行离线测试时，需要中断业务，通过网络管理锁定测试路径，MEP 产生信号锁定功能 LCK 指示信号，通知客户端该路径已经锁定，该路径在进行管理测试操作。当进行吞吐量测试时，MEP 逐步增加 TST 消息的流量，直到接收端发生 TST 报文丢包，得到路径的吞吐量。

当进行在线测试时，不中断业务进行测试，但是可能会影响业务。

当进行调试测试时，MEP 产生相关的调试测试 OAM 包，每个包都以不同的序列号进行标记，序列号在每个测试过程中的一定时间内不能重复，接收端接收调试测试 OAM 包，检查其有效性，根据接收到的 OAM 包测试路径的特性。

（7）锁定（LCK）功能

锁定功能用于 MEP 向它紧邻的 MEP 客户层通告其有计划的管理或者诊断行为。此功能使得客户层 MEP 能够区分缺陷情况和服务（子）层 MEP 进行有计划的管理诊断行为时所可能导致的数据流量中断。其中引起中断的缺陷情况需要报告，而引起数据流量中断的有计划的行为则不需要报告。

当配置为管理锁定时，MEP 向与其对等的 MEP 相反的方向上周期性地发送 LCK PDU，LCK PDU 传输周期与 AIS PDU 的传输周期相同。一旦接收到一个 LCK PDU，MEP 将对它进行检查，以确保其 MEG 等级（即 MEL）与自己配置的 MEG 等级相同。帧的周期字段指示了可以预期收到 LCK PDU 的周期。收到 LCK PDU 帧之后，MEP 就进入 LCK 状态；进入 LCK 状态后，如果在 LCK PDU 发送周期 3.5 倍的时间间隔内，没有再收到 LCK PDU 帧，该 MEP 将退出 LCK 状态。

（8）客户信号故障（CSF）

该功能用于在客户层自身不支持告警抑制故障通告机制时，发送该 OAM 报文，将客户层信号故障信息转发至对端维护端点，实现客户层故障信息传递。

（9）测试（TEST）

该功能工作在按需模式，维护端点插入该 OAM 报文，携带特定吞吐量、包长和传送图案的测试信息，用于实现单端诊断测试，包括验证带宽吞吐量、丢包等。它分为中断业务方式和不中断业务方式。

中断业务方式：中断业务后维护端点向客户层上插锁定指示 LCK 报文，通告为管理维护目的中断业务，进行告警抑制，并发送该 OAM 报文实现相应测试功能。

不中断业务方式：利用部分有限的业务带宽发送该 OAM 报文，实现相应测试功能。

7.4.2　性能管理 OAM 功能

性能管理 OAM 主要通过收集网络中业务服务质量数据（如丢包率、时延、误码率等参数），对网络性能进行评估，对服务质量进行衡量，通过性能管理功能，能够及时有效地获得链路质量的实时数据，当性能严重下降时及时启动故障管理，从而保证业务在网络中的高性能传输。性能管理也是 PTN OAM 功能中非常重要的部分。

（1）帧丢失测量（LM）

帧丢失测量是通过向其对等 MEP 发送带有 LM 信息的帧，并从对等 MEP 接收带有 LM 信息的帧实现的。

LM 可以以两种方式进行：双端的 LM 和单端的 LM。双端的 LM 用于性能监测的主动的 OAM，可应用于差错管理。在这种情况下，在一个点到点的 ME 中，每个 MEP 向它对等的 MEP 周期地发送带有 LM 信息的帧，并对两端的帧丢失进行测量。每个 MEP 都终结近端和远端的帧，并进行近端和远端的丢失测量；单端的 LM 用于按需的 OAM。在这种情况下，为进行帧丢失测量，向其对等的 MEP 发送带有 LM 请求信息的帧，并从其对等 MEP 接收带有 LM 回复信息的帧。

（2）帧时延测量（DM）

帧时延测量是用于按需的 OAM，测量网络的帧时延和帧时延变化。帧时延和帧时延变化的测量是通过向对等 MEP 周期地发送带有 DM 信息的帧，并在诊断间隔内从对等 MEP 接收带有 DM 信息的帧来完成的。每一个 MEP 都可以进行帧时延和帧时延变化的测量。

当一个 MEP 能产生带有 DM 信息的帧时，它向同一 ME 内与它对等的 MEP 周期地发送带有 DM 信息的帧。当一个 MEP 产生带有 DM 信息的帧时，它也将在同一 ME 中从对等的 MEP 接收带有 DM 信息的帧。

DM 也可以用两种方式来进行：单向和双向。在单向 DM 的情况下，每个 MEP 在点到点 ME 中向它对等的 MEP 发送带有单向 DM 信息的帧，以便于在对等的 MEP 上进行单向帧时延或单向帧时延变化的测量；在双向的 DM 情况下，MEP 向其对等的 MEP 发送有请求 DM 信息的帧，并从其对等的 MEP 接收有回复 DM 信息的帧，来进行双向帧时延和双向帧时延变化的测量。

（3）自动保护倒换（APS）

该功能用于在维护端点间通过该报文传递故障条件及保护倒换状态等信息，以协调保护倒换操作，实现线性及环网保护功能，提高网络可靠性。

（4）管理通信通道（MCC）

该功能用于在维护端点间实现管理数据的传送，包括远端维护请求、应答、通告等，以实现网管管理。

（5）信令控制通道（SCC）

该功能用于在维护端点间实现控制平面信息的传送，包括信令、路由，及其他控制平面相关信息。

（6）实验功能（EX）

实验用的 OAM 功能可以在一个管理域内临时地使用，但是不可以跨越不同的管理域。

7.5 MPLS-TP 的 OAM 报文封装和识别

为了有效地管理网络中各个层次的网络设备，G.8113.1/G.8114 标准对伪线层、隧道层、段层进行了各个 OAM 功能的定义。

7.5.1 OAM 报文封装

MPLS-TP 采用基本的 MPLS 标签转发原理，PW 也是一类标签，通过 PWE3 技术对用户的业务进行仿真以太业务、TDM 业务、ATM 业务。对于各个层次的 OAM 信令报文，也采用 MPLS 封装的标签报文，为了区分 OAM 信令报文和用户的业务数据报文，定义了一个特殊的标签——标签 14，通过这个标签来标识 OAM 信令报文，如图 7-5 所示。

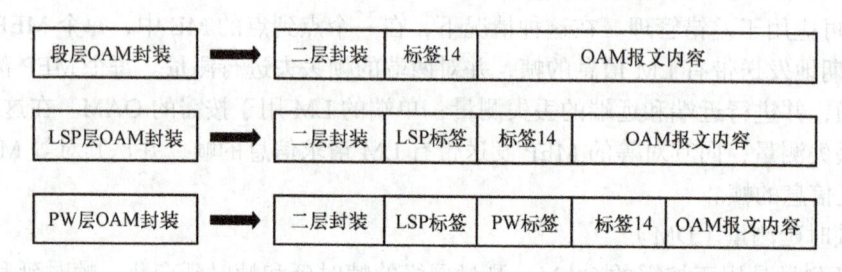

段层OAM封装	→	二层封装	标签14			OAM报文内容
LSP层OAM封装	→	二层封装	LSP标签	标签14		OAM报文内容
PW层OAM封装	→	二层封装	LSP标签	PW标签	标签14	OAM报文内容

图 7-5 MPLS-TP OAM 信令报文封装格式

在数据平面，当转发引擎处理到标签 14 的时候，就意味着后面的内容是一个 MPLS-TP OAM 的报文，转发引擎就把此报文送到相关的 OAM 处理模块处理，从而实现了 OAM 信令报文和普通业务报文的分流处理。

OAM 分组由 OAM PDU 和外层的转发标记栈条目组成。转发标记栈条目内容同其他数据分组一样，用来保证 OAM 分组在 MPLS-TP 路径上的正确转发。每个 MEP 或 MIP 仅识别和处理本层次的 OAM 分组。通用的 OAM PDU 格式如图 7-6 所示。

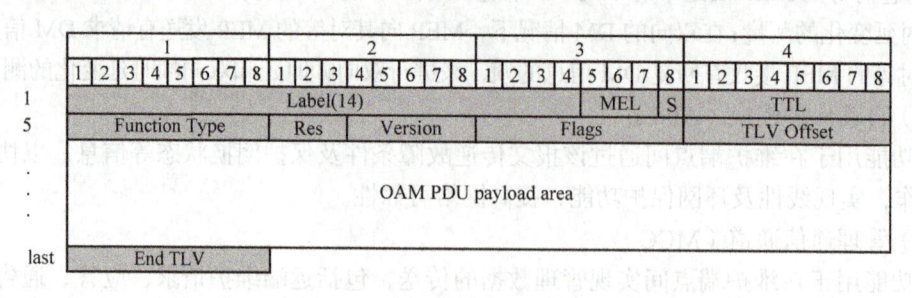

图 7-6 通用的 OAM PDU 格式

最前面的 4 字节是 OAM 标记栈条目，各字段定义如下。
- Label（14）：即标签 14，20bit 标记值，值为 14，表示 OAM 标记。
- MEL：3bit MEL，范围为 0~7，每个 OAM 包在创建时值自动设置为 0，每当进入另外一个嵌套在本 MEG 之上的 MEG 时，MEL 值就会加 1。同样，当 OAM 包离开这个 MEG 时，

MEL 值就会减 1。对于低层 MPLS-TP 服务层来说，高层 OAM 信息值（大于 0）与业务信息没有差别，不对其进行任何处理。只有当接收到 MEL 值等于 0 的 OAM 包时才进行接收和处理。

- S：1bit S 位，值为 1，表示标记栈底部；对于 MPLS-TP 而言，S 一定为 1。
- TTL：8bit TTL 值，取值为 1 或 MEP 到指定 MIP 的跳数 +1。
- 第 5 字节是 OAM 消息类型（Function Type），8bit，表示 OAM 功能类型。

OAM PDU 报文中的功能字节内容及含义如表 7-1 所示。

表 7-1　OAM PDU 报文中的功能字节内容及含义

字节内容	含义	字节内容	含义
00	保留	01	CV v1 连通性验证
02	FDI v1 前向缺陷指示	03-1F	保留
20	LBR	21	LBM
23	LCK	25	TST
27	APS	28	SCC
29	MCC	2A	LMR
2B	LMM	2E	DMR
2F	DMM	30	EXR
31	EXM	32	VSR
33	VSM	35	SSM
37	CSF	38-FF	保留

- Res：3bit 保留位，为将来的标准保留，目前设置为 000。
- Version：5bit 的 OAM 协议版本号。
- Flags：占用 8bit，是和 OAM PDU 类型相关的标志位。
- TLV Offset：占用 1 字节，用来指示第一个 TLV 在 OAM PDU 中的位置，0 代表第一个 TLV 的位置紧跟在 TLV Offset 的后面。
- OAM PDU payload area：由一个或者多个 TLV 组成，通过这些 TLV 携带相关的参数信息。
- End TLV：占用 8bit，指示 OAM PDU 报文的结束。

7.5.2　识别 OAM 分组

（1）目标为 MEP 的 OAM 分组

MEP 识别并处理接收 MEL 值为 0 的 OAM 分组，不识别 OAM 分组标记栈条目中的 TTL。MEP 向另一个 MEP 发送 OAM 分组时，MEL 置为 0，并将 OAM 标记栈条目中的 TTL 值置为 1。

（2）目标为 MIP 的 OAM 分组

MIP 应该透传 OAM 标记栈条目中 TTL 值为 1 的 OAM 分组。对于收到的 MEL 值为 0 的 OAM 分组，如果 OAM 分组中的数据平面标识指明是在 MIP，则处理该 OAM 分组。

为了简化 MIP 的处理，避免对 OAM 分组进行深层次（即非最外层）的标记检测，定义如下方式标识 MIP。

MEP 发送目标为 MIP 的 OAM 分组时，OAM 标记栈条目中 TTL 值设为：TTL = MIP hops + 1，其中的 MIP hops 表示从 MEP 到目标 MIP 的 MIP 跳数。MIP 仅处理收到的 MEL 值为 0、TTL 值为 2 的 OAM 分组。对于收到的 MEL 值为 0 的 OAM 分组，如果 TTL 值大于 2，则该 MIP 将 OAM 分组的 TTL 减 1。

7.6　PTN 与数据网络通信产品的区别

7.6.1　以太网承载 IP 化业务的缺陷

以太网承载 IP 业务的组网应用如图 7-7 所示，这种方式在电信级保护、多业务承载、OAM、网络管理等方面存在较明显的缺陷，无法满足电信级网络管理的要求，其缺陷主要如下。

- 缺乏快速可靠的网络保护和 OAM 故障检测机制。
- 无实现时钟、时间同步传送的有效机制。
- 难以提供多业务的接口，尤其是 TDM 接口。
- QoS 能力差，不适合语音、视频等高质量业务的承载；网络保护能力差、网络恢复时间在秒级、不支持 50ms 保护、不适合规模应用与组网。

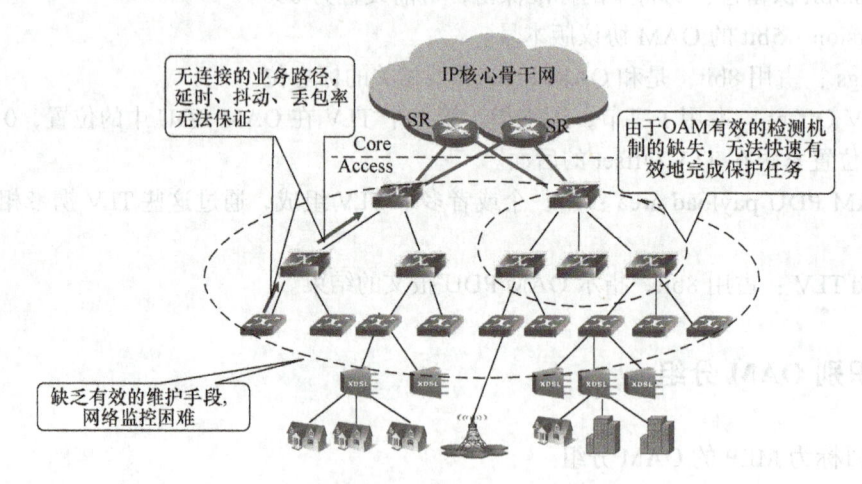

图 7-7　以太网承载 IP 业务的组网应用

7.6.2　IP/MPLS 承载 IP 化业务的缺陷

IP/MPLS 技术沿用了 IP 数据网络的发展思路，采用 MPLS 技术进行以太网报文的承载，解决以太网扩展问题，目前主要有两种方式：一类是点对点以太网（P2PEVC），也就是 Ethernet Pseudo Wire/EoMPLS；另一类是多点对多点以太网（MP2MPEVC），即 VPLS/H-VPLS。IP 与 MPLS 技术的结合，使得无连接、尽力而为的 IP 网络转变成面向连接有 QoS 保证的网络，使其能够满足电信级业务的承载需求，支持伪线和 L2/L3VPN 业务，可动态、灵活实现创建。

- IP/MPLS 在电信级保护、OAM、网络扩展性、成本等方面存在较明显的缺陷，无法应用在网络的接入和汇聚层。
- 缺乏电信级 OAM 功能。IP/MPLS 的 OAM 功能比较简单，只定义了一些简单的故障管理功能，如 MPLS Ping/Traceroute/CC/FFD/FDI/BDI，不能满足电信级的要求。
- 缺乏电信级保护。虽然 IP/MPLS 只从信令协议的角度定义了 TE FRR 的恢复方式，但是为了维持路由协议的正确运行，需要在网络和设备内部运行大量的三层协议，导致带宽利用率降低，设备复杂性提高。
- 缺乏良好的网络可扩展性。IP/MPLS 复杂的信令协议限制了网络可扩展性，不太适应大规模的网络。
- 设备复杂度高、成本高。

7.6.3　PTN 相对于传统交换机的差异化

传统的交换机主要针对非面向连接的网络，难以提供电信级的网络保障，无法提供精细化管理和差异化服务，对传统业务的支撑能力有限，图 7-8 为传统交换机在传输承载网中的应用组网图。

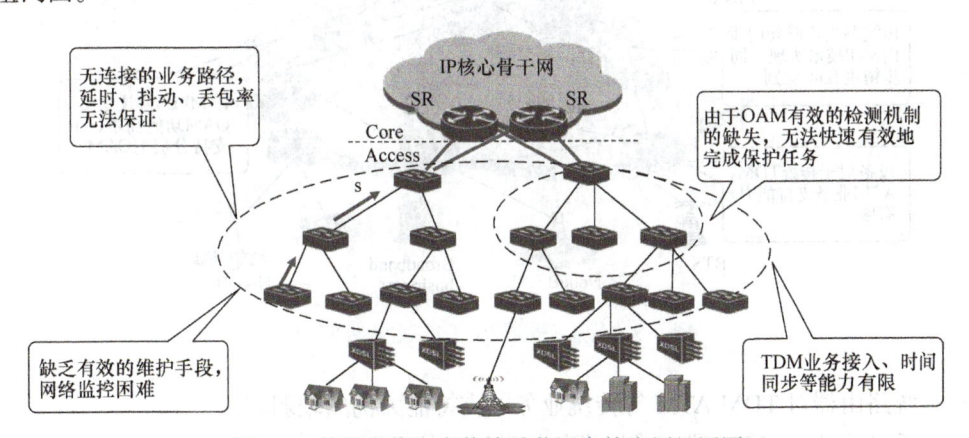

图 7-8　传统交换机在传输承载网中的应用组网图

表 7-2 列出了以太网交换机和 PTN 设备在构建传输承载网中的差异。

表 7-2　以太网交换机和 PTN 设备在构建传输承载网中的差异

比较项目	以太网交换机	PTN
网络 TCO	星形网络接入，技术简单，保护方案缺乏，不满足高品质业务需求，网络 TCO 低	基于 SDH 设计思想，组网灵活，适应网络演进需求，充分保护原有投资，网络 TCO 低
面向连接特性	无连接的特性	SDH 面向连接的特性

（续）

比较项目	以太网交换机	PTN
OAM 和保护能力	尽力而为的数据通信方式，OAM 非常欠缺；依靠 STP/RSTP，保护功能不能满足电信级需求	层次化 OAM，提供在线和丢包性能在线检查；保护功能强大，支持线性/环网/网形网络保护，满足电信级保护要求
多业务承载能力	无法兼容原有传统业务；无法满足业务差异化 QoS 的需求	通过 PWE3 机制支持现有分组业务和未来的分组业务，兼容传统的 TDM、ATM、FR 等业务；智能化感知业务，提供差异化 QoS 的服务
E2E 管理能力	不能很好地提供 E2E 管理	基于面向连接特性提供 E2E 的业务/通道监控管理
同步定时能力	不支持时间同步，不能在分组网络上为各种移动通信制式提供可靠的频率和时间同步	支持时钟/时间同步，可以在分组网络上为各种移动通信制式提供可靠的频率和时间同步

7.6.4　PTN 相对于传统路由器的差异化

如图 7-9 所示，传统路由器用于承载网业务的传输时，存在以下缺陷。

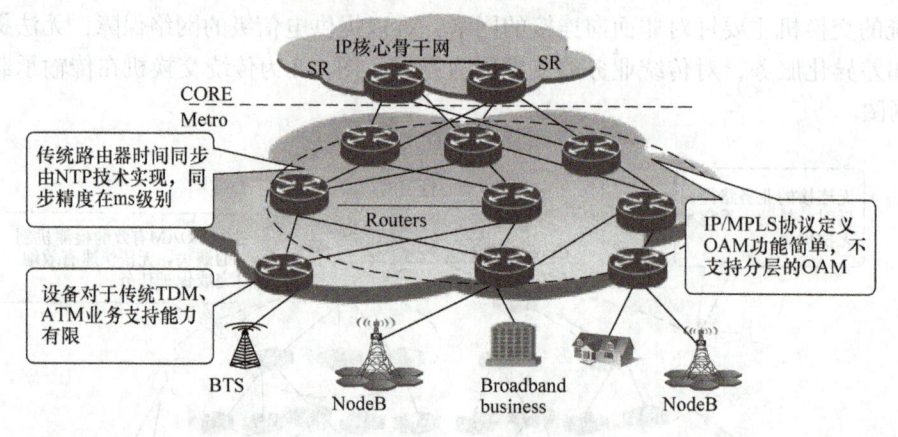

图 7-9　传统路由器用于承载网业务组网

- 传统路由器对 TDM/ATM 等传统业务的支持能力仍然较弱。
- 缺乏足够的 OAM 手段，难以满足传送网电信级要求。
- 缺乏对于时间同步的充分支持。

表 7-3 总结了 IP/MPLS 和 PTN 两种技术的区别。

表 7-3　IP/MPLS 和 PTN 的区别

比较项目	IP/MPLS	PTN
网络 TCO	基于 IP/MPLS 技术架构，协议处理复杂，设备功耗大，架构昂贵，网络 TCO 很高	既可全网部署，又可作为网关接入分组网络，组网灵活，适应网络演进需求，充分保护原有投资，网络 TCO 低

（续）

比较项目	IP/MPLS	PTN
面向连接特性	基于 IP/MPLS 技术架构，继承了过多 IP 无连接的特性	SDH 面向连接的特性
OAM 和保护能力	主要基于 MPLS OAM，管理运行维护功能与传输网的要求有一定差距，保护能力很难达到电信级要求	层次化 OAM，提供在线和丢包性能在线检查；保护功能强大，支持线性/环网/mesh 保护，满足电信级保护要求
多业务承载能力	通过 PWE3 机制支持现有分组业务，兼容传统的 TDM、ATM、FR 等业务	通过 PWE3 机制支持现有分组业务和未来的分组业务，兼容传统的 TDM、ATM、FR 等业务
E2E 管理能力	不能很好地提供 E2E 管理	基于面向连接特性提供 E2E 的业务/通道监控管理
同步定时能力	不支持时间同步，不能在分组网络上为各种移动通信制式提供可靠的频率和时间同步	支持时钟/时间同步，可以在分组网络上为各种移动通信制式提供可靠的频率和时间同步

思考与练习

一、填空题

1. OAM 是指_____。
2. SDH 是通过开销字节携带 OAM 信息，PTN 则是通过_____传递 OAM 信息。
3. 关于 MSTP-TP OAM 的基本概念中，ME 是_____，MEG 是_____，MIP 是_____，MEP 是_____。其中能够产生和终结 OAM 分组的是_____。
4. MEL 是_____，其作用主要是当 MEG 嵌套时，用于_____。
5. MPLS-TP 的 OAM 功能里 MCC 用来发送_____。
6. PTN 的 OAM 具有层次次化特性，可分为_____OAM、_____OAM 和_____OAM 3 个层次。
7. G.8113.1 标准定义的 PTN OAM 功能主要包括_____、_____、_____以及其他功能。
8. 在 MPLS-TP OAM 中，标签值_____用来区别普通数据报文和 OAM 报文。
9. PTN 的性能管理 0AM 中，LM 是_____，DM 是_____。

二、简答题

1. PTN 的故障管理 OAM 功能和性能管理 OAM 功能主要有哪些？
2. 简述 IP/MPLS 承载 IP 化业务的缺陷。
3. 简述交换机、路由器和 PTN 的区别。

任务 8　PTN 设备介绍及系统初始化

8.1　任务及情景引入

如图 8-1 所示，某运营商在某市某行政区组建了一小型传输网，该网络由 4 个网元站点构成，均采用中兴通讯 ZXCTN 6200 分组传送设备，提供各种业务的传输，现要求工程技术人员根据业务需求对设备的单板进行安插，并对 ZXCTN 6200 设备进行上电初始化工作，为后期的业务配置打好基础。

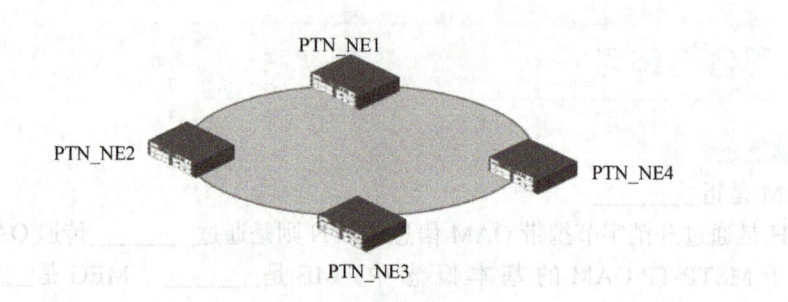

图 8-1　任务组网示意图

通过本次任务，应当完成以下学习目标。
- 了解中兴 ZXCTN 系列 PTN 设备。
- 掌握 ZXCTN 6200 设备的整机功能和硬件结构。
- 重点掌握 ZXCTN 6200 设备的各单板功能。
- 理解 ZXCTN 6200 设备的组网初始化步骤。

8.2　ZXCTN 系列设备介绍

8.2.1　中兴通讯 PTN 产品家族

中兴通讯的 PTN 产品包括 ZXCTN 6100、ZXCTN 6200、ZXCTN 6300、ZXCTN 9004 和 ZXCTN 9008，如图 8-2 所示，系列产品可以满足从接入层到核心层的所有应用，为用户提供面向未来的新一代传送网的整体解决方案。

任务 8　PTN 设备介绍及系统初始化

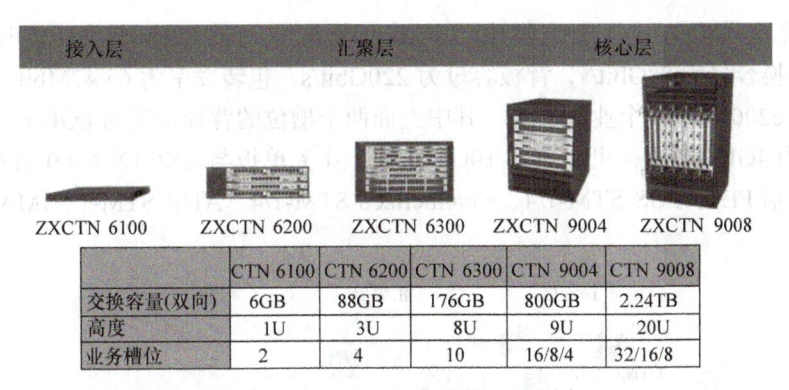

	CTN 6100	CTN 6200	CTN 6300	CTN 9004	CTN 9008
交换容量(双向)	6GB	88GB	176GB	800GB	2.24TB
高度	1U	3U	8U	9U	20U
业务槽位	2	4	10	16/8/4	32/16/8

图 8-2　中兴 ZXCTN 系列 PTN 设备

　　ZXCTN 6100 为业界可商用的最紧凑的接入层 PTN 产品，仅 1U（1U=4.44cm）高，适用于基站接入场景。ZXCTN 6200/6300 为业界最紧凑的 10GE PTN 设备，既可作为中小规模网络中的汇聚及网络边缘设备，也可在大规模网络或全业务场景中作为高端接入层设备，满足发达地区对 10G 接入环的需求。ZXCTN 9004/9008 为业界大容量 PTN 设备，其中 ZXCTN 9008 的交换容量为业界最大，交换可达双向 2.24TB，全面满足全业务落地需求，主要用于城域核心层。图 8-3 显示了中兴通讯各个系列 PTN 设备在城域网中的应用。

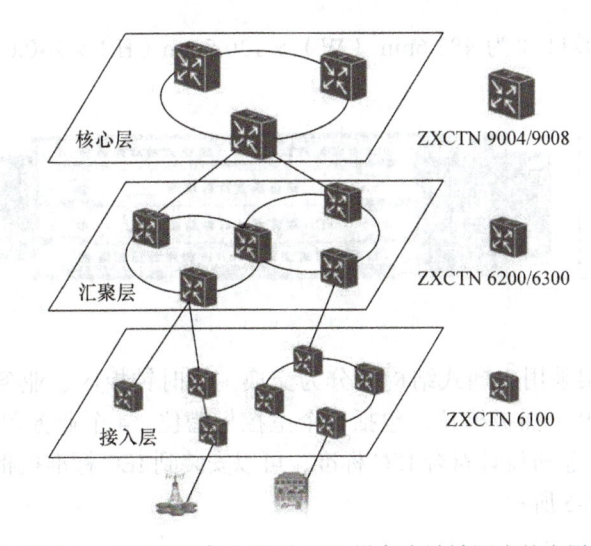

图 8-3　中兴通讯各个系列 PTN 设备在城域网中的应用

8.2.2　ZXCTN 6200 设备硬件简介

　　ZXCTN 6200 是中兴通讯推出的面向分组传送的电信级多业务承载产品，专注于移动回传和多业务网络融合的承载与传送。ZXCTN 6200 可有效满足各种接入层业务或小容量汇聚层的传送要求，如图 8-4 所示。
　　ZXCTN 6200 采用分组交换架构和横插板结构，高度为 3U，可安装在 300mm 深的标准机柜，也可以采取柜式、壁挂、桌面等安装方式，

ZXCTN 6200
设备硬件简介

支持 –48V 直流供电方式，交流供电方式需要外配专门的 220V 转 –48V 电源；其功耗≤ 250W，交换容量为 88Gbit/s，背板容量为 220Gbit/s，包转发率为 65.47Mbit/s。

ZXCTN 6200 提供 4 个业务槽位，其中上面两个槽位的背板带宽为 8GE；下面两个槽位的背板带宽为 4GE+10GE，可以兼容 10GE 单板，业务单板与 ZXCTN 6300 兼容。业务接口支持 GE（包括 FE）、POS STM-1/4、Channelized STM-1/4、ATM STM-1、IMA/CES/MLPPP E1、10GE 等。

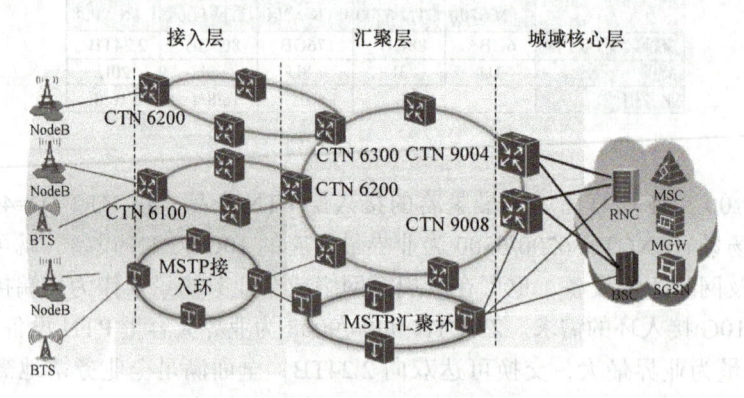

图 8-4 ZXCTN 6200 设备在网络中的定位

ZXCTN 6200 外形尺寸为 482.6mm（W）× 130.5mm（H）× 240.0mm（D），其外形如图 8-5 所示。

图 8-5 ZXCTN 6200 外形图

ZXCTN 6200 子架采用横插式结构；分为交换主控时钟板区、业务线卡区、电源板区、风扇区等；子架提供 9 个插板槽位，包括 2 个主控板槽位、4 个业务单板槽位、2 个电源板槽位和 1 个风扇槽位；整机设计符合 IEC 标准，可以安装到 IEC 标准机柜或 ETS 标准机柜中，其子架结构外形如图 8-6 所示。

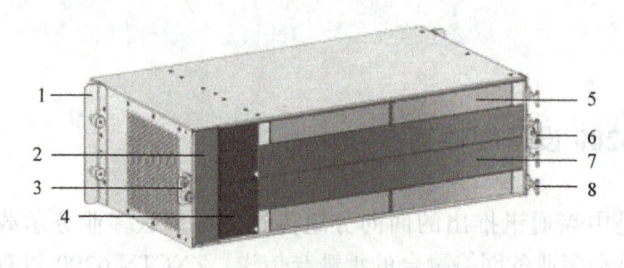

图 8-6 ZXCTN 6200 子架结构外形

1—安装支耳 2—风扇区 3—子架保护地接线柱 4—电源板区 5—业务单板区 6—静电手环插孔
7—交换主控时钟板区 8—走线卡

如图 8-7 所示，ZXCTN 6200 共有 9 个槽位，其中 1、2 号槽位支持 8GE 的业务接入容量；3、4 号槽位支持 4GE 或 10GE 的业务接入容量，当插入 GE 单板时，接入容量为 4GE，当插入 10GE 单板，接入容量为 10GE。功能类单板的槽位固定，业务接口板的槽位不固定。

风扇槽位9	电源板槽位7	槽位 1 低速 LIC 板卡 8Gbit/s	槽位 2 低速 LIC 板卡 8Gbit/s
		槽位 5 交换主控时钟板	
	电源板槽位8	槽位 6 交换主控时钟板	
		槽位 3 高速 LIC 板卡 10Gbit/s	槽位 4 高速 LIC 板卡 10Gbit/s

图 8-7　ZXCTN 6200 单板槽位对应关系

ZXCTN 6200 的单板与插槽的对应关系如表 8-1 所示。

表 8-1　ZXCTN 6200 的单板与插槽的对应关系

槽位号	接入容量	可插单板
1#、2#	8GE	R8EGF、R8EGE、R4EGC、R4CSB、R4ASB、R16E1F、R4GW、R4CPS
3#、4#	4/10GE	R1EXG、R8EGF、R8EGE、R4EGC、R4CSB、R4ASB、R16E1F、R4GW、R4CPS
5#、6#	—	RSCCU2
7#、8#	—	RPWD2
9#	—	RFAN2

ZXCTN 6200 单板槽位如表 8-2 所示。

表 8-2　ZXCTN 6200 单板槽位

单板类型	单板	占用槽位数	插槽位置
处理板	RSCCU2	1	5#、6# 槽位
业务板	R1EXG	1	3#、4# 槽位
	R8EGF	1	1#~4# 槽位
	R8EGE	1	1#~4# 槽位
	R4EGC	1	1#~4# 槽位
	R4CSB	1	1#~4# 槽位
	R4ASB	1	1#~4# 槽位
	R4GW	1	1#~4# 槽位
	R4CPS	1	1#~4# 槽位
	R16E1F	1	1#~4# 槽位
电源板	RPWD2	1	7#、8# 槽位
风扇板	RFAN2	1	9# 槽位

表 8-3 列出了 ZXCTN 6200 单板名称及其含义。

表 8-3　ZXCTN 6200 单板名称及其含义

单板代号	单板名称	名称含义
RSCCU2	主控交换时钟单元板	Switch Control Clock Unit for 6200
R1EXG	1 路增强型 10GE 光口板	1 port Enhanced 10 Gigabit ethernet Fiber interface
R8EGF	8 路增强型千兆光口板	8 ports Enhanced Gigabit ethernet Fiber interface
R8EGE	8 路增强型千兆电口板	8 ports Enhanced Gigabit ethernet ELE interface
R4EGC	4 路增强型千兆 Combo 板	4 ports Enhanced Gigabit ethernet Combo interface
R4CSB	4 路通道化 STM-1 板	4 ports Channelized STM-1 Board
R4ASB	4 路 ATM STM-1 板	4 ports ATM STM-1 Board
R4GW	网关板	Gateway Board
R4CPS	4 端口通道化 STM-1PoS 单板	4-Port Channelized STM-1 PoS Board
R16E1F	16 路前出线 E1 板	16 ports E1 board with Front interface
RPWD2	直流电源板	Power DC board for 6200
RFAN2	风扇板	Fan board for 6200

如图 8-8 所示，ZXCTN 6200 采用集中式架构，以主控交换时钟板为核心，集中完成主控、交换和时钟三大功能，并通过背板与其他单板通信。系统的业务槽位可插入不同的业务单板，对外提供多种业务接口。系统采用两块 1+1 热备份的 –48V 电源板供电，保证设备的安全运行。

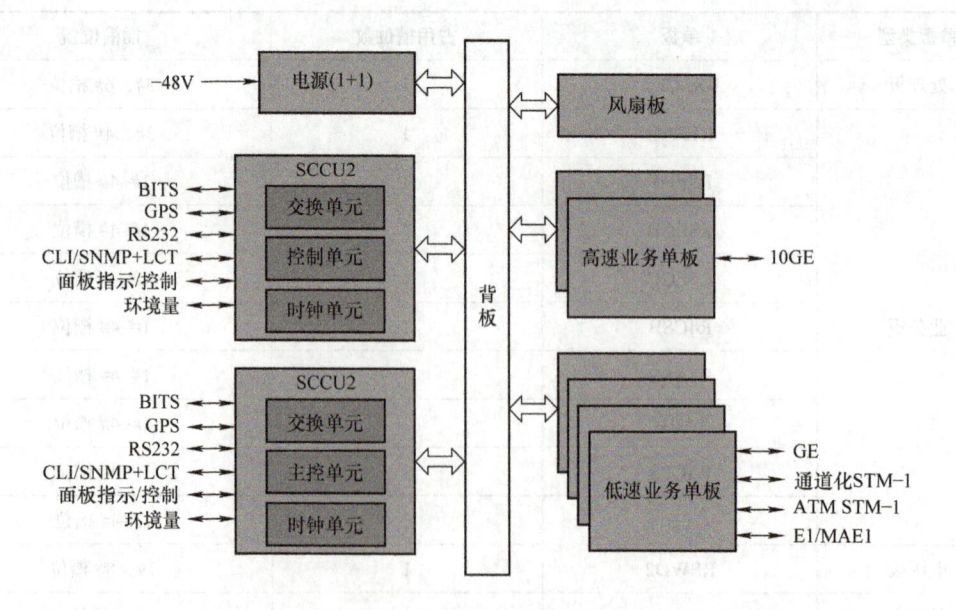

图 8-8　ZXCTN 6200 系统结构

8.3 PTN 网络搭建及 ZXCTN 6200 初始化

8.3.1 初始化准备及规划

（1）工具准备
- 中兴通讯自主研发的 ZXDTP 数据综合测试平台（或超级终端）。
- 安装有数据综合测试平台的便携式计算机。
- 串口线（+USB 接口驱动），若计算机没有串口线，需携带 USB 转串口的配线。
- 交叉网线。

（2）初始化接口连接
- 根据组网和业务需要，选取合适型号的设备，在相应的槽位配置正确的单板。
- 根据组网图所给的连接关系，做好物理连纤工作。
- 用串口线一端的串口连接网管计算机，另一端的网口连到设备的 CON 口上（6100 设备则是 OUT 口）。

（3）数据规划原则
- MCC VLAN：MCC VLAN ID 的范围控制为 3001~4093，其相邻链路段 VLAN ID 不允许相同，U31 网管上自动屏蔽这些 VLAN 值，防止管理 VLAN 和业务 VLAN 冲突；业务 VLAN ID 的范围控制在 2~3000，建议从 17 开始。
- 网元 IP 地址：网元 IP 地址建议和环回地址相同，与物理接口所属 MCC 端口 IP 地址有所区别。网元 IP 地址（环回地址）都要求全网唯一（这里的全网指的是有业务关联的网络内）。
- MCC 端口 IP 地址：每条链路的两个 MCC 端口 IP 地址（或业务端口 IP 地址）必须属于同一网段，不同链路端口 IP 需在不同网段中。

（4）系统文件准备

ZXCTN 系列设备的软件程序、配置文件及其他数据文件都存储在 Flash 卡上，具体文件目录如下。

1）Flash/img/ 设备软件及 boot 升级程序。

2）Flash/cfg/ 设备配置文件，启动加载的配置文件名为 startrun.dat。

① 原有的配置数据以及后续修改的数据都保存在 Flash/cfg/startrun.dat 文件中。

② 设备启动时，系统首先寻找 startrun.dat 加载配置，如果找不到则加载 startrun.old，如果这两个文件都不存在，则以初始无配置启动。

③ 设备初始化时需要先删除 startrun.dat 和 startrun.old 文件，然后执行 reload，使设备以无配置状态启动。之后再下发初始化脚本并使用 write 命令重新创建出新的 startrun.dat。

④ 所以在对设备进行开局初始化的时候，推荐先将原来的 startrun.dat 改名为 startrun1.dat，将原来的 startrun.old 改名为 startrun1.old，然后再配置脚本。

3）Flash/data/ 其他数据。

4）Flash/dataset/ 新版本 Agent 启动文件。

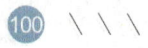

如果是新版本的 Agent，在 Flash 卡上就会有这个 dataset 文件夹，如果此文件夹下有 InitDataSrcFlag 这个文件，则设备从 ros 启动，即从 flash /cfg/startrun.dat 加载配置，如果没有此文件，则从 Agent 启动。

（5）配置说明

配置 MCC 时，所有 PTN 设备应遵循以下原则。

- 每个线路端口都要配置 VLAN，并且 VLAN 的范围为 3001 ~ 4093，以免管理 VLAN 和业务 VLAN 发生冲突。
- 每个 VLAN 都要配置逻辑 IP 地址。

属于同一个 VLAN 的不同物理接口：IP 地址必须在同一个子网内。

属于不同 VLAN 的物理接口：IP 地址不能在同一个网段内。

- 网络为多子网结构时，要求边界网元的接入端口的 OSPF 协议配置为 passive。这样不同子网内的路由不会互相学习，可减小路由表压力。
- 接入环的网元尽量控制在 20 个以内。因为接入环属于同一个管理 VLAN，网元数目过多会导致接入环的 BPDU（Bridge Protocol Data Unit）报文在该 VLAN 域内广播，过度占用环网带宽，影响网络监控甚至业务。

不同 PTN 设备的特定配置要求如下。

- 6100 V1.0 不支持 OSPF 协议，需要配置静态路由；6200 和 6300 支持 OSPF 协议，无须配置静态。
- 6200 和 6300 需要配置路由通告。
- 6200 和 6300 作为接入网元时，接入的网元尽量物理闭合成环，以实现 MCC 监控保护。
- 6200 和 6300 作为接入网元时，需要使用 GE 接口板的某个端口作为与 U3 网管连接的端口。
- 6000 系列设备混合组网时，6100 的 MCC 监控 IP 一般配置为物理接口所属 VLAN 的逻辑 IP；6200 和 6300 的 MCC 监控 IP 地址配置为 MCC 环回 IP。

8.3.2　使用超级终端连接网元

1. 配置前提

TN 设备进行网元初始化时，需要使用超级终端对设备进行初始化操作。启动超级终端前，应确认网管计算机的已经通过串口线与设备相连，此外，用来完成初始化的计算机需要安装串口驱动程序。

2. 配置步骤

1）将 PC 调试串口连接到 PTN 设备的调试接口。不同设备的调试接口位置和名称不相同。6100 的调试接口为前面板的 OUT 接口，6200 和 6300 的调试接口为 RSCCU 板的 CON 接口。

2）在 PC 上，单击"开始"→"程序"→"附件"→"通讯"→"超级终端"，弹出"连接描述"界面，如图 8-9 所示。

图 8-9　"连接描述"界面

3）在文本框中输入新建连接的名称，例如 ZXR10，并为该连接选择图标。

4）选择与设备相连的 PC 串行口，例如 COM1。

5）根据图 8-10，设置所选串行接口的端口属性，单击"确定"按钮，进入超级终端界面。

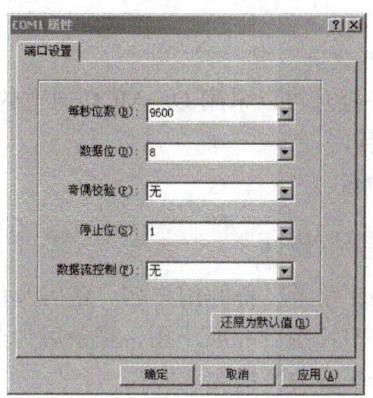

图 8-10　设置所选串行接口的端口属性

3. 相关信息

网元初始化操作需要在全局配置模式下进行，具体的进入方法如下。

1）进入超级终端界面，在提示符"zxr10>"后输入"enable"，按 <Enter> 键。

2）根据提示输入密码 zxr10（出厂默认），按 <Enter> 键，进入特权配置模式，如图 8-11 所示。

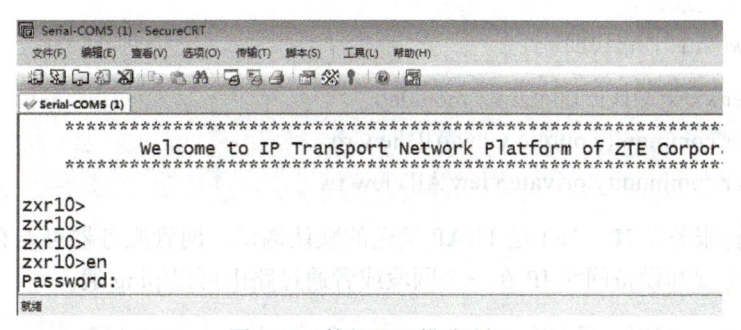

图 8-11　特权配置模式窗口

3）在特权配置模式下，输入"configure terminal"，进行提示符为"zxr10（config）#"的全局配置模式，如图 8-12 所示。

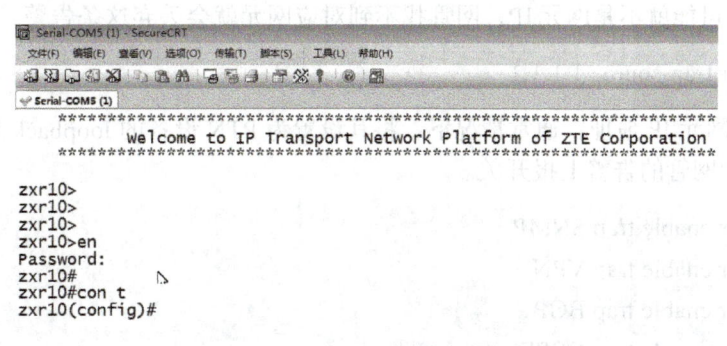

图 8-12　全局配置模式窗口

4）输入"exit"并按 <Enter> 键，可退出全局配置模式并进入特权配置模式。

8.3.3　网元初始化命令介绍

1. TELNET 登录设置

- TELNET 登录可以采用 Qx+MCC 通道的远程模式，也可以采用 LCT 本地模式，还可采用普通业务接口。
- 为设备命名。

hostname 6200-NE1

- 配置 telnet 登录设备的用户名、密码及优先级：一般网管使用默认的用户名 / 口令为 who/who，PTN/PTN 组合一般不用，登录后为全局配置模式。而用户名 / 口令 zte/ecc 为最高级别的用户，登录后为特权配置模式。

username who password who privilege 1
username zte password ecc privilege 15
username PTN password PTN privilege 1

- 显示已创建的用户和权限等级：show username。
- 多用户配置，可允许同时最多 16 个用户登录到某个网元：multi-user configure。

2. 告警信息上报设置

- 配置数据库上下载功能。

snmp-server view AllView internet included
snmp-server community public view AllView ro
snmp-server community private view AllView rw

- 配置网管服务器 IP：162 是 TRAP 发送的默认端口，网管服务器可能有多个网卡多个 IP，这个 IP 一定要和设备网元 IP 在一个网段或者通过路由可以 ping 通。

snmp-server host 195.195.195.111 trap version 2c public udp-port 162

- 配置设备的网元 IP：PTN 告警的上报采用的是 SNMP 中的 TRAP 方式，由设备主动上送网管，TRAP 报文中会包含发送端的 IP，网管通过这个 IP 获取对应的网元；如果不设置，TRAP 报文的 IP 可能就不是网元 IP，网管找不到对应网元就会丢弃这条告警，所以必须设置。

snmp-server trap-source 1.1.1.1

（1.1.1.1 为网元 IP 地址，通常情况下，将其设置为 PTN 设备的 loopback 地址）。

- 打开多种网管的告警上报开关。

snmp-server enable trap SNMP
snmp-server enable trap VPN
snmp-server enable trap BGP
snmp-server enable trap OSPF

```
snmp-server enable trap RMON
snmp-server enable trap STALARM
```

- 打开系统日志开关。

```
logging on
```

- 上报告警等级：设备一共有 8 个告警等级，数字越大，等级越低：1~3 对应网管前 3 个等级（紧急、主要、次要），4~8 对应提示告警，informational 的告警等级是 7，意思是告警等级为 8 的告警就不上报了。告警级别可用 show logging cur 查看。

```
logging trap-enable informational
```

- 设置网管的告警上报时间为北京时间。

```
clock timezone BEIJING 8
```

- 环回地址设置。

```
interface loopback1
ip address 1.1.1.1 255.255.255.0
exit
```

3. 网管接口设置

- 若网管接口为 qx 口，则操作如下。

```
interface qx_4/1
```

（不同版本设备的 qx 口的逻辑序号不同，需要提前确认）。

```
ip address 195.195.195.11 255.255.255.0
exit
```

- 若网管接口为 LCT（Local Craft Terminal）口，则操作如下。

```
nvram mng-ip-address 195.195.195.11 255.255.255.0
```

- 若网管接口为普通业务电口（例：第 8 号槽位的第 8 号），则操作如下。

```
interface gei_8/8
switchport mode access
switchport access vlan 4090
exit
```

注意：网管接口 IP 必须与网管的局域网 IP 在同一个网段。

4. MCC 监控 IP 地址设置

- 设置 MCC 监控 VLAN。

```
vlan 4090
exit
```

vlan 4093
exit

- 设置此 VLAN 对应的三层接口 IP 地址（即设备网管监控通道的 IP 地址）。

interface vlan 4090
ip address 190.168.0.2 255.255.255.0
exit
interface vlan 4093
ip address 193.168.0.1 255.255.255.0
exit

5. 三层端口属性设置

三层端口属性设置：用于设置 MCC 通道的工作模式，Trunk 模式使得网管通信数据包可以在各设备的 MCC 端口间自由转发。

interface xgei_12/1
mcc-vlanid 4093 #将业务端口关联到 MCC-VLAN，目前，只有 6100 需要配置
mcc-bandwidth 2 # 可选配置：MCC 通道带宽，范围为 1~100，单位 Mbit/s，一般设为 2
switchport mode trunk
switchport trunk vlan 4093
switchport trunk native vlan 4093
exit
interface xgei_11/1
mcc-vlanid 4090 #将业务端口关联到 MCC-VLAN，目前，只有 6100 需要配置
mcc-bandwidth 2 # 可选配置：MCC 通道带宽，范围为 1~100，单位 Mbit/s，一般设为 2
switchport mode trunk
switchport trunk vlan 4090
switchport trunk native vlan 4090
exit

6. 生成树协议设置

spanning-tree enable #本命令用于启用生成树协议
spanning-tree mst configuration
instance 1 vlans 4093
exit

配置多生成树。实例 instance 可选范围为 1~4094，MCC 通道的 VLAN 可选范围为 2~4093，因为 1 和 4094 被其他功能口固定占用。

7. OSPF 协议设置

show ip ospf #本命令在全局模式下运行，用于查询设备运行的 OSPF 的 ID
router ospf 1

network 192.168.100.0 0.0.0.255 area 0
network 192.168.103.0 0.0.0.255 area 0
exit

本组命令用于配置所有 IP 地址段的路由通告，使不同 VLAN 可以互通。

8. 路由检测设置

detect-group 1
retry-times 2
time-out 1
detect-list 1 192.168.1.100
exit
ip route0.0.0.0 0.0.0.0 192.168.1.100
ip route0.0.0.0 0.0.0.0 192.168.1.100detect-group 1

本组命令用于配置路由检测，检测的目的是设备端 ping 网管，如果某段链路出现故障，可以提高路由查找速度，提高 MCC 监控可靠性。

同时由于 6100 不支持 OSPF 协议，所以接入环的每个点都需要配置指向 0.0.0.0 的静态路由。

说明：对于 6100 产品，单归属环和双归属环这两种结构的路由检测配置相同。

9. 设备及网管路由设置

route add 192.16.30.0 mask 255.255.255.0 195.195.195.11 –p

本命令用于当网管服务器与设备 MCC 通道的 IP 地址不在同一网段时，在网管服务器上配置路由。192.16.30.0 为 MCC VLAN 所在的 IP 地址网段，掩码为 24 位。195.195.195.11 为与网管服务器 IP 地址在同一网段的 qx 口 IP 地址。–p 代表永久路由，即网管服务器重启后该路由仍然生效。

ip route 195.195.195.0 255.255.255.0 192.16.30.11

本命令用于当网管服务器与 qx 口不在同一网段时，在设备上配置路由。195.195.195.0 为网管服务器所在的 IP 地址网段，掩码为 24 位。192.16.30.11 为与网管服务器直接相连的接入网元的 MCC 通道 IP 地址。可以使用 write 命令保存该配置信息，以便设备掉电重启后此路由仍然生效。

10. 路由通告设置

• 路由通告设置：用于配置所有 IP 地址，包括监控端口、loopback1 和所有启用的线路端口的路由通告，使不同 VLAN 可以互通。

router ospf 1
network 1.1.1.1 0.0.0.0 area 0.0.0.0
network 190.168.0.0 0.0.0.255 area 0.0.0.0
network 193.168.0.0 0.0.0.255 area 0.0.0.0
exit

- 在全局模式下启用 OAM 功能。

no tmpls oam disable

8.4 四网元组网初始化案例

在本次任务中,网络由 4 个网元组成,网元的 Qx 地址、环回地址,以及各接口的 IP 地址如图 8-13 所示,根据 8.3 节所述,4 个网元的命令脚本如下所示。

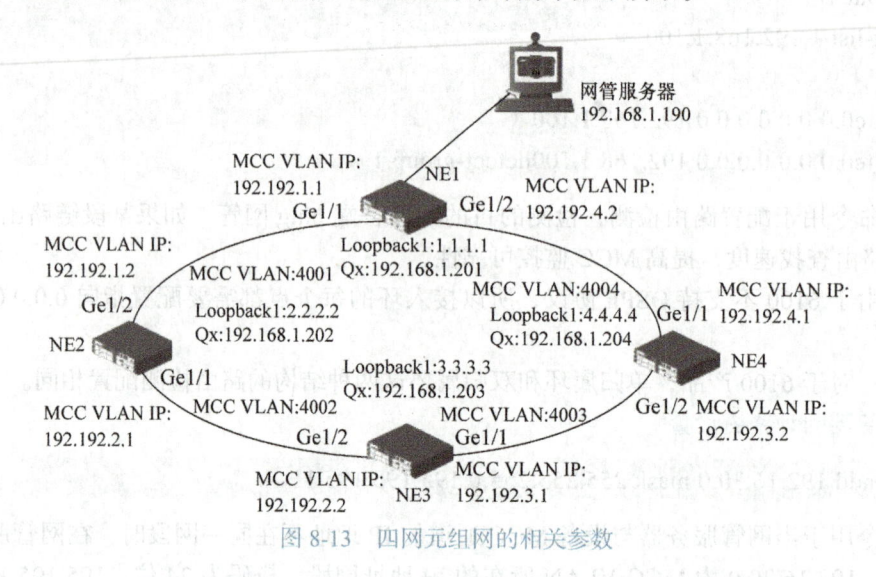

图 8-13 四网元组网的相关参数

8.4.1 网元 1 的命令脚本

hostname 6200_1
username who password who privilege 1
username zte password ecc privilege 15
username PTN password PTN privilege 1

multi-user configure
snmp-server view AllView internet included
snmp-server community public view AllView ro
snmp-server community private view AllView rw
snmp-server host 192.168.1.190 trap version 2c public udp-port 162
//192.168.1.190 为网管服务器的 IP 地址
snmp-server trap-source 1.1.1.1 // 网元的环回地址,可作为网元管理地址
snmp-server packetsize 8192
snmp-server enable trap SNMP

```
snmp-server enable trap VPN
snmp-server enable trap BGP
snmp-server enable trap OSPF
snmp-server enable trap RMON
snmp-server enable trap STALARM

logging on
logging trap-enable informational
clock timezone BEIJING 8
line telnet absolute-timeout 0
line telnet idle-timeout 30
spanning-tree disable

interface loopback1    // 设置环回地址，环回地址每个设备不同
ip address 1.1.1.1 255.255.255.255
exit
vlan 4001 // 创建 MCC VLAN 4001
exit
vlan 4004 // 创建 MCC VLAN 4004
exit
interface gei_1/1  // 设置接口 gei_1/1 所属的 MCC VLAN
mcc-vlanid 4001
switchport mode trunk
switchport trunk vlan 4001
switchport trunk native vlan 4001
exit

interface gei_1/2 设置接口 gei_1/2 所属的 MCC VLAN
mcc-vlanid 4004
switchport mode trunk
switchport trunk vlan 4004
switchport trunk native vlan 4004
exit

interface vlan 4001
ip address 192.192.1.1 255.255.255.0  // 设置 MCC VLAN 4001 的 IP
exit

interface vlan 4004
```

```
ip address 192.192.4.2 255.255.255.0   // 设置 MCC VLAN 4004 的 IP
exit

no dcn en
interface qx1
ip address 192.168.1.201 255.255.255.0   // 设置 Qx 接口 IP
exit


router ospf 1                     //OSPF 路由通告
network 1.1.1.1 0.0.0.0 area 0.0.0.0
network 192.192.1.0 0.0.0.255 area 0.0.0.0
network 192.192.4.0 0.0.0.255 area 0.0.0.0
network 192.168.1.0 0.0.0.255  area 0.0.0.0
```

8.4.2　网元 2 的命令脚本

```
hostname 6200_2
username who password who privilege 1
username zte password ecc privilege 15
username PTN password PTN privilege 1
show username

multi-user configure
snmp-server view AllView internet included
snmp-server community public view AllView ro
snmp-server community private view AllView rw
snmp-server host 192.168.1.190 trap version 2c public udp-port 162
//192.168.1.190 为网管服务器的 IP 地址
snmp-server trap-source 2.2.2.2 //// 网元 2 的环回地址，可作为网元 2 的管理地址
snmp-server packetsize 8192
snmp-server enable trap SNMP
snmp-server enable trap VPN
snmp-server enable trap BGP
snmp-server enable trap OSPF
snmp-server enable trap RMON
snmp-server enable trap STALARM


logging on
```

```
logging trap-enable informational
clock timezone BEIJING 8
line telnet absolute-timeout 0
line telnet idle-timeout 30
spanning-tree disable

interface loopback1
ip address 2.2.2.2 255.255.255.255   // 设置网元 2 的环回地址，可作为网管地址
exit


vlan 4001   // 创建 MCC VLAN 4001
exit


vlan 4002   // 创建 MCC VLAN 4002
exit


interface gei_1/2   // 设置接口 gei_1/2 所属的 MCC VLAN
mcc-vlanid 4001
switchport mode trunk
switchport trunk vlan 4001
switchport trunk native vlan 4001
exit


interface gei_1/1   // 设置接口 gei_1/1 所属的 MCC VLAN
mcc-vlanid 4002
switchport mode trunk
switchport trunk vlan 4002
switchport trunk native vlan 4002
exit


interface vlan 4001   // 设置 MCC VLAN 4001 的 IP
ip address 192.192.1.2 255.255.255.0
exit


interface vlan 4002   // 设置 MCC VLAN 4002 的 IP
ip address 192.192.2.1 255.255.255.0
exit


no dcn en
```

```
interface qx1
ip address 192.168.1.202 255.255.255.0 // 设置 Qx 接口 IP
exit


router ospf 1   //OSPF 路由通告
network 2.2.2.2 0.0.0.0 area 0.0.0.0
network 192.192.1.0  0.0.0.255 area 0.0.0.0
network 192.192.2.0 0.0.0.255 area 0.0.0.0
```

8.4.3 网元 3 的命令脚本

```
hostname 6200_3
username who password who privilege 1
username zte password ecc privilege 15
username PTN password PTN privilege 1
show username


multi-user configure
snmp-server view AllView internet included
snmp-server community public view AllView ro
snmp-server community private view AllView rw
snmp-server host 192.168.1.200 trap version 2c public udp-port 162
snmp-server trap-source 3.3.3.3 // 此两条命令不能缺少，且 IP 地址要配置正确
snmp-server packetsize 8192
snmp-server enable trap SNMP
snmp-server enable trap VPN
snmp-server enable trap BGP
snmp-server enable trap OSPF
snmp-server enable trap RMON
snmp-server enable trap STALARM


logging on
logging trap-enable informational
clock timezone BEIJING 8
line telnet absolute-timeout 0
line telnet idle-timeout 30
spanning-tree disable
interface loopback1 // 设置网元 3 的环回地址，此地址可以作为网元管理 IP
```

```
ip address 3.3.3.3 255.255.255.255
exit

vlan 4002  // 创建 MCC VLAN 4002
exit

vlan 4003  // 创建 MCC VLAN 4003
exit

interface gei_1/1  // 设置接口 gei_1/1 所属的 MCC VLAN
mcc-vlanid 4003
switchport mode trunk
switchport trunk vlan 4003
switchport trunk native vlan 4003
exit

interface gei_1/2  // 设置接口 gei_1/2 所属的 MCC VLAN
mcc-vlanid 4002
switchport mode trunk
switchport trunk vlan 4002
switchport trunk native vlan 4002
exit

interface vlan 4003   // 设置 MCC VLAN 4003 的 IP
ip address 192.192.3.1 255.255.255.0
exit

interface vlan 4002   // 设置 MCC VLAN 4002 的 IP
ip address 192.192.2.2 255.255.255.0
exit

interface qx1    // 设置网元 3 的 Qx 接口 IP
ip address 192.168.1.203 255.255.255.0
exit

router ospf 1 //OSPF 路由通告
network 3.3.3.3 0.0.0.0 area 0.0.0.0
network 192.192.3.0 0.0.0.255 area 0.0.0.0
network 192.192.2.0 0.0.0.255 area 0.0.0.0
```

8.4.4 网元 4 的命令脚本

hostname 6200_4
username who password who privilege 1
username zte password ecc privilege 15
username PTN password PTN privilege 1
show username

multi-user configure
snmp-server view AllView internet included
snmp-server community public view AllView ro
snmp-server community private view AllView rw
snmp-server host 192.168.1.190 trap version 2c public udp-port 162
snmp-server trap-source 4.4.4.4 // 此两条命令不能缺少，且 IP 地址要配置正确
snmp-server packetsize 8192
snmp-server enable trap SNMP
snmp-server enable trap VPN
snmp-server enable trap BGP
snmp-server enable trap OSPF
snmp-server enable trap RMON
snmp-server enable trap STALARM

logging on
logging trap-enable informational
clock timezone BEIJING 8
line telnet absolute-timeout 0
line telnet idle-timeout 30
spanning-tree disable

interface loopback1 // 设置网元 4 的环回地址，此地址可以作为网元管理 IP
ip address 4.4.4.4 255.255.255.255
exit

vlan 4003 // 创建 MCC VLAN 4003
exit

vlan 4004 // 创建 MCC VLAN 4004
exit

interface gei_1/1 // 设置端口 gei_1/1 所属的 MCC VLAN
mcc-vlanid 4004
switchport mode trunk
switchport trunk vlan 4004
switchport trunk native vlan 4004
exit

interface gei_1/2 // 设置端口 gei_1/2 所属的 MCC VLAN
mcc-vlanid 4003
switchport mode trunk
switchport trunk vlan 4003
switchport trunk native vlan 4003
exit

interface vlan 4003   // 设置 MCC VLAN 4003 的 IP
ip address 192.192.3.2 255.255.255.0
exit

interface vlan 4004   // 设置 MCC VLAN 4004 的 IP
ip address 192.192.4.1 255.255.255.0
exit

interface qx1 // 设置网元 4 的 Qx 接口 IP 地址
ip address 192.168.1.204 255.255.255.0
exit

router ospf 1 //OSPF 路由通告
network 4.4.4.4 0.0.0.0 area 0.0.0.0
network 192.192.3.0 0.0.0.255 area 0.0.0.0
network 192.192.4.0 0.0.0.255 area 0.0.0.0

思考与练习

一、填空题

1. 中兴通讯的 PTN 产品包括_____、_____、_____、_____、_____，其中用于城域核心层的是_____、_____。

2. ZXCTN 6200 提供 4 个业务槽位，_____和_____两个槽位为低速业务板槽位，其背板带宽_____；高速业务插槽可以插放速率最高为_____的单板。

3. ZXCTN 6200 子架采用横插式结构，提供 9 个插板槽位，包括_____个主控板槽位、_____个业务单板槽位、_____个电源板槽位和_____个风扇槽位。

4. ZXCTN 6200 的高速业务插板是_____，其速率是_____。

5. R8EGF 提供_____路_____接口；R8EGE 提供_____路_____接口。

6. R4EGC 提供_____路_____接口；R16E1F 提供_____路_____接口。

7. RSCCU2 主要提供_____、_____、_____功能。

8. ZXCTN 6200 设备的电源板为_____，为系统提供_____伏电压供电，保证设备的安全运行。

9. ZXCTN 6200 设备初始化时，串口线一端的串口连接网管计算机，另一端的网口连到设备的_____。

10. MCC VLAN ID 的范围为_____，业务 VLAN ID 的范围为_____。

二、配置规划题

1. 图 8-14 为 ZXCTN 6200 设备面板示意图，某通信站点装有一台该设备，且与其他站点通过光纤连接，光方向数目少于 4 个，该站点所有业务为：6 路 E1，2 路 E3，6 路 1000M 以太网电业务接入，请在面板上安装合适的功能板和业务板（最精简配置）。

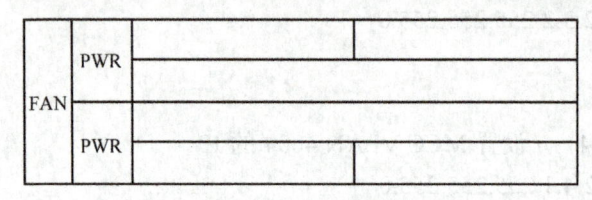

FAN	PWR		
	PWR		

图 8-14　ZXCTN 6200 设备面板示意图

2. 三台 ZXCTN 6200 设备组成如图 8-15 所示的网络，网元 A 为网关网元，请写出各网元的初始化命令脚本（MCC 方式）。

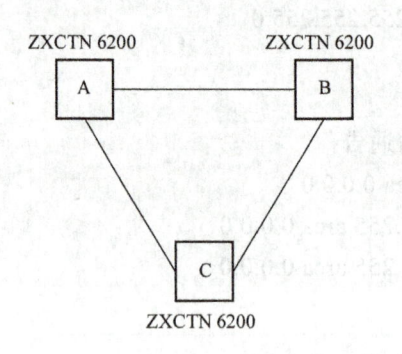

图 8-15　ZXCTN 6200 设备组网示意图

任务 9　使用 U31 网管软件创建 PTN 网络

9.1　任务及情景引入

如图 9-1 所示，某运营商在某市的某行政区域组建一个小型 PTN 传输网，网络由 4 个网元组成，均采用中兴通讯 ZXCTN 6200 分组传送设备，4 个网元的硬件单板已经安装完成，设备的初始化数据配置也已经完毕，监控中心位于网元 PTN1 所在地，现要求工作人员通过中兴传输统一网管软件 NetNumen U31 创建网络，并完成 4 个网元基础数据配置，为配置业务做好基础工作。

通过本次任务，应当完成以下学习目标。

- 掌握中兴 NetNumen U31 传输统一网管软件的功能和组成。
- 掌握中兴 NetNumen U31 的安装方式和登录。
- 掌握使用 NetNumen U31 离线创建 PTN 网元。
- 掌握使用 NetNumen U31 在线创建 PTN 网元。
- 掌握 PTN 网络中网元之间段层的创建。

图 9-1　任务组网示意图

9.2　NetNumen U31 网管软件的介绍和使用

完成所有设备的初始化后，就可以使用 NetNumenU31（以下无特殊说明均简称 U31）网管软件来配置和管理设备了。U31 是基于分布式、多进程、模块化设计的网元级网管系统，它能够统一管理 ZXMP、ZXWM、ZXONE 和 ZXCTN 等系列的光传输设备。U31 提供完善的安全管理、系统管理、配置管理、ASON 管理、视图管理、故障管理、性能管理、维护管理、策略管理和报表管理等功能，支持 TDM、ATM、Ethernet 等多种类型的业务。

NetNumen U31 网管软件介绍

9.2.1　U31 网管软件的功能

（1）安全管理

U31 实施三级安全机制，在客户端、服务器和 Agent 分别有相应的安全措施。每台

U31 服务器有各自的管理域，不同的服务器也可以有管理域的交叉，甚至完全重叠（如主备的 U31 网管）。Agent 层可以控制服务器（包括 LCT）的接入，只有合法的服务器才能接入 Agent。U31 实现的安全管理功能包括：

1）用户管理功能，包括用户角色及用户的查询、创建和删除，用户密码的设置和修改操作权限的查询和设置，以及对用户进行锁定。

2）对操作日志、安全日志和系统日志进行查询。

3）对客户端终端锁屏以及锁屏时间进行设置。

4）对主控板的安全日志、操作日志进行查询。

（2）系统管理

可对主控板数据库、系统数据库完成比较、上下载、清空和备份等操作。U31 实现的系统管理功能包括：①用户登录和退出；②网管数据库的备份和恢复管理；③对服务器的 CPU、硬盘及内存进行性能监控。

（3）配置管理

U31 可以管理 ZXMP、ZXWM、ZXONE 和 ZXCTN 等系列的光传输设备。U31 实现的设备配置管理功能包括：

1）网元管理，包括创建、删除和复制网元，查看和修改网元属性，配置机架、子架等。

2）拓扑连接，包括建立、查询和删除网元之间的单向或双向连接以及网元内的连接。

3）复用段保护，包括复用段保护组、自动保护倒换（Automatic Protection Switching，APS）ID 等，支持保护等级、倒换恢复时间等复用段保护属性设置，支持同一物理光口设置多个复用段。

4）通道保护，支持 WDM 1+1 通道保护、1：N 通道保护和双纤双向通道保护管理。

5）单板保护，支持对各类提供保护的单板进行单板保护设置。

6）SDH 业务配置，可进行群路到群路、支路到群路、群路到支路和支路到支路的业务配置，支持单向、双向业务设置，支持以文本方式查询和配置时隙。

7）WDM 业务配置，支持对接入速率配置、波长上下和波长保护的管理。

8）数据业务设置，支持以太网数据单板 EPL、EVPL、EPLAN、EVPLAN 配置和以太网端口属性配置，支持 ATM 业务管理与 RPR 保护管理。

9）时钟管理，支持时钟源设置、查询、倒换和恢复等，支持标准 SSM 字节管理与中兴通讯自主知识产权的时钟保护协议管理。

10）开销及开销交叉，支持 SDH 开销字节交叉配置、查询和清除。

11）支持 SDH 设备的配置功能，支持对 DWDM、CWDM 设备的配置管理。

12）网元通信管理，包括子架之间通信、网元之间通信和网元之间静态路由管理等。

13）单板自动发现，支持发现那些在设备上安装运行但未在网管上配置的单板并对其进行管理。

14）时钟源配置，支持对全网时钟进行查询配置。

（4）ASON 管理

1）ASON 节点属性管理，配置 ASON 节点管理状态、节点标识和节点信令参数。

2）网络节点接口（Network Node Interface，NNI）管理，配置传送接口、带内控制接口、带外邻居、带外控制接口、控制接口 OSPF 协议管理状态、控制接口 LMP 协议管理状态和传送接口的资源划分。

3）TE 链路管理，配置 TE 链路的权重和 SRLG、链路的资源划分。

4）呼叫管理，包括创建呼叫、删除呼叫、修改呼叫和查询呼叫。

5）SPC 连接管理，包括创建 SPC 连接、查询 SPC 连接、查看 SPC 连接路由图和查看 SPC 连接交叉。

（5）视图管理

在拓扑视图中，可创建用户自定义的视图，按不同的网络布局、不同的视图大小等方法显示拓扑。用户还可通过分组将网元进行分组排列，方便用户管理网络拓扑。

1）在保护视图中，可按保护子网进行查看、创建、删除和修改。对各种保护进行配置。

2）业务视图，可以对全网业务进行业务的查看、创建、删除和修改。

3）以导航树进行资源导航。

4）背景色、背景图的修改，支持全国省份或城市地图调用，用户也可以添加特定地图。

5）拓扑图的保存、锁定和屏幕保护。

6）拓扑图的放大、缩小和恢复，提供缩微图定位功能。

7）拓扑图中网元或业务的状态及告警显示。

8）状态信息查询，统计 U31 网管的告警、事件和维护状态信息。当以上设置或数据发生变化时，通过统一的状态板界面提供动态提示和查询导航功能，方便用户及时监控网络和设备的运行状态。

（6）故障管理

告警设置，包括告警等级、屏蔽、预投入、显示过滤、上报过滤、颜色、声音和告警自动确认时间等，同时支持外部告警的定义。

1）当前、历史告警的查询和打印等。

2）当前、历史保护倒换事件的查询和打印等。

3）当前、历史越门限告警的查询和打印等。

4）告警相关性分析，显示根告警和被抑制告警。

5）历史告警统计。

6）支持告警前转。

（7）性能管理

1）数字量、模拟量性能门限和状态门限设置，性能屏蔽和零性能抑制。

2）性能采集时间设置。

3）存储和报告 15min 和 24h 两类性能事件数据。

4）性能查询、统计，可按性能值状态进行性能查询。

5）通过创建性能任务进行性能数据采集。

6）可进行性能劣化预警。

（8）维护管理

1）设置端口环回、查询所有已环回端口。

2）插入告警、误码。

3）APS 保护倒换的启停、状态监测。

4）1∶N 支路保护倒换、交叉板 1+1 保护和时钟板 1+1 保护管理。

5）单板软复位、单板硬复位、主控板复位。
6）支路再定时。
7）ALS 设置。
8）段开销、通道开销的查询和设置。

9.2.2　U31 网管软件的系统组成

U31 主要包括服务器、数据库、客户端和 Agent（代理）4 个组成部分，各部分之间的关系如图 9-2 所示。

1）服务器：发送管理命令到 Agent，并接收 Agent 上报的各种通知。

2）数据库：对网管的配置数据进行集中存储和管理。

3）客户端：是用户操作界面，不需要保存网管的数据。

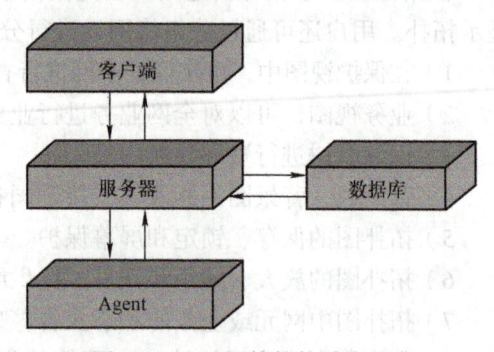

图 9-2　U31 网管软件系统组成

4）Agent：位于网元层，是运行在网元主控板上的模块。Agent 执行从服务器发送来的命令，并将管理对象的各种通知上报给服务器。

9.2.3　启动并登录 U31 网管软件系统

对于 U31 网管，有两种安装模式，一种是典型安装，即服务器端和客户端同时安装的方式；另一种是定制安装，即单独安装客户端，或者单独安装服务器。对于工程应用，作为服务器的主机一般建议同时安装 U31 网管的客户端和服务器端，作为客户端的主机可以仅安装网管客户端。在教学培训环境，若计算机硬件配置较高，则均可将服务器端和客户端同时进行安装。

要登录 U31 网管软件，首先需要启动网管服务器端。

（1）服务器启动

在 Windows 操作平台中，数据库正常情况下都处于启动状态，会自动启动，需注意不要手工在服务器中关闭即可。服务器启动的方法如下。

方法一：直接双击运行桌面生成的快捷方式"NetNumen 统一网管系统控制台"。

方式二：在"开始"菜单下选择"所有程序"→"NetNumen 统一网管系统"→"NetNumen 统一网管系统控制台"，即可进入控制台。

在图 9-3 中，当左侧所有进程前面的标志从"▶"变为"🖥"后，最下面出现"已启动"显示，就可以打开网管客户端进行登录了。

（2）客户端启动

方法一：直接双击运行桌面生成的快捷方式"NetNumen 统一网管系统客户端"。

方法二：选择"所有程序"→"NetNumen 统一网管系统"→"NetNumen 统一网管系统客户端"，进入客户端登录界面。

任务 9　使用 U31 网管软件创建 PTN 网络

选择上述任一方法后，会弹出客户端登录界面，如图 9-4 所示。

图 9-3　服务器启动界面

这里的服务器地址，是指服务器端的安装并启动的主机地址，如果服务器端是和客户端同时安装在同一台计算机上，则服务器地址为 127.0.0.1；如果服务器端是安装在专用服务器主机上，则输入该服务器主机的 IP 地址，比如本次任务中的 192.168.1.190 服务器的地址。单击"确定"按钮即可登录进入 U31 网管软件拓扑管理界面，如图 9-5 所示。

图 9-4　客户端登录界面

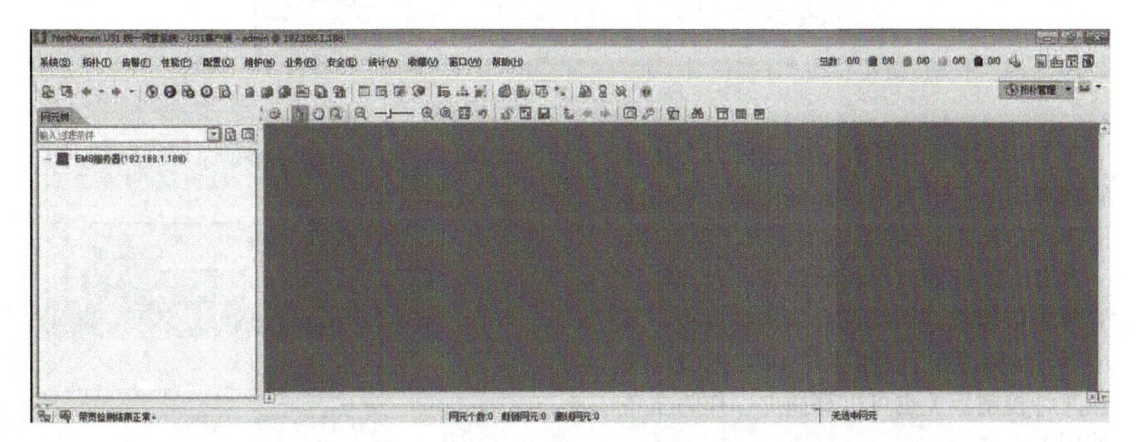

图 9-5　U31 网管软件拓扑管理界面

9.3 使用 U31 软件创建 PTN 网络

9.3.1 创建离线网元和网络

离线网元和网络的创建过程如下。

1）在图 9-5 拓扑管理界面的空白处，单击鼠标右键，在新建窗口中选择"新建对象"→"新建承载传输网元"，弹出如图 9-6 所示界面，并按照以下设置进行输入或选择。

网元名称：A（或输入其他便于操作人员标识的名称）。
网元设备类型：ZXCTN 6200。
IP 地址：192.1.1.1（可任意输入合法 IP）。
在线离线：离线。
然后单击"应用"按钮。

使用 U31
网管软件创建
PTN 网络

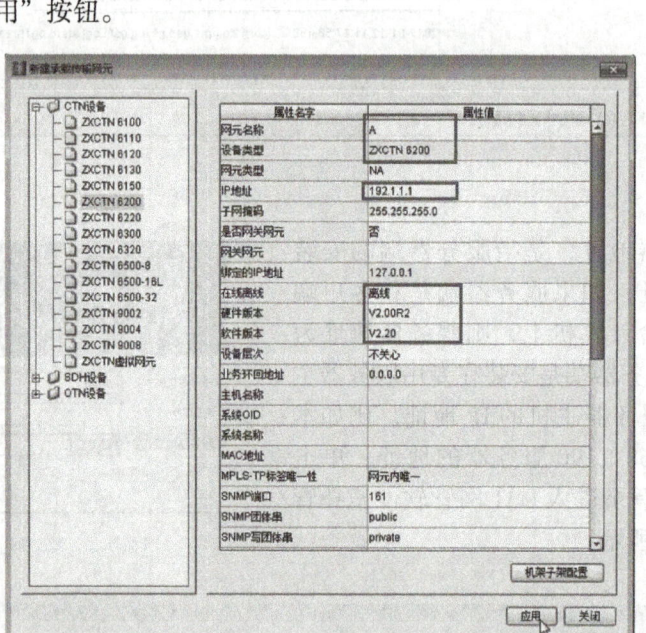

图 9-6 创建离线网元

2）离线网元创建完成之后，在拓扑管理界面上会出现网元 A 的图标，双击该图标，出现如图 9-7 所示的网元子架框图，一共有 6 个可插放单板的位置。在插槽位置单击鼠标右键，可进行单板的插拔。其中 5 号或 6 号位置必须插一块 RSCCU2 交换时钟控制板（也可以都插上，作为主备使用）。

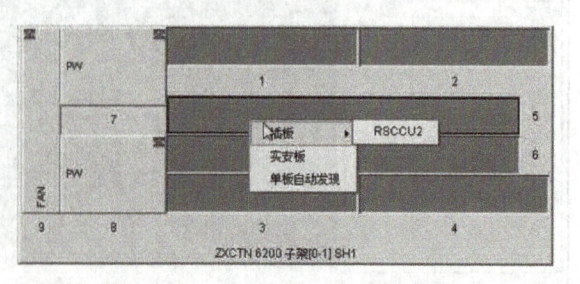

图 9-7 ZXCTN 6200 子架框图

在本例中，在 1 号位置可以插一块以太网光接口板 R8EGF，用于网元间的光纤连接，2 号插槽位置插一块 R8EGE 以太网电接口板，用于业务的接入。读者也可根据业务需求选择业务单板，如图 9-8 所示。

3）用同样的方法创建离线网元 B、C、D，网元的 IP 地址设为 192.1.1.2~192.1.1.4。

注意：离线网元的图标是灰色的。

4）网元间的线缆连接。本例中，网元之间的连接是通过 R8EGF 的以太网光接口进行的，R8EGF 共有 8 个千兆以太网光接口，每个网元只使用两个接口就能完成组网需求，如图 9-9 所示。

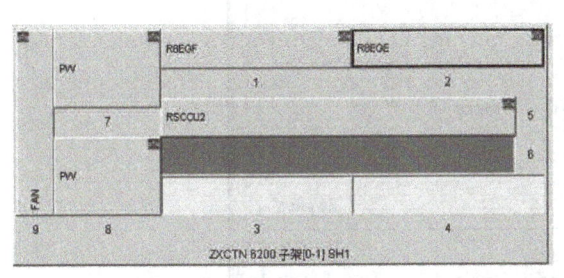

图 9-8　插板完成的子架框图　　　　图 9-9　网元间连接的端口关系

在拓扑管理界面，选中 4 个网元，单击鼠标右键选择"线缆连接"，弹出如图 9-10 所示界面。以网元 A 和网元 B 的连接为例，A 端：选中网元 A 的 R8EGF-ETH:1；Z 端：网元 B 的 R8EGF-ETH:2。单击下方的"应用"按钮。

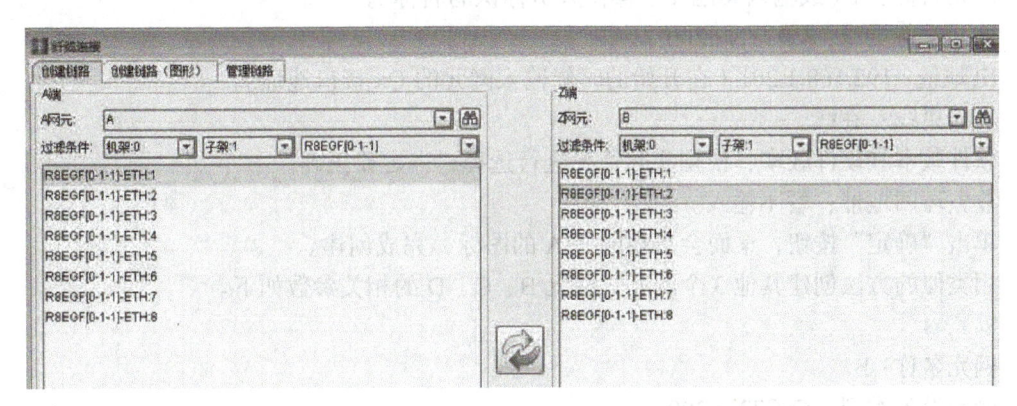

图 9-10　网元间线缆连接配置界面

用同样的方法完成其他网元之间的线缆连接，离线网络创建完成的效果如图 9-11 所示。

9.3.2　创建在线网元和网络

在线网元和网络的创建过程如下。

1）在图 9-5 拓扑管理界面的空白处，单击鼠标右键，选择"新建对象"→"新建承载传输网元"，弹出图 9-12 所示界面。

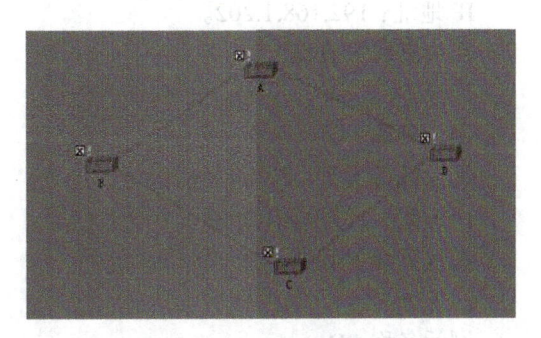

图 9-11　离线网络创建完成

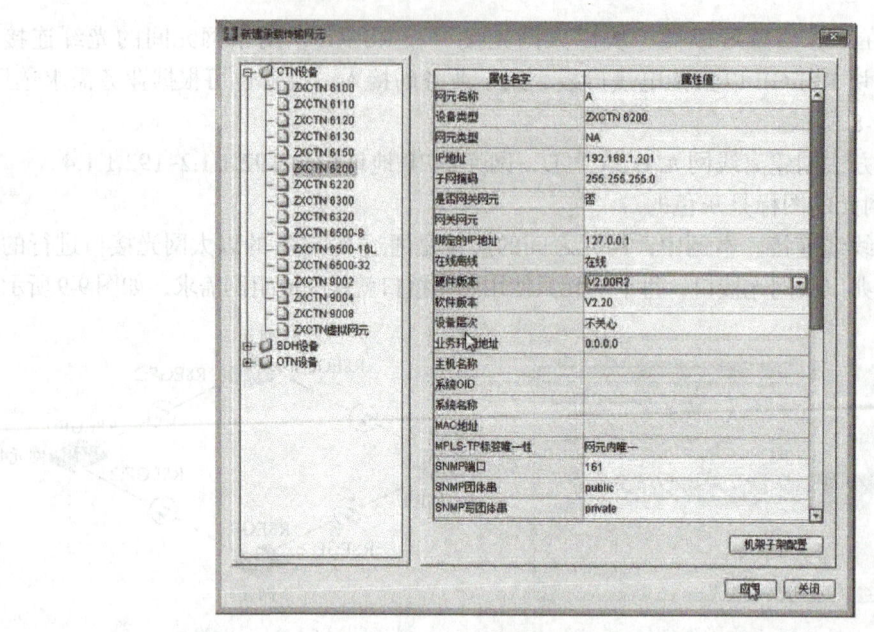

图 9-12　新建承载传输网元

在图 9-12 中，按照以下设置进行输入或选择。

网元 A

网元名称：A（或输入其他便于操作人员标识的名称）。

网元设备类型：ZXCTN 6200。

IP 地址：192.168.1.201（在开始的时候输入网元的 Qx 接口地址）。

在线离线：在线。

软件版本和硬件版本：根据实际情况进行选择，一定要正确。

业务环回地址：暂不输入。

单击"确定"按钮，桌面会出现网元 A 的图标，完成创建。

用类似的方法创建其他 3 个网元，网元 B、C、D 的相关参数如下。

网元 B

网元名称：B。

网元设备类型：ZXCTN 6200。

IP 地址：192.168.1.202。

在线离线：在线。

网元 C

网元名称：C。

网元设备类型：ZXCTN 6200。

IP 地址：192.168.1.203。

在线离线：在线。

网元 D

网元名称：D。

网元设备类型：ZXCTN 6200。

IP 地址：192.168.1.204。
在线离线：在线。
完成配置后，拓扑管理界面如图 9-13 所示。

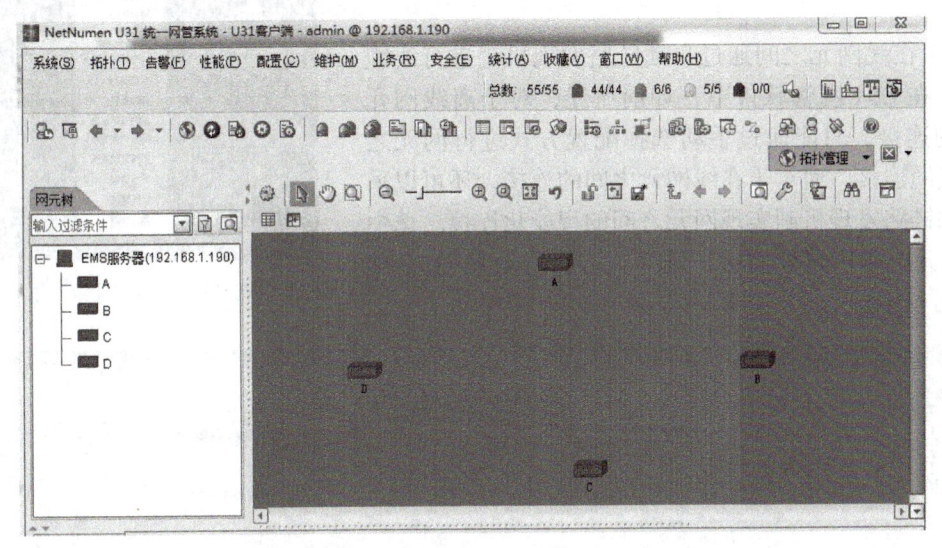

图 9-13　4 个网元的拓扑管理界面（未连接线缆）

说明：网元图标灰色表示网管与网元失联，红色表示网元有告警；图标左上角的圆形 × 表示当前网元配置和设备真实配置数据库不同步。

2）双击网元图标，打开网元机架图，如图 9-14 所示，可根据实际配置对网元的单板进行安装。

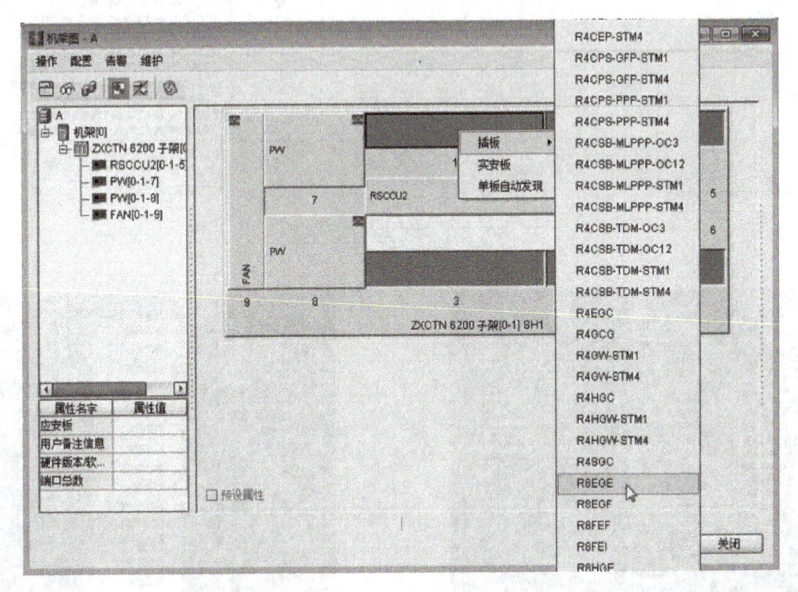

图 9-14　网元机架图

如果事先已经完成了网元的单板配置，可直接将网元的配置数据库上载到客户端。选中 4 个网元，单击鼠标右键，如图 9-15 所示，选择"数据同步"。

弹出如图 9-16 所示界面，选择"全部"，单击"上载入库"按钮。

同步完成后，网元的不同步标记消失，如图 9-17 所示。

3）在线网元之间通过自动链路发现机制进行线缆连接。在 U31 网管软件下，如前所述，对于离线网元之间的连接，只能通过手动选择配置方式进行网元之间的线缆连接，而对于在线网元之间的连接，还可以采用自动链路发现机制实现网元之间的智能化连接。选中 4 个网元，单击鼠标右键，选择"链路自动发现"，如图 9-18 所示。

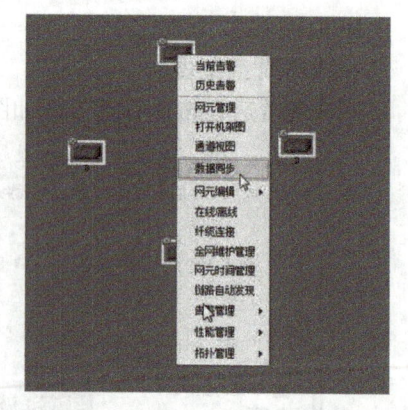

图 9-15 "数据同步"操作

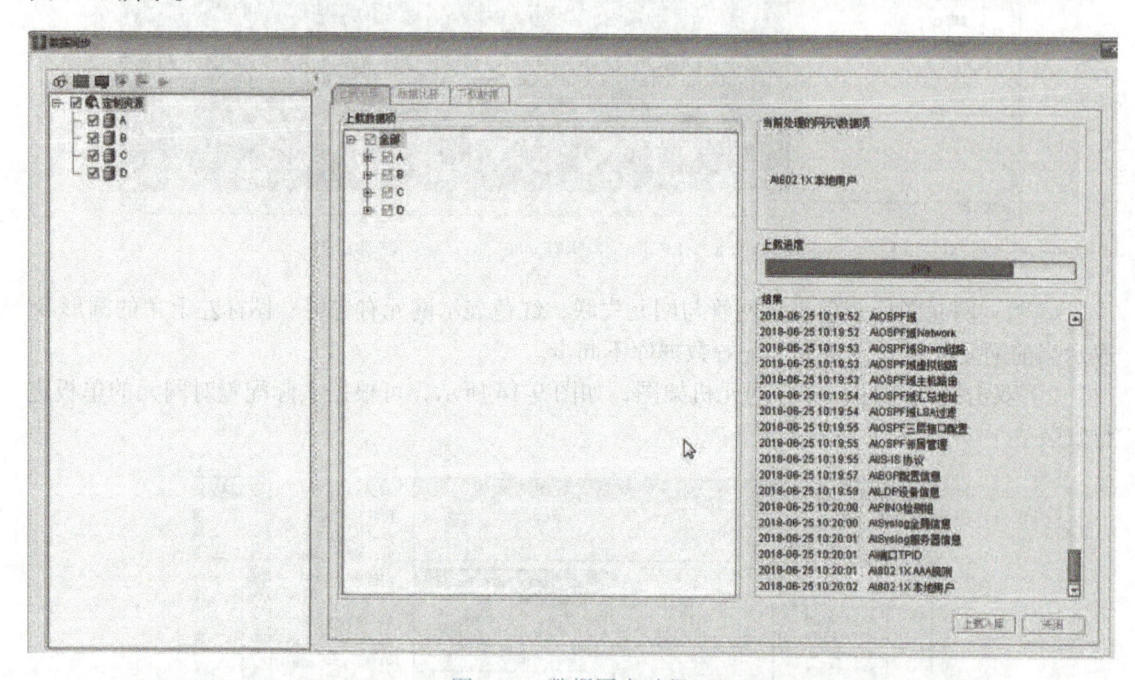

图 9-16 数据同步过程

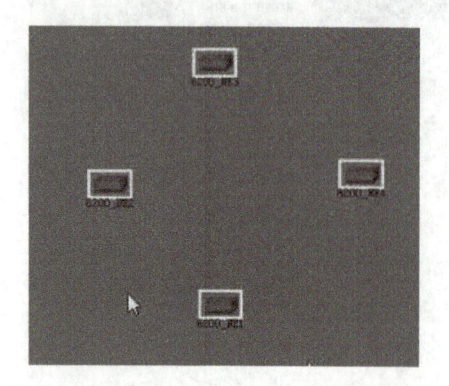

图 9-17 同步后的网元图标　　图 9-18 执行链路自动发现

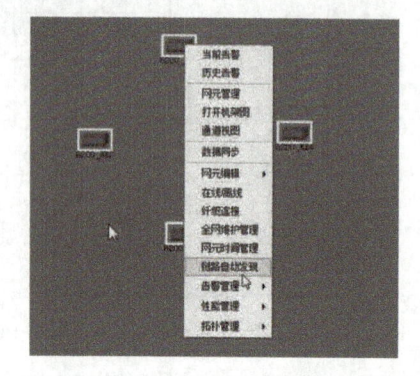

在弹出的如图 9-19 所示界面中，勾选"自动按策略执行"并单击上方的自动发现按钮。

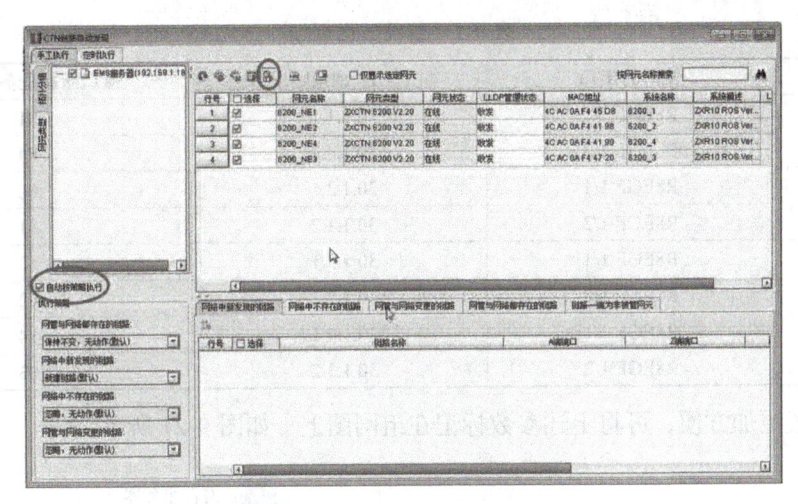

图 9-19　链路自动发现操作界面

完成光纤连接后，网络的拓扑界面如图 9-20 所示。

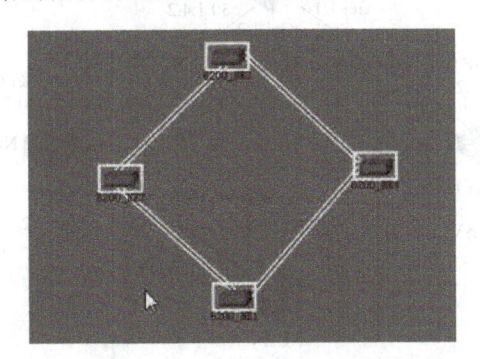

图 9-20　四网元网络拓扑界面

9.4　创建网元之间的段层 TMS

配置业务的基础是完成网元间段层的建立，当所有基础数据完成并获取到相邻网元的物理地址后，段层就建立完成，下面主要介绍网元基础数据的配置。

9.4.1　基础配置数据规划

基础数据的规划主要是针对网元的三层子接口而言，主要包括 3 个方面内容。
1）每个网元使用的接口（此项内容应根据设备实际所连接的物理端口进行选择）。
2）所使用的接口属于 VLAN（注：业务 VLAN ID 范围应在 2~3000，建议从 17 开始）。
3）该接口的 IP 地址（VLAN 子接口地址）。
说明：点到点链路的物理接口 IP 地址需配置在同一个网段，且应属于同一个 VLAN，基础数据规划如表 9-1 所示。

表 9-1　基础数据规划

网元	使用的接口	IP 地址	接口所属业务 VLAN
NE1	R8EGF 1/1	30.1.1.1	81
	R8EGF 1/2	30.1.4.2	84
NE2	R8EGF 1/1	30.1.2.1	82
	R8EGF 1/2	30.1.1.2	81
NE3	R8EGF 1/1	30.1.3.1	83
	R8EGF 1/2	30.1.2.2	82
NE4	R8EGF 1/1	30.1.4.1	84
	R8EGF 1/2	30.1.3.2	83

为了配置更加方便，可将上述参数标记在组网图上，如图 9-21 所示。

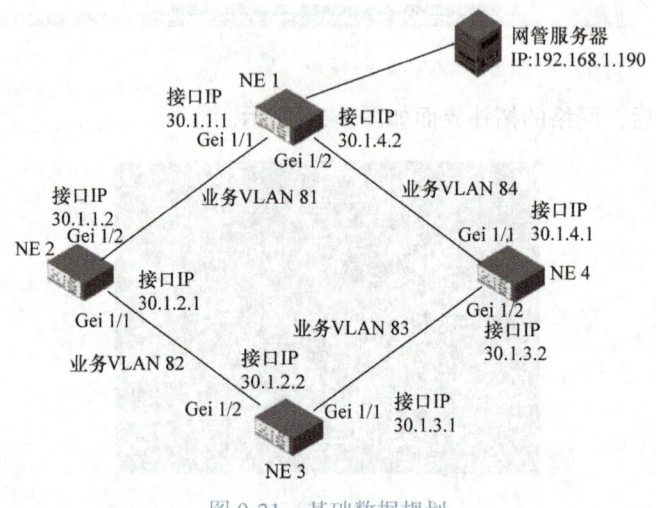

图 9-21　基础数据规划

9.4.2　段层创建过程

基础数据配置大体上可以分为以下 4 个步骤：VLAN 接口配置、三层接口 / 子接口配置、ARP 配置（离线网元不需配置）和静态 MAC 地址配置（离线网元不需配置）。

（1）VLAN 接口配置

1）选中所有网元，单击鼠标右键，选择"网元管理"，如图 9-22 所示。

2）在弹出的页面中，选中"网元 6200 NE1"，在页面左下区域，单击"接口配置"→"VLAN 接口配置"，如图 9-23 所示。

3）在弹出的页面下方，单击"增加"按钮，如图 9-24 所示。

4）在图 9-24 所示的界面中，输入"81"，单击"确定"按钮，再输入"84"，为 6200_NE1 分别创建 2 个业务，即 VLAN 81 和 VLAN 84。网元 1 完成 VLAN 创建界面如图 9-25 所示。

5）接下来，将网元所使用的物理接口拖曳到刚才创建的 VLAN 中，如图 9-26 所示。

PTN 网元间段层的创建

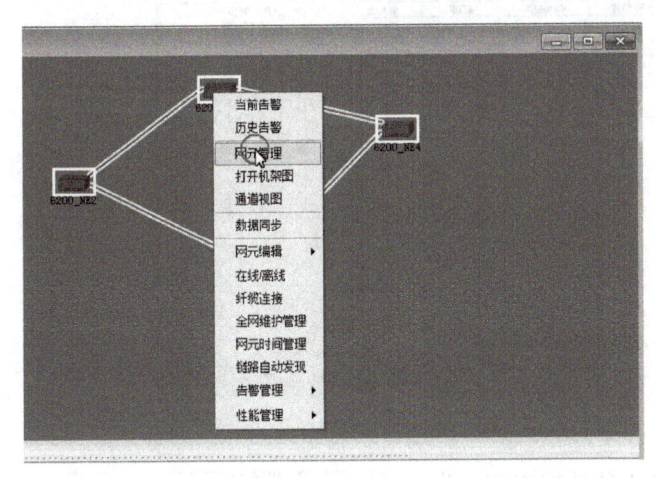

任务 9　使用 U31 网管软件创建 PTN 网络

图 9-22　"网元管理"选项

图 9-23　"VLAN 接口配置"选项

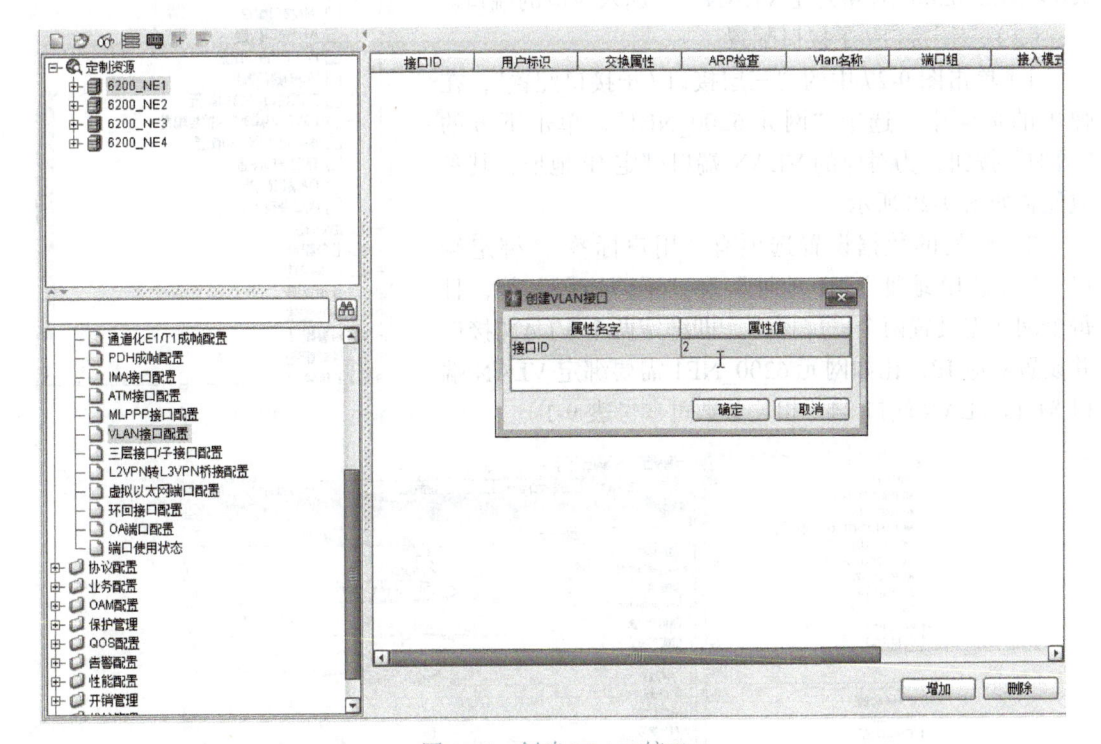

图 9-24　创建 VLAN 接口

图 9-25　网元 1 完成 VLAN 创建界面

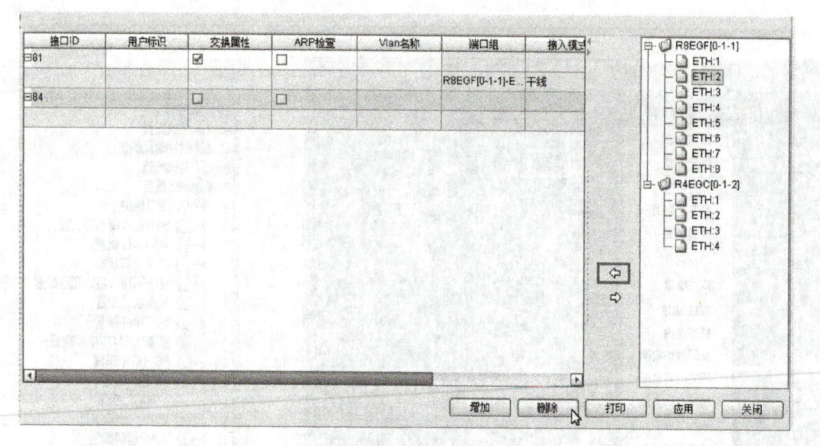

图 9-26 将物理接口拖曳到所创建的 VLAN 中

6）用同样的操作方法，参考表 9-1 的数据规划，为 6200_NE2~6200_NE4 创建 VLAN，并加入对应的端口。

（2）三层接口 / 子接口配置

1）单击图 9-27 中的"三层接口 / 子接口配置"，在弹出的页面中，选中"网元 6200_NE1"，单击下方的"增加"按钮，为对应的 VLAN 端口绑定 IP 地址，其参数配置如图 9-28 所示。

2）此处的数据设置选项有"用户标签""绑定端口""指定 IP 地址""IP 地址"和"子网掩码"等，且每个网元需设置两个三层接口，即绑定两个 VLAN 接口并设置对应 IP，比如网元 6200_NE1 需要绑定 VLAN 端口 81 和 VLAN 端口 84（相关参数可参考表 9-1）。

图 9-27 "三层接口 / 子接口配置"选项

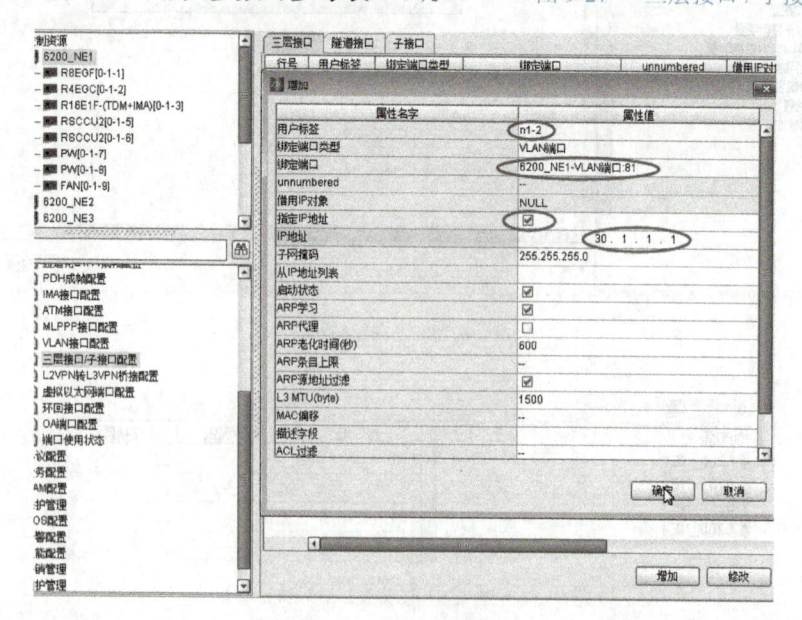

图 9-28 三层接口参数配置

任务 9 使用 U31 网管软件创建 PTN 网络

3）单击"确定"→"应用"按钮,完成网元 6200_NE1 的三层接口设置,如图 9-29 所示。

行号	用户标签	绑定端口类型	绑定端口	unnumbered	借用IP对象	指定IP地址	IP地址	子网掩码
+1	n1-2	VLAN端口	6200_NE1-VLAN端口:81	--	NULL	✓	30.1.1.1	255.255.25.
+2	n1-4	VLAN端口	6200_NE1-VLAN端口:84	--	NULL	✓	30.1.4.2	255.255.25.

图 9-29 网元 1 完成三层接口参数配置的界面

4）用同样的方法,为网元 6200_NE2~6200_NE4 绑定对应的 VLAN 接口和对应参数。

（3）ARP 配置

对于离线网元构成的网络,不需要进行 ARP 和静态 MAC 地址的配置,即完成段层的建立。对于在线网元,还需要进行 ARP 条目和静态 MAC 地址的获取。

1）单击"协议配置"→"ARP 配置",为网元的端口获取 ARP 条目,如图 9-30 所示。

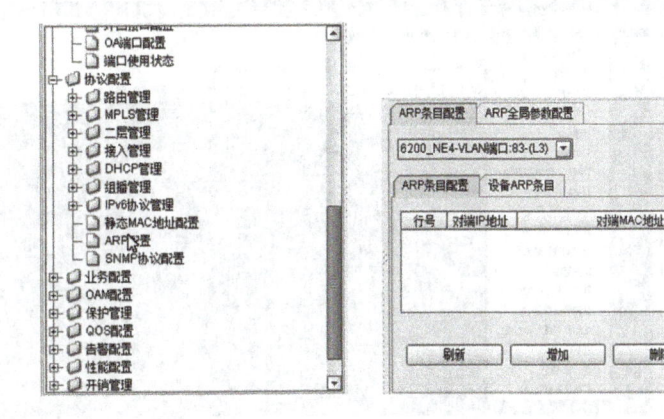

图 9-30 网元获取 ARP 条目操作界面

2）单击"自动"按钮进行获取,并单击"应用"按钮,如图 9-31 所示。

注意：在本次任务中,每个网元使用两个接口连接相邻网元,因此应有两个 ARP 条目。

图 9-31 接口获得 ARP 条目后的界面

3）用同样的方法,为网元 6200_NE2~6200_NE4 获取对应的 ARP 条目。

（4）静态 MAC 地址配置

1）在图 9-32 中,单击接口配置中的"静态 MAC 地址配置"。

2）在弹出的如图 9-33 所示页面中,选中 6200NE_1 网元,单击顶端的"MAC 地址条目"选项,然后单击"自动"按钮,为网元获取 MAC 地址条目,这里每个网元均可获得两条对应的 MAC 地址。

3）用同样的方法,为网元 6200_NE2~6200_NE4 配置静态 MAC 地址。

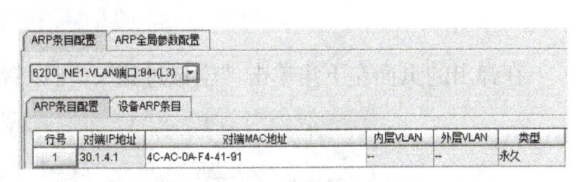

图 9-32 "静态 MAC 地址配置"选项

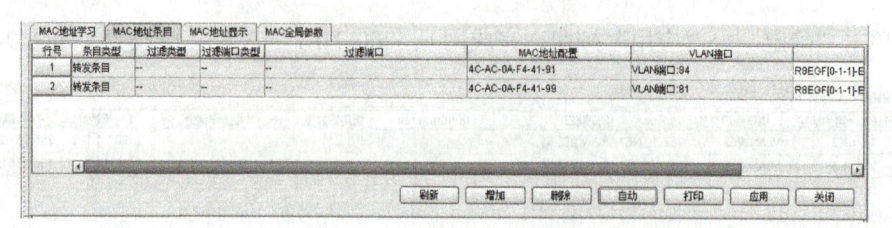

图 9-33　网元获取 MAC 地址条目

9.4.3　查询段层创建配置结果

上述步骤完成后，在拓扑视图下，在"业务"菜单中单击"业务管理器"，如图 9-34 所示。

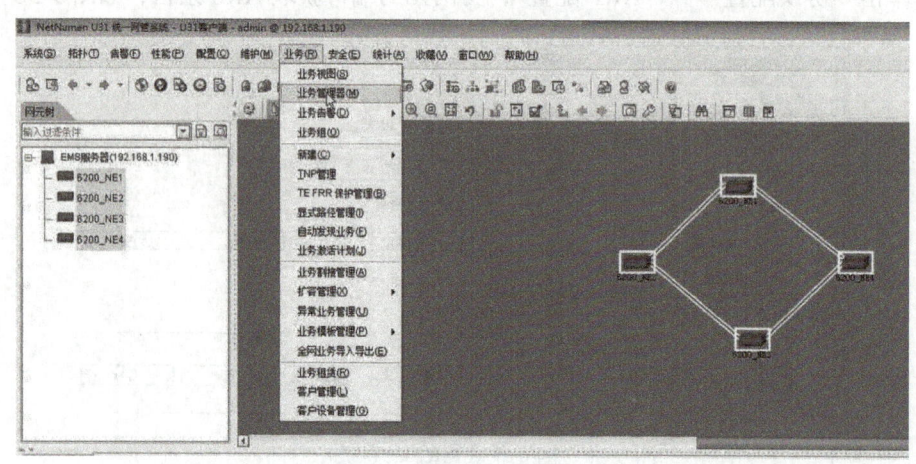

图 9-34　业务菜单

在弹出的页面左下角单击"全量过滤"，可以看到网元之间有 4 个段层 TMS，如图 9-35 所示。

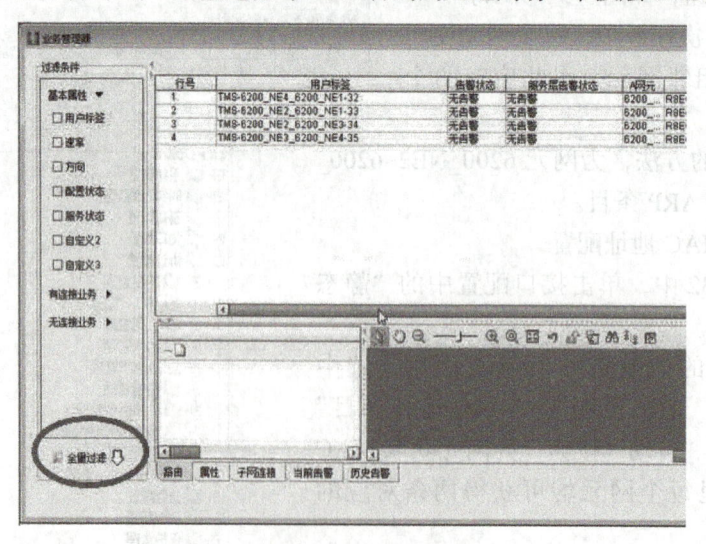

图 9-35　查询到的 4 个段层 TMS

至此，随着基础数据的配置完成，段层也创建完毕。

思考与练习

一、填空题

1. U31 可以管理中兴通讯公司的_____、_____、_____和_____等系列的光传输设备。

2. U31 主要包括_____、_____、_____和 Agent（代理）4 个组成部分。

3. 对于 U31 网管，有两种安装模式，一种是典型安装，即_____；另一种是定制安装，即_____；要登录 U31 网管软件，首先需要启动_____。

4. 离线创建网元间的 TMS 段层时，不能进行_____和_____操作。

5. ZXCTN 6200 设备中，必须安插的单板是_____。

6. 对于 ZXCTN 6200 设备，可以用于网元间光纤连接的单板有_____、_____、_____。

7. 在创建段层的过程中，通过 ARP 获得的 MAC 地址条目是_____。

二、简答题

1. 简述 U31 网管软件的功能。
2. 简述创建网元段层的过程。

三、实训题

AP 某电力公司分局的农网调度传输网由 4 个站点和 4 台中兴通讯公司的 ZXCTN 6200 设备构成，传输的业务包括语音、图像、以太网数据等。设备的初始化已经完成，网元 1 为接入网元，现要求工程师对设备进行基本数据规划与段层配置，使用户可以在 4 个站点之间配置各种业务，其组网图如图 9-36 所示。

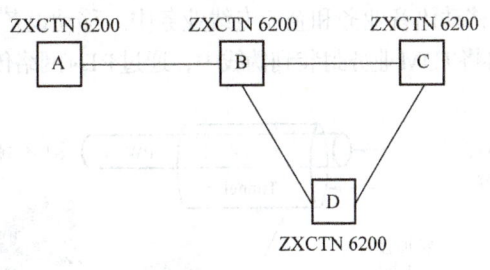

图 9-36 某组网图

任务 10　E1 电路业务配置

10.1　子任务 1：TDM E1 业务配置

10.1.1　任务及情景引入

（1）TDM 业务概述

PTN 网络近年来开始启动大规模建设，主要用于承载基站回传业务和集团客户专线业务。而运营商已存现网的语音业务主要由 TDM E1 所承载，PTN 利用 PWE3（Pseudo-Wire Emulation Edge to Edge）伪线仿真技术以及 1588V2 时间同步技术，可以满足 2G 基站 TDM 业务对传输网 0.05ppm 的时钟同步精度要求，并能满足业务中断时间小于 50ms 的电信级保护要求，因此 PTN 可以有效承载 TDM E1 基站回传业务。

ZXCTN 6200 采用 CES 电路仿真技术，在分组传送网络上实现 TDM 电路交换数据的业务透传。ZXCTN 6200 支持 TDM E1 业务和通道化 STM-1 业务的仿真透传。本次子任务将以 ZXCTN 6200 设备为例，来详细介绍 TDM E1 的配置过程。

（2）TDM 业务模型

TDM 业务主要应用在移动语音业务和企业专线业务中。移动设备或企业专线通过 TDM 业务接口接入 PTN 设备，设备再将 TDM 业务封装到伪线中，通过 PTN 网络传送到远端，如图 10-1 所示。

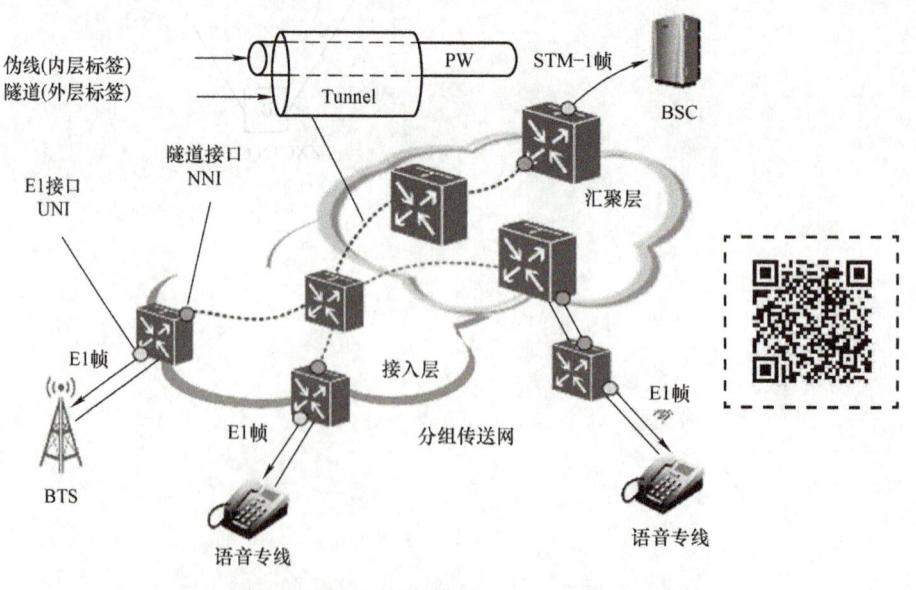

图 10-1　TDM 业务模型

10.1.2 TDM E1 仿真原理

ZXCTN 6200 支持结构化和非结构化的 TDM 电路仿真，能够通过向报文中添加标识符区分不同的 TDM 电路仿真数据流。E1 电路接口符合 ITU-T G.703 要求，电路仿真符合 ITU-T I.363 和 AF-VTOA-0078 ATM 论坛电路仿真指导。

（1）结构化（SDT）电路仿真

结构化电路仿真对 TDM 帧进行帧定界和识别非空闲时隙，从 E1 数据流分离 1 个或多个时隙（64kbit/s）字节。对于 TDM 帧中的空闲时隙，结构化电路仿真能够不做传送，只将 CE 设备有用的时隙从 E1 业务流中提取出来封装成伪线报文进行传送。

在结构化电路仿真方式下，其目的是丢弃 TDM 数据流中无用的时隙，仅把用户使用的时隙从 TDM 业务流中提取出来封装为 PW 报文传送到远端，实现时隙压缩。

（2）非结构化（UDT）电路仿真

非结构化电路仿真无须考虑 TDM 帧边界，将 TDM 数据流（全部 64kbit/s 时隙）封装成伪线报文进行传送。

在非结构化电路仿真方式下，由于不能识别和处理 TDM 帧结构和 TDM 帧中的信令等信息，TDM 业务只做透明传输。

国内 E1 是采用欧洲标准，每条 E1 里面划分 32 个时隙，分别为 0~31 时隙，每个时隙为 64kbit，即 32×64kbit=2048kbit，约等于 2Mbit，因为业内也有人称 E1 为"2M"。在实际应用中，E1 又分为成帧与非成帧格式。

通俗地说，成帧格式就是将 E1 所承载的数据封装成一个一个的"小包"，有顺序地进行传输。而成帧格式又分为 30 格式和 31 格式，30 格式就是指 E1 的 0 时隙和 16 时隙用于其他用途，1~15 时隙、17~31 时隙用于承载有效用户数据；31 格式就是 0 时隙用于其他用途，1~31 时隙均可用于承载有效用户数据。

简单地说，非成帧格式就是并不打"包"，将 E1 的 0~31 个时隙无顺序地进行传输，而这 32 个时隙都可用于承载有效的业务数据。

10.1.3 TDM E1 业务配置规划

（1）业务需求

基站收发台（Base Transceiver Station，BTS）与基站控制器（Base Station Controller，BSC）间有 2G 语音业务的传输需求。BTS、BSC 均与本地的 PTN 设备连接，BTS 通过 E1 与 NE1 连接，BSC 通过 E1 与 NE2 连接，两站之间的业务需求如表 10-1 所示。

表 10-1　BTS 和 BSC 之间的业务需求表

用户	业务分类	业务类型	业务节点（占端口数）	业务节点（占端口数）	带宽需求
BTS-BSC	2G 语音业务	E1 业务	NE1（1）	NE2（1）	CIR=PIR=2Mbit/s

（2）组网

TDM E1 业务组网和端口分配如图 10-2 所示。

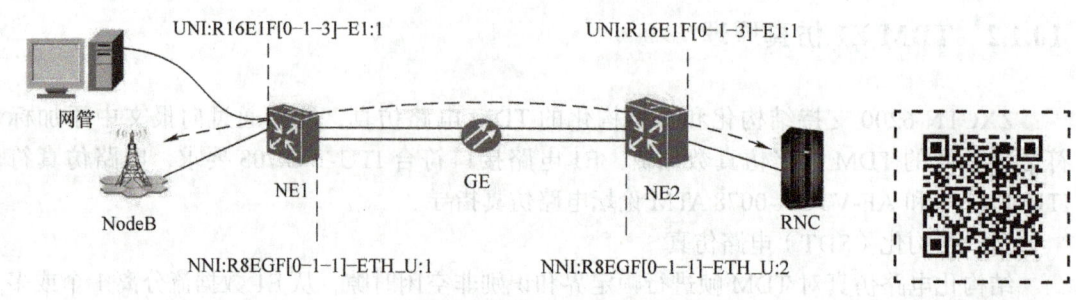

图 10-2　TDM E1 组网图

（3）网元规划

根据业务组网拓扑，网络各网元的规划如图 10-3 所示。

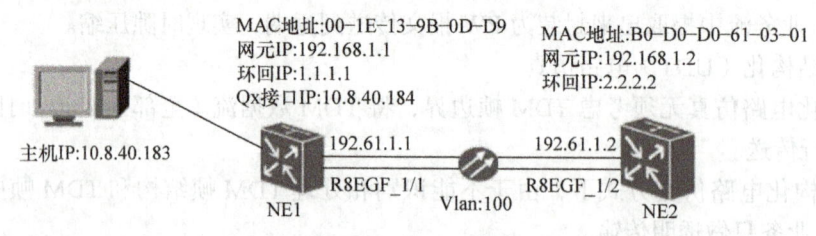

图 10-3　网元规划图

NE1 和 NE2 的业务单板配置信息如表 10-2 和表 10-3 所示。

表 10-2　网元 NE1 的业务单板配置列表

槽位	单板名
1	R8EGF
3	R16E1F

表 10-3　网元 NE2 的业务单板配置列表

槽位	单板名
1	R8EGF
3	R16E1F

（4）业务规划

由于 2G 语音业务只在两点网元之间存在，业务规划如下。

配置一条 PW 承载 2G 业务。用于承载业务的 PW，需要用隧道进行承载。配置一条隧道承载该 PW。根据业务对带宽的需求，可采用"PW 带宽设置"的方式实现。本例中的隧道、伪线和 E1 业务采用端到端配置方式。

注意：对于 TDM E1 业务和 ATM 业务，所需的伪线可在创建业务时由网管软件自动生成，为了读者更好地掌握伪线的创建过程，本次任务采用手动方式创建伪线。

10.1.4　TDM E1 业务配置流程

（1）基础配置

在配置 TDM E1 业务前，请确保在 U31 网管中完成了创建网元、上载数据库配置单板、创建光纤连接、配置时钟源、同步网元时间等基础操作，并按网元规划完成了端口参数的配置。接口参数配置如表 10-4 所示。

（2）TDM E1 业务的总体流程

E1 业务的总体流程如表 10-5 所示。

TDM E1 业务配置

表 10-4　接口参数配置

接口配置项		NE1	NE2
VLAN 接口	接口 ID	100	100
	端口组	R8EGF 用户以太网端口：1	R8EGF 用户以太网端口：2
IP 接口	IP 地址	192.61.1.2	192.61.1.1
	子网掩码	255.255.255.0	255.255.255.0
	绑定端口	100	100

表 10-5　E1 业务的总体流程

步骤	描述	菜单位置
1	配置 PDH 端口成帧方式	在拓扑视图中，右击网元 NE1，弹出网元管理界面，选择"接口配置"→"PR16E1F"→"PDH 成帧管理"
2	配置端到端隧道	在业务视图中，单击鼠标右键，选择"新建"→"新建静态隧道"
3	配置端到端伪线和 TDM E1 业务	在业务视图中，单击鼠标右键，选择"新建"→"新建 TDM 业务"

10.1.5　TDM E1 业务配置操作

（1）配置 PDH 端口成帧方式

1）在拓扑管理视图中，右击网元 NE1，选择"网元管理"，弹出设备管理器界面。
2）展开网元 NE1 的单板，选择 R16E1F-（TDM+IMA）[0–1–1]。
3）选择"单板操作"→"PDH 成帧管理"。
4）根据表 10-6 设置网元 NE1 的 PDH 端口成帧属性，如图 10-4 所示。

表 10-6　PDH 端口成帧属性（E1 业务）

参数	网元 NE1	网元 NE2
端口	R16E1F:1	R16E1F:1
速率等级	2M	2M
是否成帧	成帧	成帧
成帧格式	PCM31	PCM31
复帧格式	CRC-4	CRC-4

5）单击"应用"按钮，使配置生效。

提示：设置 PDH 端口成帧属性时，修改的端口前的行号显示 ※ 1 ，表示该端口处于修改状态。当修改后的端口下发应用后，端口前的行号显示 1 ，表示该端口处于工作状态。

6）重复步骤 1）～步骤 5），根据表 10-6 配置网元 NE2 的 PDH 端口成帧属性。

图 10-4　PDH 端口参数配置界面

（2）创建端到端隧道

1）在业务视图中，单击鼠标右键，选择"新建"→"新建静态隧道"，如图 10-5 所示。

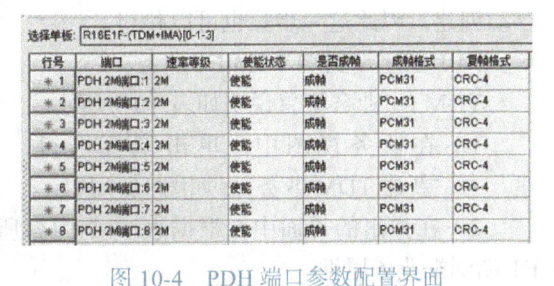

2）在弹出的界面中，设置静态隧道的端到端隧道属性，A 端点（NE1），Z 端点（NE2），以及用户标签等参数，在路由计算选项中，勾选"自动计算"，如图 10-6 所示，再单击"应用"按钮，完成隧道的创建。

（3）创建端到端的伪线

1）在业务视图中，单击鼠标右键，选择"新建"→"新建伪线"，如图 10-7 所示。

2）在弹出的界面中，在 A1 端点和 Z1 端点的输入框内分别输入"NE1"和"NE2"，设置好用户标签：pw-1-2（用户标签也可以不设定，自动生成），如图 10-8 所示。

图 10-5　新建静态隧道

图 10-6　静态隧道参数设置

图 10-7　新建伪线

图 10-8　伪线参数设置

3）单击"确定"按钮，完成伪线的创建。

注意： 配置 TDM 业务时，所需的伪线可在配置时自动创建，因此这一步骤也可以跳过。

（4）创建端到端 TDM E1 业务

TDM E1 业务配置说明如表 10-7 所示。

1）在业务视图中，单击鼠标右键，选择"新建"→"新建 TDM 业务"，如图 10-9 所示。

2）在弹出的界面中，根据表 10-7 内容所示，设置 E1 端到端业务属性。

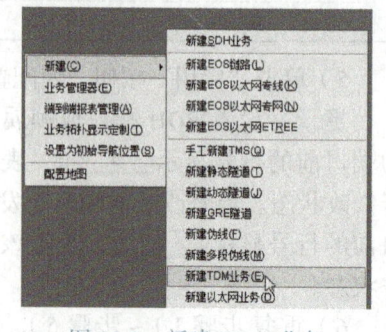

图 10-9　新建 TDM 业务

3）在 A1 端点文本框中，单击"选择"按钮，弹出资源管理器对话框，分别选择网元 NE1 和网元 NE2 上的 E1 可用资源（以网元 NE1 为例）。

表 10-7 端到端 TDM E1 业务配置说明

参数	TDM E1
业务速率	E1/VC12
A1 端点	NE1-R16E1F-[0-1-2]-PDH:2M 1
Z1 端点	NE2-R16E1F-[0-1-2]-PDH:2M:1
应用场景	无保护
用户标签	自行输入
其他参数	默认

图 10-10 选择相应的 E1 接口

4）单击"确定"按钮，弹出 E1 业务可用资源对话框，选择相应的 E1 接口，如图 10-10 所示。
5）单击"确定"按钮，添加 A1 端点。
6）按照步骤 3）~ 步骤 5）添加 Z1 端点。
7）单击"应用"按钮，提示"正向标签或反向标签值为空，是否自动生成标签？"。
8）单击"是"按钮，提示"创建成功，是否继续"。
9）单击"否"按钮，完成 TDM E1 业务的创建。

10.1.6　TDM E1 业务验证

在网元 NE1、NE2 设备的 R16E1F 单板端口处各接一台 PDH 仪表，通过仪表向对端发送设定好的 E1 业务，验证配置是否成功。具体步骤如下。
1）使用 E1 电缆，将网元 NE1 的 R16E1F 单板端口 1 与 PDH 仪表的 E1 接口对接。
2）使用 E1 电缆，将网元 NE2 的 R16E1F 单板端口 1 与 PDH 仪表的 E1 接口对接。
3）在网元 NE1 处的 PDH 仪表的 E1 接口上，配置业务，发送 E1 信号流。
4）在网元 NE2 处的 PDH 仪表的 E1 接口上，应能够正确接收到网元 NE1 处仪表发出的全部 E1 信号流。

10.2　子任务 2：ATM/IMA 业务配置

10.2.1　任务及情景引入

ATM 反向复用（Inverse Multiplexing for ATM，IMA）技术将 ATM 信元流以信元为基础，反向复用到多个低速链路上传输，在远端将多个低速链路的信元流复接在一起恢复出与原来顺序相同的 ATM 信元流。IMA 能够将多个低速链路复用，实现高速宽带 ATM 信元流的传输；并通过统计复用，提高链路的使用效率和传输的可靠性。

ATM IMA 业务配置

IMA 适用于在 E1 接口和通道化 VC12 链路上传送 ATM 信元，当用户接入设备后，反向复用技术把多个 E1 连接复用成一个逻辑的高速率连接，高速率值等于组成该反向复用的所有 E1 速率之和。ATM 反向复用技术包括复用和解复用 ATM 信元，完成反向复用和解复用的功能组称为 IMA 组。

如果 IMA 组中一条链路失效，信元会被负载分担到其他正常链路上进行传送，从而达到保护业务的目的。

IMA E1 传输过程如图 10-11 所示。

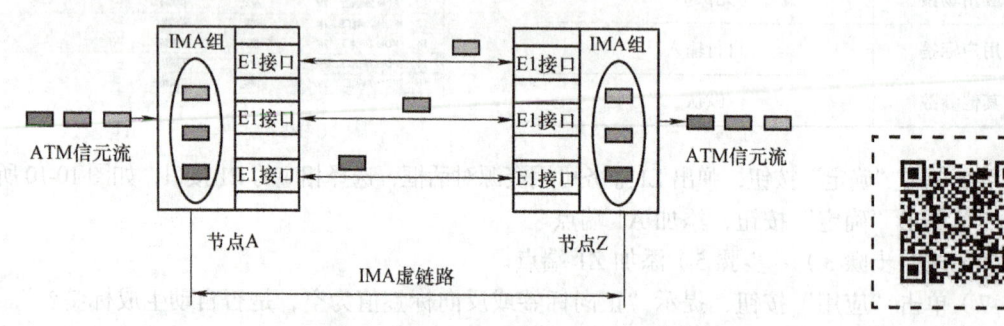

图 10-11　IMA E1 传输过程示意图

IMA 组在每一个 IMA 虚连接的端点处终止。在发送方向上，从 ATM 层接收到的信元流以信元为基础，被分配到 IMA 组中的多个物理链路上。而在接收端，从不同物理链路上接收到的信元，以信元为基础，被重新组合成与初始信元流一样的信元流。

其中，伪线封装 ATM 有两种处理模式，分别为 1：1 和 N：1 模式。

1）1：1 模式：实现单个 ATM VPC 或 VCC 到一条伪线的映射。

2）N：1 模式：实现一个或多个 ATM VPC/VCC 到一条伪线的映射。ATM 信元头保持不变，允许信元级联。该模式支持多个 VPC/VCC 在同一条伪线中传送。

10.2.2　IMA 业务组网规划

（1）业务需求

基站 NodeB 与 RNC 间有 3G 语音业务的传输需求。NodeB、RNC 均与本地的 PTN 设备连接，NodeB 通过 IMA 与 NE1 连接，RNC 通过 IMA 与 NE2 连接。

IMA 业务在 NE1 处进行虚路径标识符（Virtual Path Identifier, VPI）/ 虚通道标识符（Virtual Channel Identifier, VCI）的交换，在 NE2 处进行 VPI/VCI 的透传。IMA 业务需求如表 10-8 所示。

表 10-8　IMA 业务需求表

用户	业务分类	业务类型	业务节点（占端口数）	业务节点（占端口数）	带宽需求
NodeB-RNC	3G 语音业务	IMA 业务	NE1（5）	NE2（5）	CIR = PIR=10Mbit/s

注：CIR 表示业务所需的承诺信息速率，即正常业务流量时的保证带宽值；PIR 表示业务所需的峰值信息速率，即业务有突发流量时的最大带宽值。在进行限速配置时，必须保证 CIR ≤ PIR。

根据业务需求和分析，可通过 PTN 设备搭建的网络，配置 IMA 业务，实现 3G 语音业务的传送。

（2）组网图

IMA 业务组网和端口分配如图 10-12 所示。

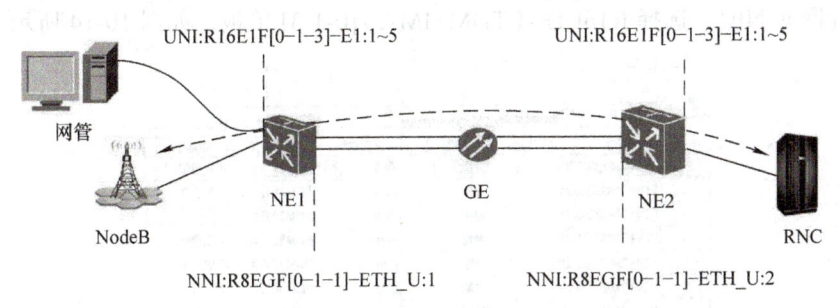

图 10-12　IMA 业务组网和端口分配

（3）网元规划

根据业务组网拓扑，网络各网元的规划如图 10-13 所示。

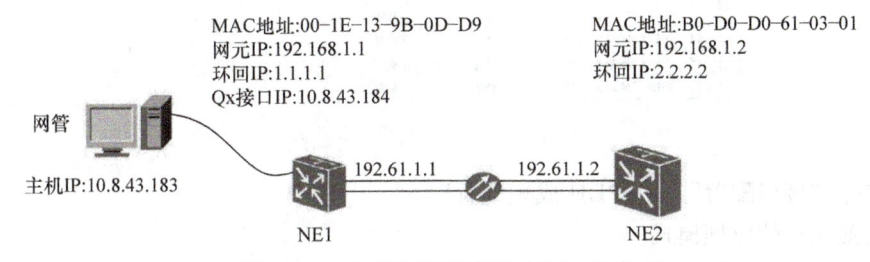

图 10-13　网元规划示意图（IMA 业务）

（4）业务规划

由于 3G 语音业务只在两点网元之间存在，业务规划如下。

- 配置一条 PW 承载 3G 业务。
- 用于承载业务的 PW，需要用隧道进行承载。配置一条隧道承载该 PW。
- 根据业务对带宽的需求，可采用"PW 带宽设置"的方式实现。
- 本例中的隧道、伪线和 IMA 业务采用端到端配置方式。

10.2.3　IMA E1 配置步骤

完成基础配置：在配置 TDM E1 业务前，需要确保已经通过 U31 网管完成了创建网元、上载数据库配置单板、创建光纤连接、配置时钟源、同步网元时间等基础操作，并按网元规划完成了端口参数的配置。基础数据配置见前面章节，此处不再重复。

ATM/IMA 业务总体配置步骤说明如表 10-9 所示。

表 10-9　ATM/IMA 业务总体配置步骤说明

步骤	描述	菜单位置
（1）	配置 PDH 端口成帧方式	在网元管理界面中，选择"网元操作"→"接口配置"→"PDH 成帧配置"
（2）	配置 IMA 接口	在网元管理界面中，选择"网元操作"→"接口配置"→"IMA 接口配置"
（3）	配置 ATM 接口	在网元管理界面中，选择"网元操作"→"接口配置"→"ATM 接口配置"
（4）	创建端到端 ATM 业务	在业务视图中，选择"业务"→"新建"→"新建 ATM 业务"

（1）配置 PDH 端口成帧方式

1）在拓扑管理界面中，右击网元 NE1，选择"设备管理器"菜单。

2）展开网元 NE1，选择 R16E1F-（TDM+IMA）[0-1-3] 单板，如图 10-14 所示。

图 10-14 PDH 端口属性设置

3）选择"接口配置"→"PDH 成帧配置"。

4）设置端口的成帧模式。

5）NE2 配置操作同步骤 1）~ 步骤 4）。

（2）配置 IMA 接口

1）在拓扑管理界面中，右击网元 NE1，选择"设备管理"→"PTN 管理"→"业务配置"→"ATM 业务配置"，弹出 ATM 业务配置 –NE2 界面。

2）在 IMA 接口页签中，单击"增加"按钮，弹出添加 IMA 接口配置。

3）单击"确定"按钮，增加一条记录。

4）配置绑定 IMA 接口，如图 10-15 所示。

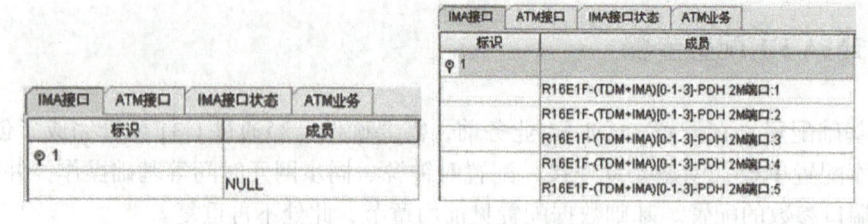

图 10-15 配置绑定 IMA 接口

5）单击"应用"按钮，使配置生效。

6）NE2 配置同步骤 1）~ 步骤 4）。

（3）配置 ATM 接口

1）在拓扑管理界面中，选择网元 NE1 和 NE2，选择"设备管理"→"PTN 管理"→"业务配置"→"ATM 业务配置"，弹出 ATM 业务配置界面。

2）在"ATM 接口"选项卡中，单击"添加"按钮，在列表中新增加一条记录，如

图 10-16 所示。

3）根据表 10-10 所示，设置网元 NE1 和 NE2 的 ATM 接口属性。

4）单击"应用"按钮，使配置生效。

图 10-16　网元 NE1 和网元 NE2 的 ATM 接口配置

表 10-10　网元 NE1 和网元 NE2 的 ATM 接口属性表

参数	网元 NE1	网元 NE2
标签	1	1
绑定端口	IMA 端口：1	IMA 端口：1
类型	IMA 接口	IMA 接口

（4）创建端到端隧道

1）在业务视图中，选择"业务管理"→"新建"→"新建 TMP 隧道"，弹出新建 TMP 隧道界面。

2）设置好 TMP（NE1-NE2）的端到端隧道属性，在"静态路由"选项中单击"计算"或者勾选"自动计算"，再单击"应用"按钮，完成隧道的创建。

（5）创建端到端伪线和 ATM 业务

1）在业务视图中，选择"业务管理"→"新建"→"新建 ATM 业务"，弹出新建 ATM 业务界面。

2）根据表 10-10 所示，设置 ATM 端到端业务属性。

注意：A1 端口选择刚才建立的 IMA 端口 1；Z1 端口选择刚才建立的 IMA 端口 1。

至此，网管会根据所创建的 ATM 业务自动创建伪线。

3）单击"应用"按钮，出现如图 10-17 所示的创建成功提示界面。

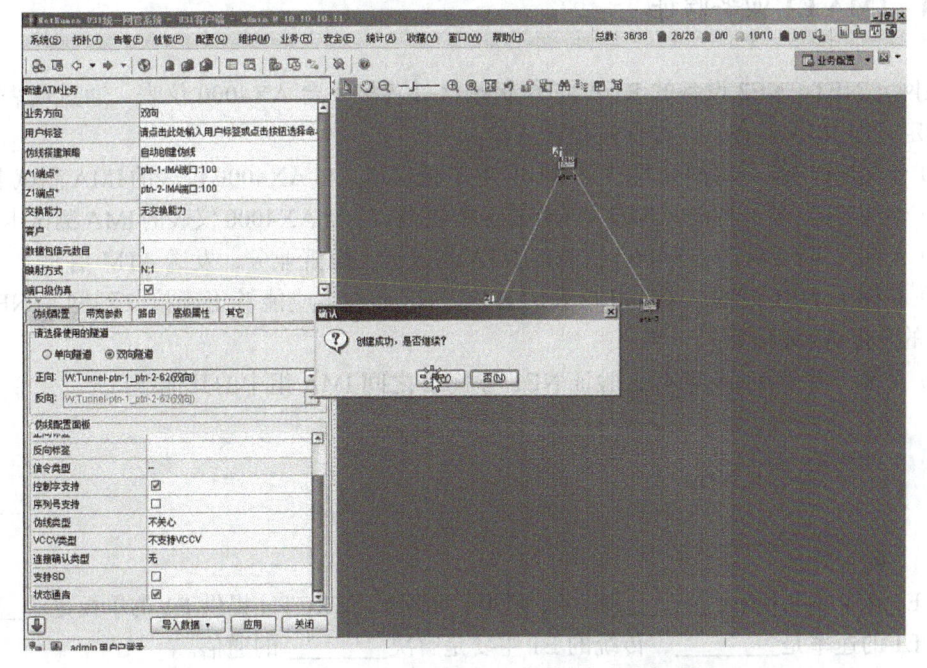

图 10-17　U31 网管软件 ATM 业务创建成功提示界面

4）创建好 ATM 业务以后，可以在业务管理器中查看刚才所创建的业务，如图 10-18 所示。

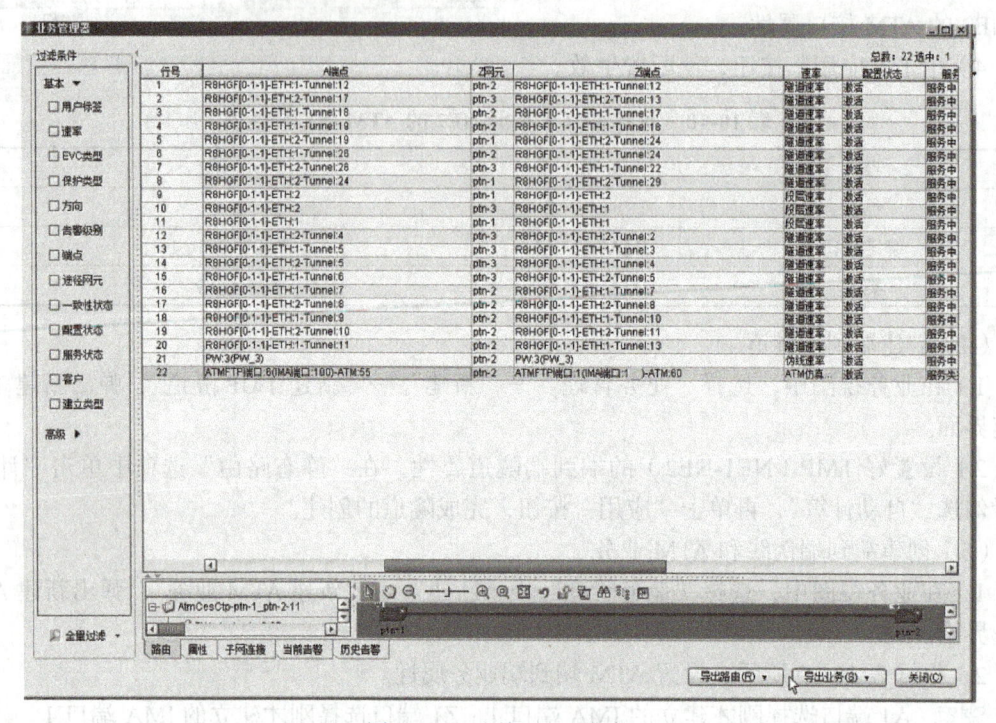

图 10-18 查询 ATM 业务

10.2.4 IMA E1 业务验证

在网元 NE1、NE2 设备的 R16E1F 单板端口处各接一台 AX4000 仪表，通过仪表向对端发送设定好的 IMA 业务，验证配置是否成功。

1）使用 E1 电缆，将网元 NE1 的 R16E1F 单板端口 1 与 AX4000 仪表的 IMA 测试卡对接。

2）使用 E1 电缆，将网元 NE2 的 R16E1F 单板端口 1 与 AX4000 仪表的 IMA 测试卡对接。

3）在网元 NE2 处的 AX4000 仪表的 IMA 测试卡上配置业务，发送 ATM 信元。

4）在网元 NE1 处的 AX4000 仪表的 IMA 测试卡上，应能够正确接收到网元 NE1 处仪表发出的全部 ATM 信元。

5）重复步骤 1）~ 步骤 4），验证 NE1 与 NE2 之间 IMA 组中的其他端口。

思考与练习

一、填空题

1. E1 业务主要用在_____移动通信回传网络中，ZXCTN 提供 E1 的单板是_____。

2. E1 的速率是_____，传统的 E1 主要是解决_____的通信。

3. IMA E1 是_____，在客户侧可以使用 R16E1F 单板提供业务接入，在局端可以使用

_____单板和其进行对接。此外，IMA 还具有业务保护和_____的功能。

二、简答题

1. 简述 IMA E1 业务的基本概念。
2. 简述 IMA E1 的配置步骤。

三、实训题

1. 基站 BTS 与 BSC 间有 2G 语音业务的传输需求。BTS、BSC 均与本地的 ZXCTN 设备连接，BTS 通过 3 条 E1 与 NE1 连接，BSC 通过 3 条 E1 与 NE2 连接，请在两个网元之间进行 TDM E1 业务配置。

2. 基站 NodeB 与 RNC 间有 3G 语音业务的传输需求。NodeB、RNC 均与本地的 ZXCTN 设备连接。NodeB 通过 IMA 与 NE1 连接，RNC 通过 ATMSTM-1 板与 NE2 连接，请在两个网元之间进行 IMA E1 业务配置（设 NE1 共使用 5 条 E1 形成一个 IMA 组）。

任务 11　以太网专线 E-Line 业务配置

11.1　子任务 1：EPL 业务配置

11.1.1　任务及情景引入

EPL（Ethernet Private Line），即以太网专线业务，也可理解为透传。透传的含义就是用户数据在接入、传送、落地过程中，所经过的传送网对于用户的数据来说就像一条专线一样，除了 VLAN 路由配置方式下，单板数据入口处对接入数据进行了 VLAN 标记的识别并做出是否传送还是丢弃的判断外，用户数据在整个通路中完全透明地传送并交互。简单的理解就是在接入设备中，透传点对点的专线业务类型。

如图 11-1 所示，银行 A 与银行 B 有业务往来，两家银行的交换机均与本地的中兴通讯公司 PTN 设备 ZXCTN 6200 连接。A 和 B 两家银行之间的业务均为数据业务，用户要求独占用户侧端口，银行 A 与银行 B 均可提供 100Mbit/s 的以太网电接口，A、B 两家银行的交换机均不支持 VLAN。

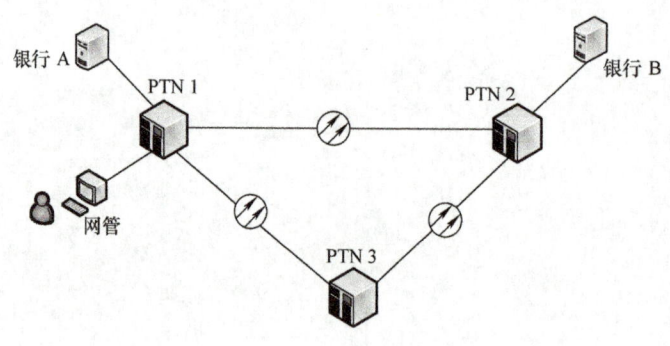

图 11-1　任务网络拓扑

通过本次任务学习 PTN 设备的以太网 EPL 业务的特性、应用，以及在中兴通讯 ZXCTN 6200 设备上的 EPL 业务配置过程。

11.1.2　任务分析及规划

（1）UNI 接口规划

本次任务中，NE1 和 NE2 两个网元站点的用户接口如下。

网元 NE1：R8EGE-ETH:3，电接口。

网元 NE2：R8EGE-ETH:3，电接口。

（2）NNI 接口规划和 VLAN

本次任务中，NE1 和 NE2 两个网元之间的光纤通路接口和所属 VLAN 如下。

网元 NE1：R8HGF-ETH:1，光接口。

网元 NE2：R8HGF-ETH:1，光接口。

两个 UNI 接口所属 VLAN ID=80。

（3）IP 地址规划

网元 NE1：连接网元 NE2 的接口 IP 和子网掩码为 30.1.1.1/255.255.255.252。

网元 NE2：连接网元 NE1 的接口 IP 和子网掩码为 30.1.1.2/255.255.255.252。

上述接口规划如图 11-2 所示。

（4）本任务中的隧道和 EPL 业务采用端到端配置方式。伪线在配置端到端 EPL 业务时，事先通过新建伪线方式完成。

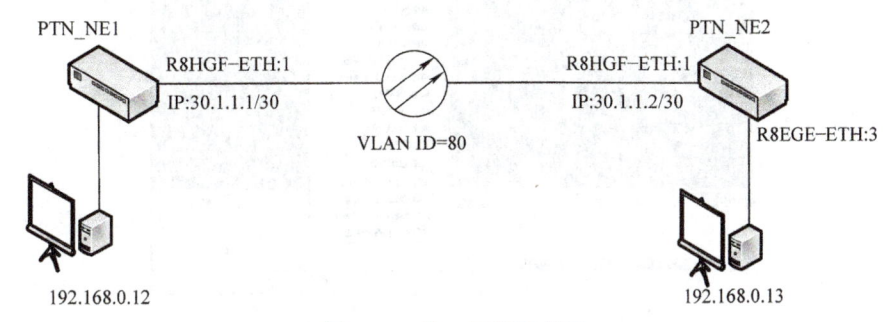

图 11-2　接口规划示意图

11.1.3　EPL 业务配置步骤

在配置业务前，已经在 NetNumen U31 网管完成以下配置。

- 创建网元。
- 上载网元数据库。
- 配置单板。
- 同步网元时间。

在中兴 ZXCTN 6200 设备上配置 EPL 的步骤如表 11-1 所示。

表 11-1　配置 EPL 的步骤

步骤	描述		操作提示
1）	配置业务接口	配置 VLAN 接口	在拓扑视图中，右击网元，选择"网元管理"→"接口配置"→"VLAN 接口"
2）		配置 IP 接口	在拓扑视图中，右击网元，选择"网元管理"→"接口配置"→"三层接口 / 子接口配置"
3）		配置 ARP	在拓扑视图中，右击网元，选择"网元管理"→"接口配置"→"ARP 配置"
4）	创建端到端隧道		在业务视图中，单击鼠标右键，选择"新建"→"创建静态隧道"
5）	创建端到端伪线		在业务视图中，单击鼠标右键，选择"新建"→"新建伪线"
6）	创建 EPL 业务		在业务视图中，单击鼠标右键，选择"新建"→新建"以太网业务"

本次任务中，上述步骤1）~步骤6）属于基础配置，这里假设已经配置好网元 NE1 和 NE2 的接口设置，并在二者之间创建了一条端到端的伪线（具体方法参见任务9），步骤4和步骤5为创建端到端隧道和伪线（具体方法参见任务10的10.1.5节内容）此处不再重复。配置 EPL 业务方法如下。

1）在业务视图中，选择"业务"→"新建"→"新建以太网专线业务"，或单击鼠标右键，选择"新建"→"新建以太网专线业务"，如图11-3所示。

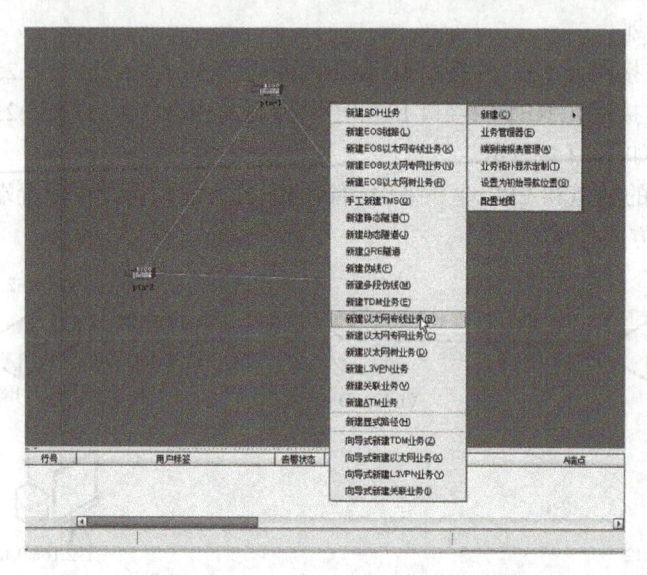

图 11-3　新建以太网专线业务

2）在弹出的界面中，选择业务类型为"EPL"，如图11-4所示。

3）在图11-4中，用鼠标单击 A 端点右边的空白框，单击"选择"按钮，在弹出的界面中选择"ptn-1"，单击"确定"按钮，为源网元 A 选择用户端口。根据用户实际使用的物理接口进行选择，这里选择 R8EGE 板的第3个以太网口 ETH:3，如图11-5所示，单击"确定"按钮返回。

图 11-4　新建以太网 EPL 业务　　　　　　　图 11-5　选择用户端口

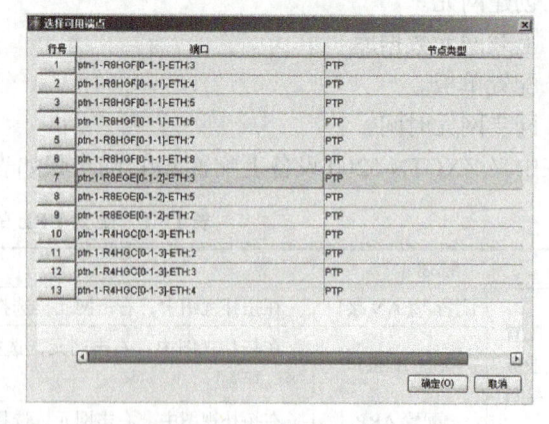

4）单击"Z端点"，用同样的方法为目的网元 B 选择用户端口，完成的结果如图11-6所示。
5）在"应用场景"处，选择"无保护"；在"用户标签"处，为方便区分其他业务，可

为本次业务写上 EPL_A to B_bank 标签（也可以不写）。

6）切换到"网络侧路由配置"界面，单击"添加"按钮，选择"使用已有服务层链路"，然后选择伪线，如果事先没有创建伪线，可以单击"新建伪线"，如图 11-7 所示。

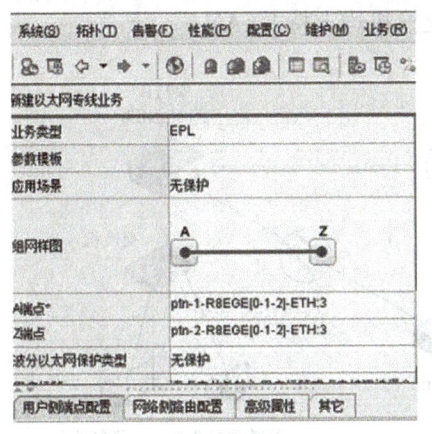

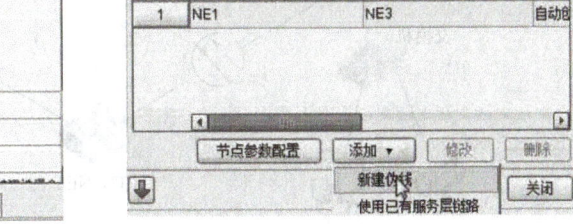

图 11-6　EPL 业务配置图　　　　　图 11-7　网络侧路由配置

7）单击"确定"按钮，关闭配置页面。至此，EPL 业务配置完毕。

11.1.4　EPL 业务验证

在网元 NE1 和网元 NE2 的以太网用户端口各接一台计算机。将两台计算机的 IP 地址设置在同一个网段内。通过两台计算机互相 ping 对方 IP 地址，验证 EPL 业务配置是否成功。具体操作如下。

1）使用直通或交叉网线，连接网元 NE1 的 R8EGE[0-1-2]-用户以太网端口 3 和计算机 A。
2）使用直通或交叉网线，连接网元 NE2 的 R8EGE[0-1-6]-用户以太网端口 3 和计算机 B。
3）设置计算机的 IP 地址，使两台计算机的 IP 地址处于同一个网段中。例如，计算机 A 的 IP 地址为 192.168.0.12，计算机 B 的 IP 地址为 192.168.0.13。
4）在计算机 A 的 cmd 窗口中，输入"ping 计算机 B 的 IP 地址"，计算机 A 应能够收到计算机 B 的响应数据包，则配置无误。

11.2　子任务 2：EVPL 业务配置

11.2.1　任务及情景引入

EVPL（Ethernet Virtual Private Line）即以太网虚拟专线业务，主要应用于两个节点之间不同用户（基于 SVLAN 或 MPLS 技术）的虚拟专线互连。用户数据由多个不同用户端口接入，并共享同一个网络侧端口（WAN 端口）的带宽，即共享同一条物理专线，WAN 口的带宽根据用户需求可进行设置。

如图 11-8 所示，位于 NE1 的银行 A 与位于 NE3 的银行 B 有业务往来，两家银行的交换机均与本地的 PTN 设备 ZXCTN 6200 连接，A、B 两个公司之间的业务包括视频及普通数据业务两类，其中视频业务带宽为 50Mbit/s，普通数据业务占用 20Mbit/s 带宽。公司 A 与公司 B 的交换机均可提供 100Mbit/s 以太网电接口，且交换机均支持 VLAN。

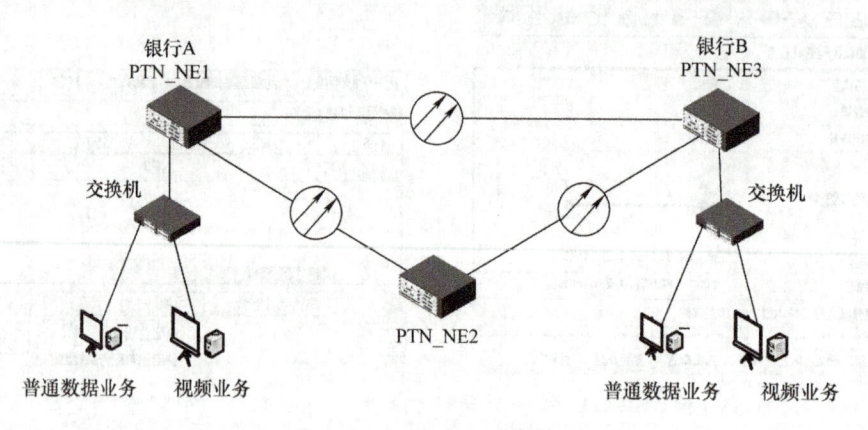

图 11-8　任务网络拓扑

通过本次学习，学习 PTN 设备的以太网 EVPL 业务的特性、应用，以及在中兴通讯 ZXCTN 6200 设备上的 EVPL 业务配置过程。

11.2.2　任务分析及规划

（1）UNI 接口规划

本次任务中，NE1 和 NE3 两个网元站点的用户接口如下。

网元 NE1：R8EGE-ETH:8，电接口。从本地交换机接入 VLAN 标记分别为 55 和 56 的数据流共用此用户接口。

网元 NE3：R8EGE-ETH:8，电接口。从本地交换机接入 VLAN 标记分别为 55 和 56 的数据流共用此用户接口。

（2）NNI 接口规划和 VLAN

本次任务中，NE1 和 NE3 两网元之间的光纤通路接口和所属 VLAN 如下。

网元 NE1：R8HGF-ETH:2，光接口。

网元 NE3：R8HGF-ETH:2，光接口。

两个 NNI 接口所属 VLAN ID=81。

（3）IP 地址规划

网元 NE1：连接网元 NE3 的接口 IP 和子网掩码为 30.1.2.1/255.255.255.252。

网元 NE3：连接网元 NE1 的接口 IP 和子网掩码为 30.1.2.2/255.255.255.252。

上述接口规划如图 11-9 所示。

（4）根据业务需求，两家公司之间的视频及普通数据业务需要点到点隔离传送。经过分析，可通过 ZXCTN 设备搭建点到点网络，配置 EVPL 业务，实现以太网业务的传送。由于两网元之间的银行 A、银行 B 的业务包含视频和数据业务，业务规划如下。

- 创建两条伪线分别承载银行 A、银行 B 之间的视频业务和数据业务。
- 创建一条隧道承载两条伪线，两条伪线的业务 VLAN ID 分别为 55 和 56。
- 根据业务对带宽的需求，可采用"带宽设置"的方式实现。

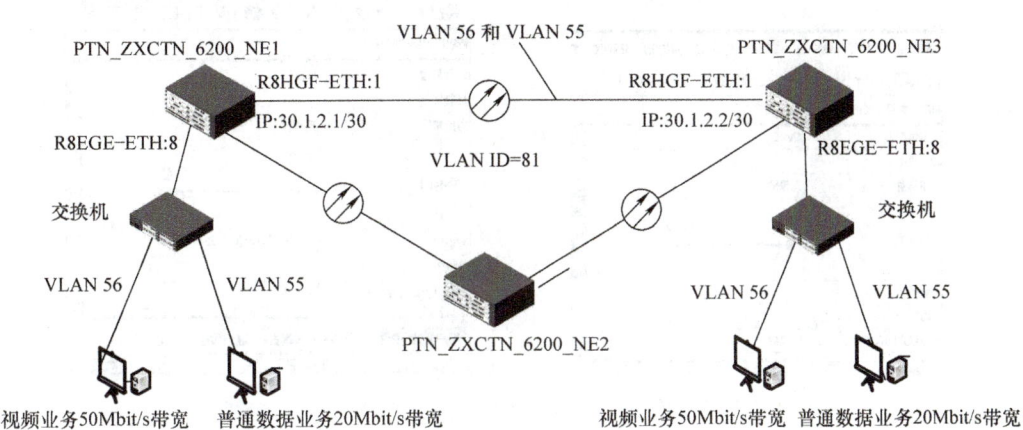

图 11-9 接口规划示意图

11.2.3 EVPL 业务配置过程

在配置业务前，已经在 NetNumen U31 网管完成以下配置。
- 创建网元。
- 上载网元数据库。
- 配置单板。
- 同步网元时间。

在中兴 ZXCTN 6200 设备上配置 EPL 的步骤通常按照以下顺序进行。

①配置 VLAN 接口→②配置 IP 接口→③配置 ARP 表→④创建端到端隧道→⑤创建伪线→⑥配置 EVPL 业务→⑦设置业务速率。

本次任务中，上述步骤①~步骤③属于基础配置，步骤④和步骤⑤为创建端到端隧道和伪线（具体方法参见任务 10 的 10.1.5 节内容），此处不再重复。可以看到，相比 EPL 业务配置，配置 EVPL 业务主要是需要在最后的端口 ACL 配置中，对接入的数据进行流分类和按照需求进行带宽设置。在本次任务中，由于有两种业务，因此需要创建两次 EVPL，下面依次进行阐述。

首先对普通数据业务进行 EVPL 流配置。

1）在业务视图中，选择"业务"→"新建"→"新建以太网专线业务"，或者单击鼠标右键，选择"新建"→"新建以太网专线业务"，在弹出的界面中，选择业务类型为"EVPL"，如图 11-10 所示。

2）在图 11-10 中，单击 A 端点右边的空白框，然后单击"选择"按钮，在弹出的界面中选择"ptn-1"，单击"确定"按钮，为源网元 A 选择用户端口。根据用户实际使用的物理接口进行选择，这里选择 R8EGE 板的第三个以太网口 ETH:8，如图 11-11 所示，单击"确定"按钮返回。

在"波分以太网保护类型"处，选择"无保护"；在"用户标签"处，为方便区分其他业务，可将本次业务设置为"ZXX"（也可以不写）。

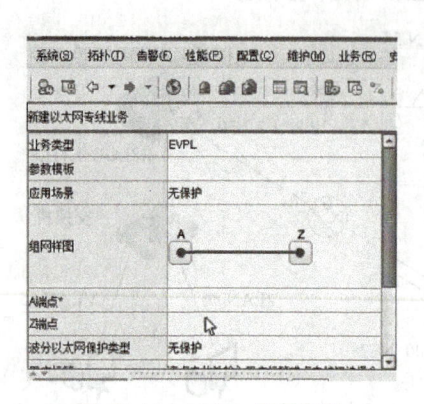

图 11-10　EVPL 业务配置

图 11-11　选择用户端口

3）在图 11-12 所示界面的下方，单击"节点参数配置"按钮。

如图 11-13 所示，在弹出的节点参数配置界面中，需要进行复杂流的创建分类设置。

选择网元"ptn-1"，再单击"流分类规则"下面的数据框，单击"选择"按钮，弹出如图 11-14 所示的界面，显示已经存在的流分类列表。

单击图 11-14 下方的"增加"按钮，弹出"创建复杂流分类模板"界面，如图 11-15 所示。

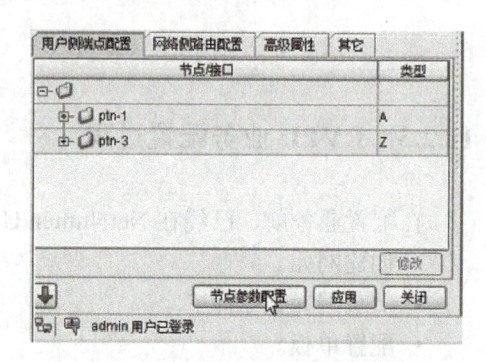

图 11-12　EVPL 配置界面

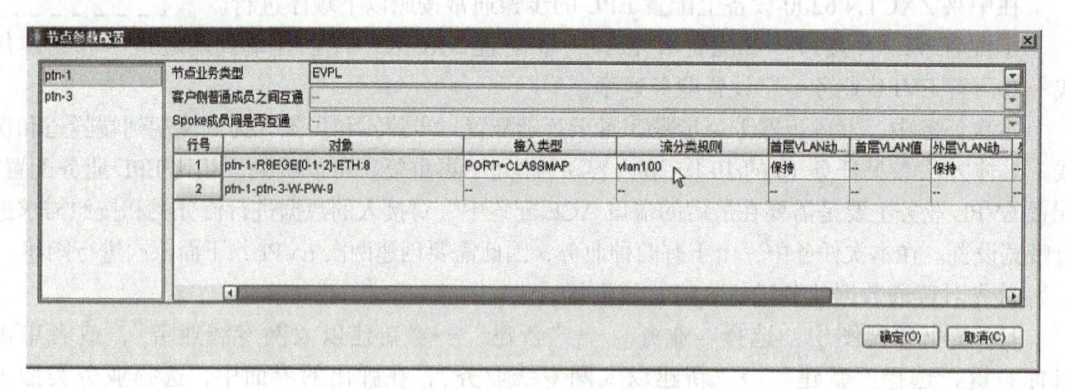

图 11-13　节点参数配置界面

在图 11-15 中，输入流名字：VLAN55；分类规则：SVLAN；SVLAN：55 三项内容，单击"确定"按钮，返回到图 11-14 界面中。

在流分类列表视图下，选择流名字为 VLAN55 的流，单击"选择"按钮，选择"ptn-1"，单击"确定"按钮，将其应用到 NE1 网元，如图 11-16 所示。

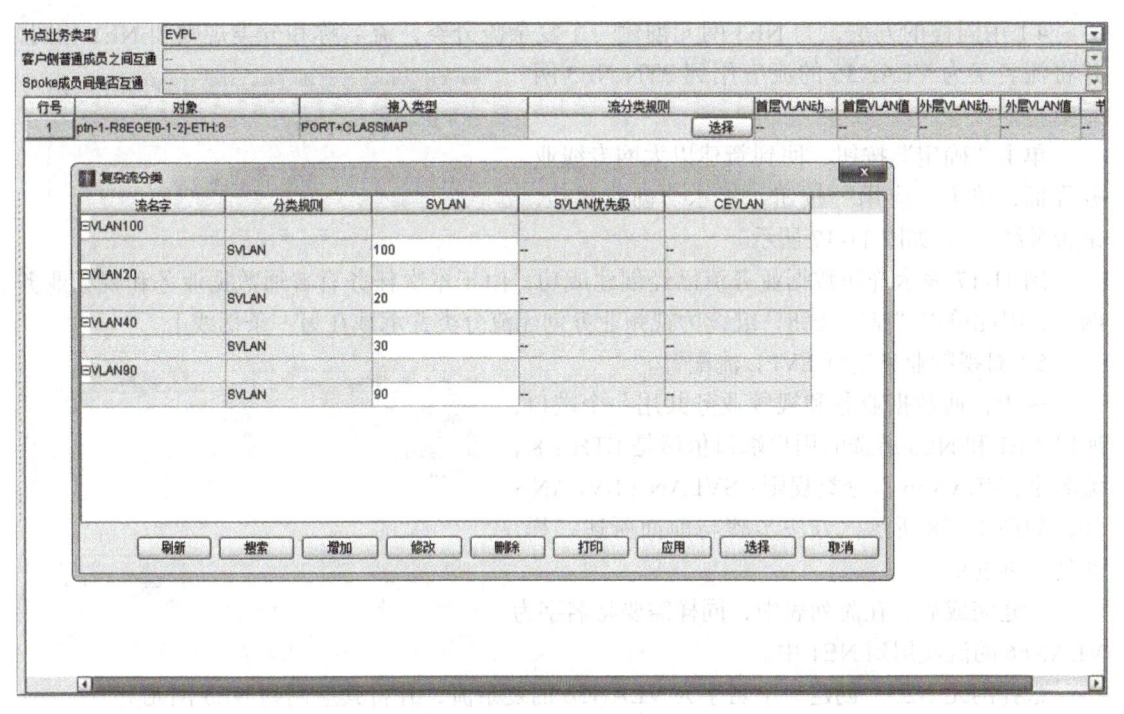

图 11-14　已存在的流分类列表

图 11-15　"创建复杂流分类模板"界面

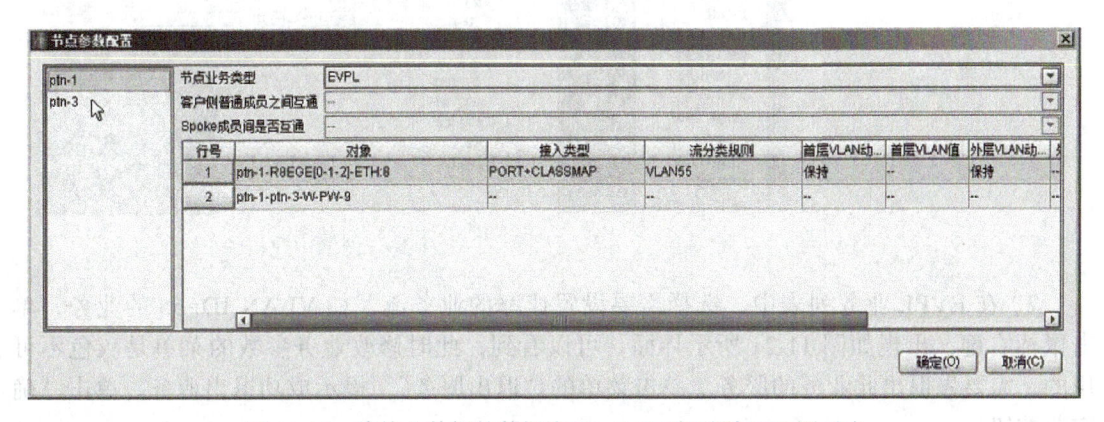

图 11-16　将接入数据的数据流 VLAN55 应用到 NE1 网元中

4）用同样的方法，为 NE3 网元创建一个复杂流分类，流名称和分类规则和 NE1 相同，并将流名字为 VLAN55 的流应用到 PTN NE3 网元中。

单击"确定"按钮，回到新建以太网专线业务界面，单击"应用"按钮，提示"创建成功，是否继续？"，如图 11-17 所示。

图 11-17　流创建成功提示

图 11-17 表示普通数据业务流已经创建成功，由于本次任务有普通数据业务和视频业务两类，因此单击"是"按钮，继续为视频业务创建流分类并承载在另一条伪线上。

5）对视频业务进行 EVPL 流配置。

因为普通数据业务和视频业务共用一个端口，所以 NE1 和 NE3 所选的用户端口依然是 ETH：8；流名字：VLAN56；分类规则：SVLAN；SVLAN：56，如图 11-18 所示，方法步骤与前面所述一样，此处不再重复。

创建完成后，在流列表中，同样需要将名字为 VLAN66 的流应用到 NE1 中。

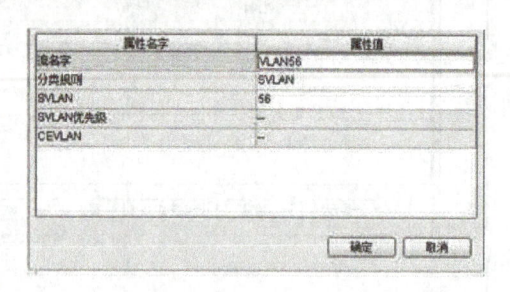

图 11-18　对视频业务进行 EVPL 流配置

选择网元 NE3，创建一个名字为 VLAN56 的复杂流，并将其应用到 NE3 网元上。

通过上述操作，在 NE1 和 NE3 网元上分别创建了 2 条伪线和 2 个不同的数据流分类，分别用于承载普通数据业务流和视频业务流。至此，除了带宽设置以外，EVPL 业务已经基本完成。接下来，对两类业务的带宽速率进行设置。

6）接下来对两类业务的带宽速率进行设置。在业务视图模式下，选择菜单中的"业务"→"业务管理器"，如图 11-19 所示。

在"业务管理器"界面中，通过过滤条件（可通过左下方的全量过滤按钮）找出网络中各网元建立好的 EVPL 业务，如图 11-20 所示。

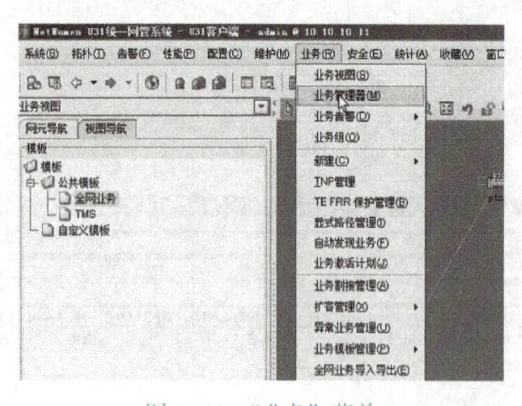

图 11-19　"业务"菜单

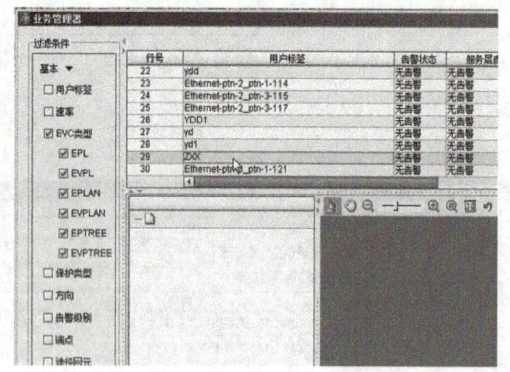

图 11-20　网络中存在的 EVPL 业务

7）在 EVPL 业务列表中，选择需要设置速率的业务流，如 VLAN ID=55 的业务，单击鼠标右键，出现如图 11-21 所示界面，可以看到，此时修改业务参数的菜单是灰色不可用的，需要先退出此业务的服务。单击菜单的"退出服务"，提示成功退出业务，单击"确定"按钮。

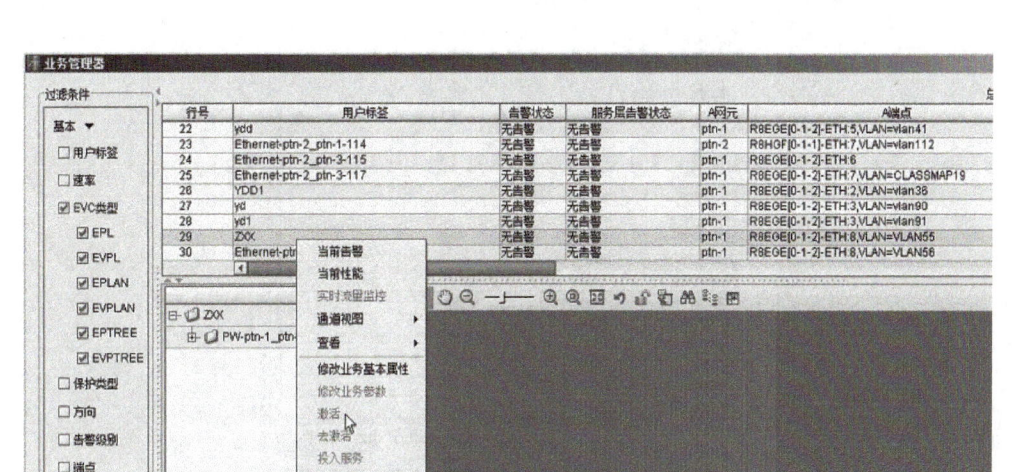

任务 11 以太网专线 E-Line 业务配置

图 11-21 退出业务设置

在退出业务的情况下，就可以对业务进行修改，选中 VLAN ID=55 的业务流，单击鼠标右键，选择"修改业务参数"，出现如图 11-22 所示界面。

8) 在图 11-22 中，可以对业务参数进行设置。选中"ptn-1"，即 NE1，单击"确定"按钮，弹出如图 11-23 所示界面。

在图 11-23 界面的用户侧端点，分别为 NE1 和 NE3 进行带宽设置。先选中"ptn-1"，单击"修改"按钮，弹出如图 11-24 所示界面。图中部分参数含义如下。

CIR（Committed Information Rate）：承诺信息速率。

PIR（Peak Information Rate）：峰值信息速率。

一般情况下，PIR 的值不小于 CIR。

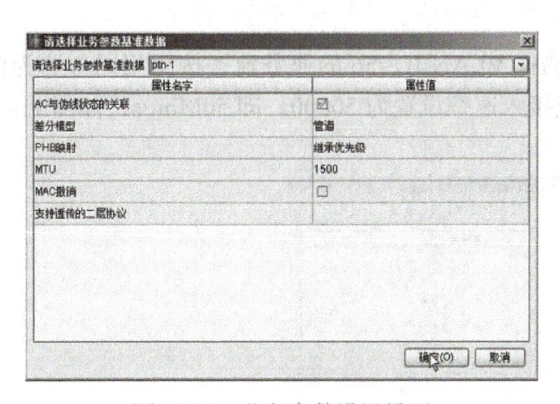

图 11-22 业务参数设置界面 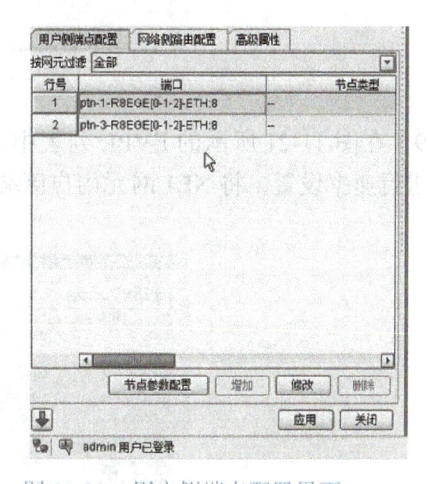　　　　图 11-23 用户侧端点配置界面

在图 11-24 中，将正向 CIR 速率和正向 PIR 速率可均设置为 20000，即 20Mbit/s 的带宽，单击"确定"按钮，返回之前的界面。

此时，还需要为 NE3 设置用户侧端点接入速率，在图 11-24 中，选择 ptn-3，单击"修改"按钮，在弹出的界面中，将 PIR 和 CIR 也均设置为 20Mbit/s，如图 11-25 所示。方法和前面类似，此处不再重复。这样就为 VLAN 标记为 55 的普通数据业务流限制了带宽大小。

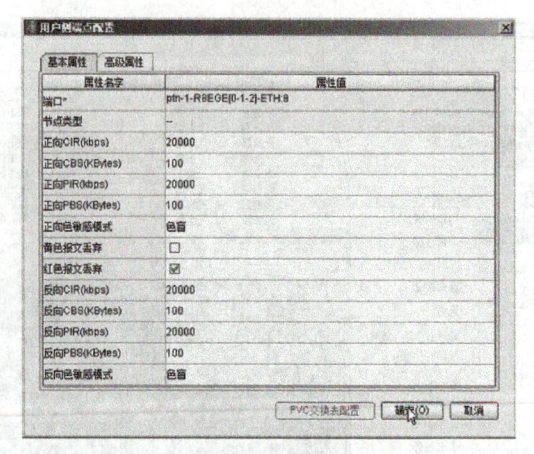

图 11-24　NE1 网元用户侧接入数据流（VLAN ID=55）速率设置

图 11-25　NE3 网元用户侧接入数据流（VLAN ID=55）速率设置

9）在图 11-21 所示的 EVPL 列表中，选择 VLAN ID=56 的业务流，按照相同方法为此业务进行速率设置，将 NE1 网元用户侧端点接入速率设置为 50000，即 50Mbit/s，如图 11-26 所示。

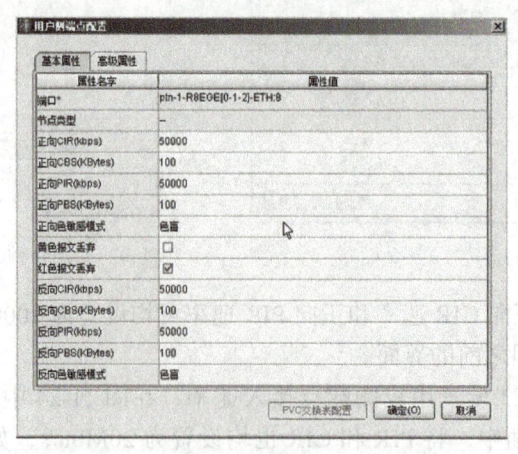

图 11-26　NE1 网元用户侧接入数据流（VLAN ID=56）速率设置

同样，也需要对 NE3 网元进行用户侧速率设置，设置方法类似。至此，本次任务配置全部设置完成。

11.2.4 EVPL 业务验证

在网元 NE1 所在机房，分别用两台计算机 PC1 和 PC2，连接交换机的两个 access 端口（其 VLAN ID 分别设置为 55 和 56），再将网元 NE1 的 R8EGE 板第 8 个以太网接口连接交换机的 Trunk 端口；在另一端 NE3 网元所在机房，采用相同的方式连接两台计算机 PC3 和 PC4，分别属于 VLAN 55 和 VLAN56，此时如果 PC1 和 PC3 互通，PC2 和 PC4 互通，则配置正确无误。

> **思考与练习**

1. EPL 和 EVPL 业务有什么区别？
2. 如图 11-27 所示，四个网元采用中兴通讯 ZXCTN 6200 设备组成一环网，请完成以下业务的配置。

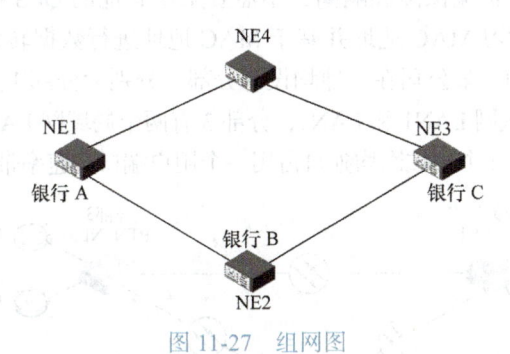

图 11-27　组网图

1）网元 1 和网元 2 之间配置 EPL 业务，透传一条以太网数据，速率为 100Mbit/s。
2）网元 1 和网元 3 之间配置 EVPL 业务，传输 2 路以太网数据，速率分别为 20Mbit/s 和 30Mbit/s。

任务 12　以太网专网 E-LAN 业务配置

12.1　子任务 1：EPLAN 业务配置

12.1.1　任务及情景引入

EPLAN（以太网专用局域网）具有多个 UNI 接口，每个 UNI 仅接入一个客户的业务，实现多个客户之间的多点到多点的以太网连接，基本特征是传送带宽为专用，在不同用户之间不共享。EPLAN 业务根据数据的二层交换功能。使接入的数据可以根据其目的媒体访问控制（Media Access Control，MAC）地址进行传送。EPLAN 业务至少具有两个业务接入点，不同用户之间具有严格的带宽保障和隔离，不需要采用其他的 QoS 机制和安全机制。由于具有多个节点，因此需要学习 MAC 地址并基于 MAC 地址进行数据转发，即二层交换。

如图 12-1 所示网络图，某公司在三地均设有分部，分别为分部 1、分部 2、分部 3，其中分部 1、分部 2 各有一个局域网 LAN1 和 LAN2，分部 3 有两个局域网 LAN3 和 LAN4，要求三地的 4 个局域网实现信息共享，4 个局域网均独自占用一个用户端口，速率带宽可根据需要进行设置。

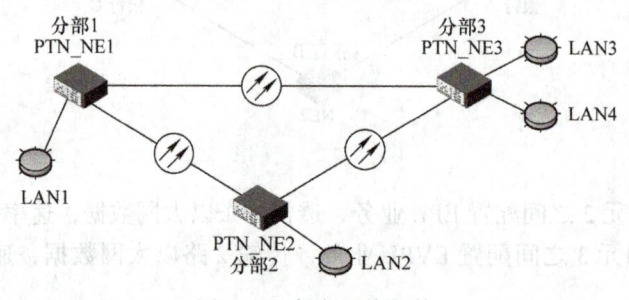

图 12-1　任务网络拓扑

通过本次任务，学习 PTN 设备的以太网 EPLAN 业务的特性、应用，以及在中兴通讯 ZXCTN 6200 设备上的 EPLAN 业务配置过程。

12.1.2　任务分析及规划

（1）UNI 接口规划

本次任务中，NE1、NE2 和 NE3 这 3 个网元站点的用户接口如下。

网元 NE1：R8EGE-ETH:3，电接口。

网元 NE2：R8EGE-ETH:3，电接口。

网元 NE3：R8EGE-ETH:5，R4HGC-ETH:3，电接口。

（2）NNI 接口规划和 VLAN

本次任务中，各网元之间的光纤通路接口和所属 VLAN 如下。

1）NE1 和 NE2 之间的物理连接。
网元 NE1：R8HGF-ETH:1，光接口。
网元 NE2：R8HGF-ETH:1，光接口。
两 UNI 接口所属 VLAN ID=80。

2）NE1 和 NE3 之间的物理连接。
网元 NE1：R8HGF-ETH:2，光接口。
网元 NE3：R8HGF-ETH:2，光接口。
两 UNI 接口所属 VLAN ID=81。

3）NE2 和 NE3 之间的物理连接。
网元 NE2：R8HGF-ETH:2，光接口。
网元 NE3：R8HGF-ETH:1，光接口。
两 UNI 接口所属 VLAN ID=82。

（3）IP 地址规划

网元 NE1：连接网元 NE2 的接口 IP 和子网掩码为 30.1.1.1/255.255.255.252。
　　　　　连接网元 NE3 的接口 IP 和子网掩码为 30.1.2.1/255.255.255.252。
网元 NE2：连接网元 NE1 的接口 IP 和子网掩码为 30.1.1.2/255.255.255.252。
　　　　　连接网元 NE3 的接口 IP 和子网掩码为 30.1.3.1/255.255.255.252。
网元 NE3：连接网元 NE1 的接口 IP 和子网掩码为 30.1.2.2/255.255.255.252。
　　　　　连接网元 NE2 的接口 IP 和子网掩码为 30.1.3.2/255.255.255.252。

上述接口规划如图 12-2 所示。

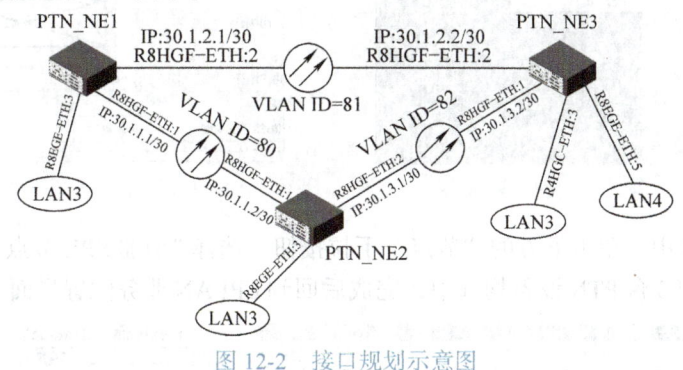

图 12-2　接口规划示意图

12.1.3　EPLAN 业务配置步骤

在配置业务前，已经在 NetNumen U31 网管完成以下配置。
- 创建网元。
- 上载网元数据库。
- 配置单板。
- 同步网元时间。

EPLAN
业务配置

在中兴通讯 ZXCTN 6200 设备上配置 EPLAN 的步骤通常按照表 12-1 的顺序进行。

表 12-1　配置 EPLAN 的步骤

步骤	描述	操作提示
1	接口配置	配置业务接口 配置 VLAN 接口 配置 IP 接口 配置 ARP 表（自动）
2	基础配置	创建隧道和伪线
3	创建业务	创建 EPLAN 业务

本次任务中，上述表格中 1 和 2 属于基本配置，假设已经完成（具体方法参见任务 11），此处不再重复。配置 EPLAN 方法如下。

1）在业务视图中，选择"菜单"→"新建"→"新建以太网专网业务"，或者单击鼠标右键，选择"新建"→"新建以太网专网业务"，如图 12-3 所示。

2）在弹出的界面中，选择"业务类型"为"EPLAN"，并在"用户标签"文本框中输入自定义字符串，这里输入"zx-eplan"，如图 12-4 所示。

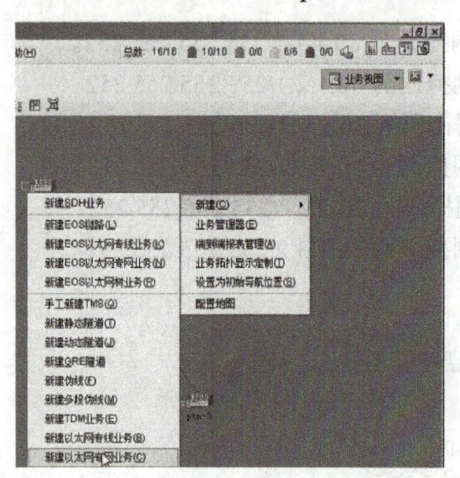

图 12-3　新建以太网专网业务

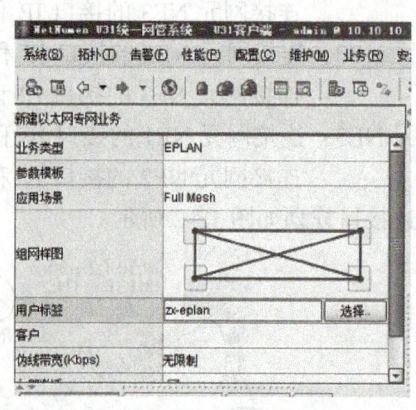

图 12-4　EPLAN 业务配置

3）在图 12-4 中，单击下方的"节点"下拉按钮，选择"增加 SPE 节点"，弹出如图 12-5 所示界面。此处将 3 台 PTN 设备均选中，完成后回到 EPLAN 业务配置界面，如图 12-6 所示。

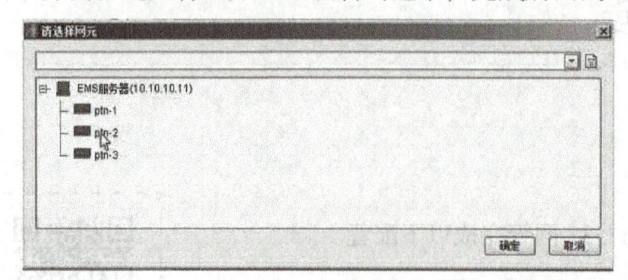

图 12-5　选择该 EPLAN 业务所在的网元设备

图 12-6　完成选择后的配置界面

接下来设置各网元所使用的用户接口，选中"ptn-1"（即 NE1），单击"接口"→"增加"按钮，在弹出的页面中选择"ptn-1"，单击"确定"按钮，如图 12-7 所示。

单击图 12-7 中的"端口"右边的空白处，选择 NE1 实际所使用的用户接口，将其加入到 EPLAN 业务中，如图 12-8 所示。

用同样的方法加入 NE2 和 NE3 所用的用户端口，在本次任务中，NE3 用到了 2 个接口，所以要将其全部加入此 EPLAN 业务。

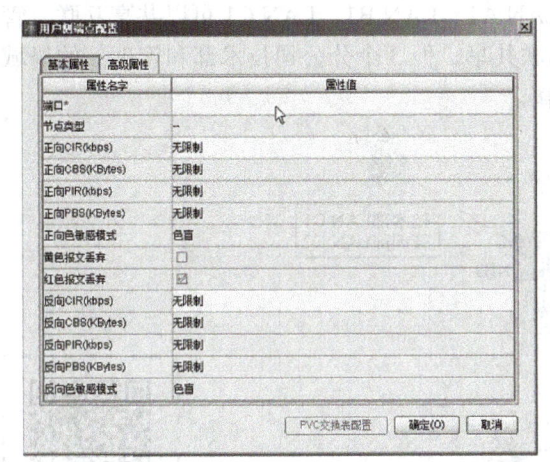

图 12-7　用户接口和端口限速界面　　　图 12-8　加入 NE1 所用的用户端口

注意：如果对网元的接入速率有要求，可在正向 CIR、正向 PIR、反正 CIR、反向 PIR 处填入相应的数字。

至此，EPLAN 业务配置完毕。

12.1.4　EPLAN 业务验证

在网元 NE1、网元 NE2、NE3 三地的 PTN 设备上，根据本次业务规划选定的 4 个接口。
- 网元 NE1：R8EGE-ETH:3。
- 网元 NE2：R8EGE-ETH:3。
- 网元 NE3：R8EGE-ETH:5，R4HGC-ETH:3。

用交叉线或直连线将上述 4 个端口连接 4 台以太网交换机，每台交换机下面接上计算机，并将所有计算机的 IP 地址设置在同一个网段，进行互相 ping 操作，能互相 ping 通则表示配置无误。

12.2　子任务 2：EVPLAN 业务配置

12.2.1　任务及情景引入

EVPLAN（Ethernet Virtual Private LAN）即以太网虚拟专用 LAN，也称为虚拟网桥服务、多点 VPN 业务，可实现多点到多点的业务连接。在交换时按照 MAC 地址和 VLAN 进行数据包的转发，用户端口可共享。该方式的优点是业务的安全性可以得到有效保证，但当业务包含大量的 VLAN 时，需逐个配置 VLAN，工作量较大。

如图 12-9 所示，某集团公司在 A、B、C 三地均设有分公司，每个分公司均设有技术部和管理部，A 分公司的技术部有一局域网 LAN A1，而管理部有一局域网 LAN A2，与 A 分公司一样，B 分公司有两个局域网 LAN B1、LAN B2，C 分公司有两个局域网 LAN C1、LAN C2。现要求 3 个分公司技术部的局域网 LAN A1、LAN B1、LAN C1 可以共享互联，管理部的局域网 LAN A2、LAN B2、LAN C2 互联共享，但 3 个分公司技术部和管理部的局域网彼此不能实现访问，即两部门的信息完全隔离。

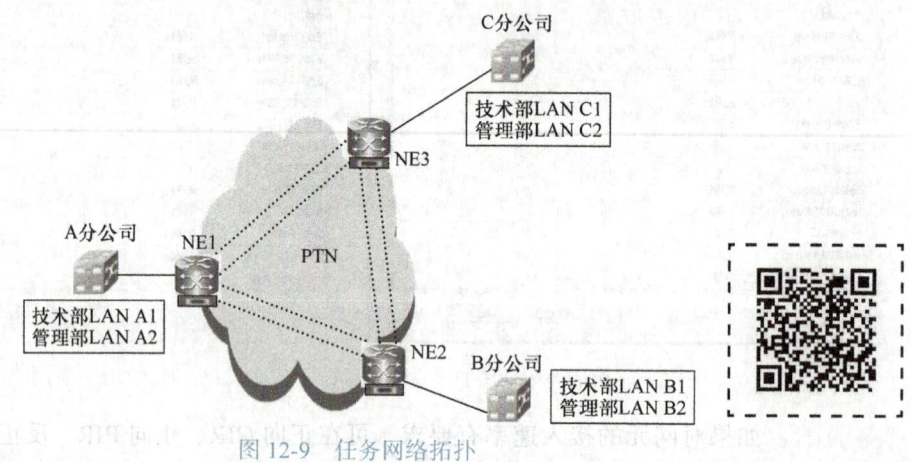

图 12-9　任务网络拓扑

通过本次学习，学习 PTN 设备的以太网 EVPAN 业务的特性、应用，以及在中兴通讯 ZXCTN 6200 设备上的 EVPLAN 业务配置过程。

12.2.2　任务分析及规划

（1）UNI 接口规划

本次任务中，3 个分公司的两个局域网共享一个用户端口，NE1、NE2 和 NE3 这 3 个网元站点的用户接口如下。

网元 NE1：R4HGC-ETH:4，电接口。

网元 NE2：R4HGC -ETH:4，电接口。

网元 NE3：R4HGC -ETH:4，电接口。

（2）NNI 接口规划和 VLAN

本次任务中，各网元之间的光纤通路接口和所属 VLAN 如下。

1）NE1 和 NE2 之间的物理连接。

网元 NE1：R8HGF-ETH:1，光接口。

网元 NE2：R8HGF-ETH:1，光接口。

两 UNI 接口所属 VLAN ID=100。

2）NE1 和 NE3 之间的物理连接。

网元 NE1：R8HGF-ETH:2，光接口。

网元 NE3：R8HGF-ETH:2，光接口。

两 UNI 接口所属 VLAN ID=102。

3）NE2 和 NE3 之间的物理连接。

网元 NE2：R8HGF-ETH:2，光接口。

网元 NE3：R8HGF-ETH:1，光接口。

两 UNI 接口所属 VLAN ID=101。

（3）IP 地址规划

网元 NE1：连接网元 NE2 的接口 IP 和子网掩码为 10.100.1.1/255.255.255.252。
  连接网元 NE3 的接口 IP 和子网掩码为 10.100.3.2/255.255.255.252。

网元 NE2：连接网元 NE1 的接口 IP 和子网掩码为 10.100.1.2/255.255.255.252。
  连接网元 NE3 的接口 IP 和子网掩码为 10.100.2.1/255.255.255.252。

网元 NE3：连接网元 NE1 的接口 IP 和子网掩码为 10.100.3.1/255.255.255.252。
  连接网元 NE2 的接口 IP 和子网掩码为 10.100.2.2/255.255.255.252。

上述接口规划如图 12-10 所示。

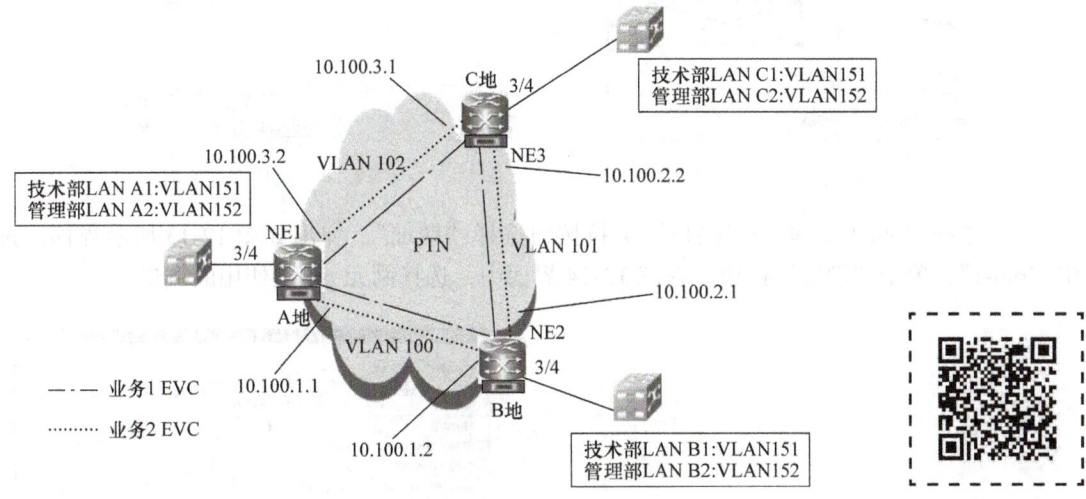

图 12-10　接口规划示意图

12.2.3　EVPLAN 业务配置步骤

在配置业务前，已经在 NetNumen U31 网管完成以下配置。

- 创建网元。
- 上载网元数据库。
- 配置单板。
- 同步网元时间。
- 各分公司的 2 个局域网均连接在一台支持 VLAN 划分的交换机上。

在中兴通讯 ZXCTN 6200 设备上配置 EVPLAN 的步骤通常按照以下顺序进行。

①配置 VLAN 接口→②配置 IP 接口→③配置 ARP 表→④创建端到端隧道→⑤创建伪线→⑥配置 EVPLAN 业务→⑦配置端口 ACL。

上述步骤①~步骤⑤属于基础配置，假设已经完成（具体方法参见任务 11），此处不再重复。需要说明的是：在本次任务中，每 2 个网元之间需配置 1 条隧道，且每条隧道要承载 2 条伪线，即完成本次任务总共需要 3 条隧道和 6 条伪线。

首先为技术部的 3 个局域网进行 EVPLAN 配置。

1）和前面创建 EPLAN 相同，首先在业务视图中，选择"业务"→"新建"→"新建以太网专网业务"，或者单击鼠标右键，选择"新建"→"新建以太网专网业务"。

2）在弹出的界面中，选择"业务类型"为"EVPLAN"，并在"用户标签"文本框中输入"zx evplan"，如图 12-11 所示。

3）在图 12-11 中，单击下方的"节点"下拉按钮，选择"增加 SPE 节点"，此处将 3 台 PTN 设备依次选中，如图 12-12 所示，完成后回到 EVPLAN 业务配置页面。

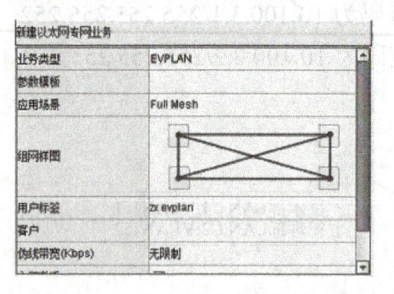

图 12-11 创建 EVPLAN 业务

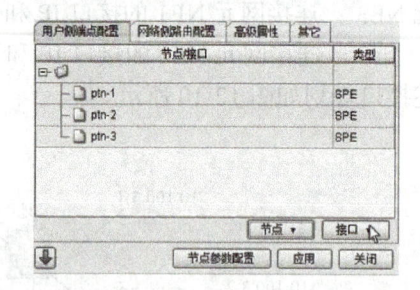

图 12-12 选中 3 个网元

4）选中"ptn-1"，单击"接口"下拉按钮选择"增加"，弹出如图 12-13 所示界面。选中"ptn-1"，单击"确定"按钮，在图 12-14 界面中，选择网元 ptn-1 使用的端口。

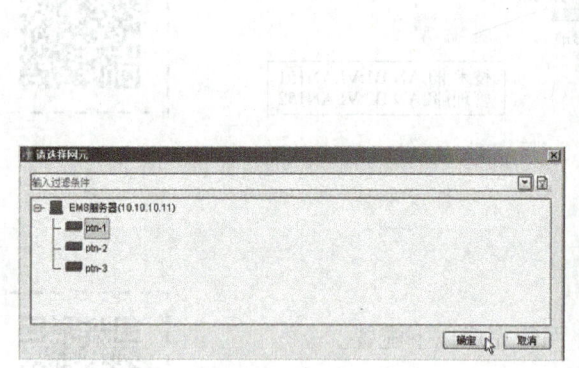

图 12-13 选择网元

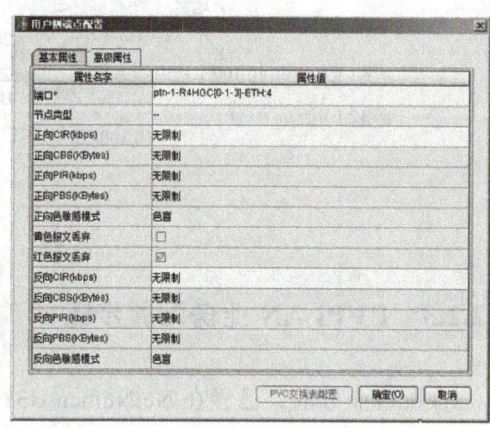

图 12-14 选择端口

在本次任务中，3 个网元使用的都是 3 号板位的 R4HGC 单板的第 4 个接口，且此接口为每个网元的两个局域网共用。单击"确定"按钮返回。

用同样的方法，为 ptn-2 和 ptn-3 网元选择用户端口。

5）回到图 12-12 所示界面，单击下方的"节点参数配置"按钮，弹出如图 12-15 的界面。

单击图 12-15 中的"选择"按钮，弹出"复杂流分类"界面，如图 12-16 所示。

单击图 12-16 中的"增加"按钮，创建一个复杂流，设置"流名字"为"VLAN151"，分类规则为"SVLAN"，"SVLAN"为 151。然后单击"确定"按钮，如图 12-17 所示。

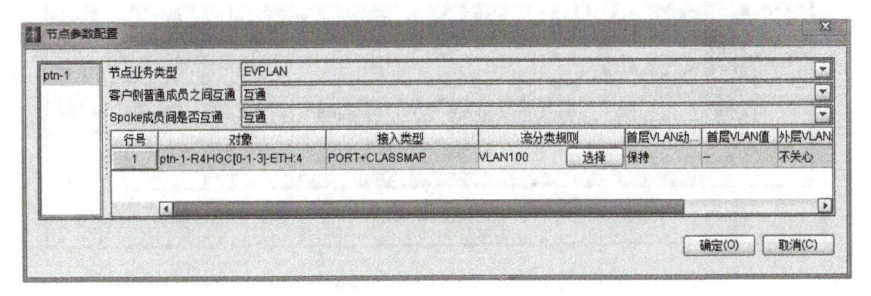

图 12-15 "节点参数配置"界面

图 12-16 "复杂流分类"界面　　　图 12-17 创建第一个复杂流 VLAN151

在本次任务中,每个网元要连接两个 VLAN,所以需要创建两个复杂流,为避免烦琐,这里可事先创建好第二个复杂流 VLAN152,用来预留给下次创建管理部的 EVPLAN 业务时直接使用。操作如下:

再次单击"增加"按钮,创建一个复杂流,设置"流名字"为 VLAN152,"分类规则"为"SVLAN","SVLAN"为 152,如图 12-18 所示。

接下来,将创建的第一个复杂流应用到 ptn-1 所用的接口上,选择复杂流 VLAN151,单击"选择"按钮,如图 12-19 所示。

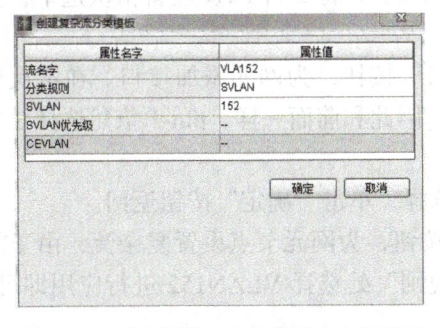

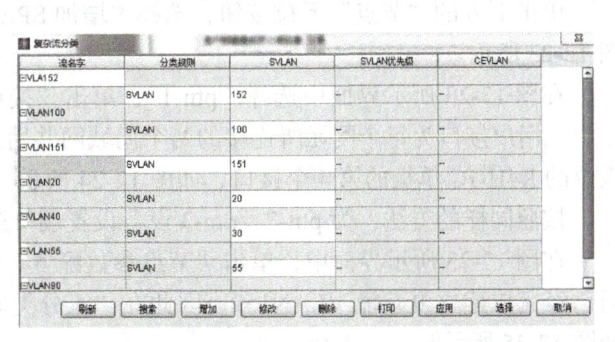

图 12-18 创建第二个复杂流 VLAN152　　　图 12-19 将复杂流 VLAN151 应用到网元的接口上

完成复杂流 VLAN151 的设备端口选择应用后,界面如图 12-20 所示。

在图 12-20 左边的网元列表中,依次选择 ptn-2 和 ptn-3,进行复杂流的创建和分配,具体内容如下。

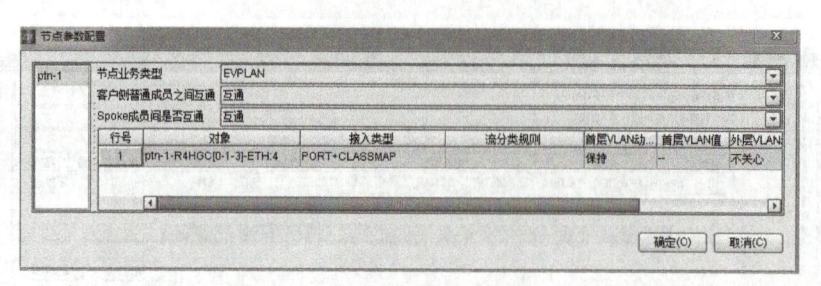

图 12-20 完成复杂流 VLAN151 的设备端口选择应用界面

ptn-2：增加 2 个复杂流 VLAN151 和 VLAN152，并将 VLAN151 应用到 ptn-2 的 R4HGC-ETH:4。

ptn-3：增加 2 个复杂流 VLAN151 和 VLAN152，并将 VLAN151 应用到 ptn-3 的 R4HGC-ETH:4。

创建方法见上述步骤 5)，此处不再重复。这样就完成技术部的 EVPLAN 业务创建。

6) 单击"确定"按钮后，回到最初的图 12-11 所示界面，单击下方的"应用"按钮，出现"创建成功，是否继续"提示页面，如图 12-21 所示。

由于本次任务还需要为管理部门创建业务互通，因此单击上图中的"是"按钮，继续创建第二个 EVPLAN 业务（管理部），标签为"ZX EVPLAN2"，如图 12-22 所示。

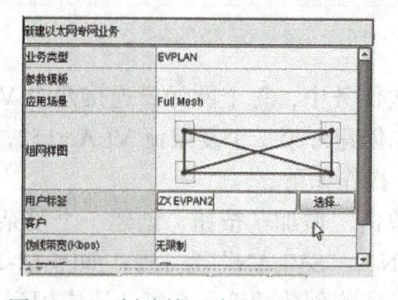

图 12-21 创建成功提示界面　　图 12-22 创建第二个 EVPLAN 业务

单击下方的"节点"下拉按钮，选择"增加 SPE 节点"，将 3 台 PTN 设备依次选中，如图 12-23 所示。

在图 12-23 所示界面中选择"ptn-1"，单击"接口"按钮，为网元添加接口。在本次任务中，用户接口为每个网元所连接的两个局域网共用。因此和前面一样，ptn-1 依然选择 3 号板位的 R4HGC 单板的第 4 个接口，如图 12-24 所示。

按照同样的方法，为 ptn-2、ptn-3 设备设置端口选择，单击"确定"按钮返回。

在图 12-23 所示界面中，单击"节点参数配置"按钮，为网元节点设置复杂流，由于前面已经完成建立复杂流 VLAN152，因此在"流分类规则"处选择 VLAN152 进行应用即可，如图 12-25 所示。

类似地，继续为 ptn-2 和 ptn-3 设备相关端口进行复杂流 VLAN152 的应用。结果如图 12-26 和图 12-27 所示。

依次单击"确定"按钮→"应用"按钮，弹出"创建成功，是否继续？"提示页面，单击"否"按钮，完成本次任务创建。

图 12-23　选中 3 台 PTN 设备　　　　图 12-24　ptn-1 设备所用的端口选择

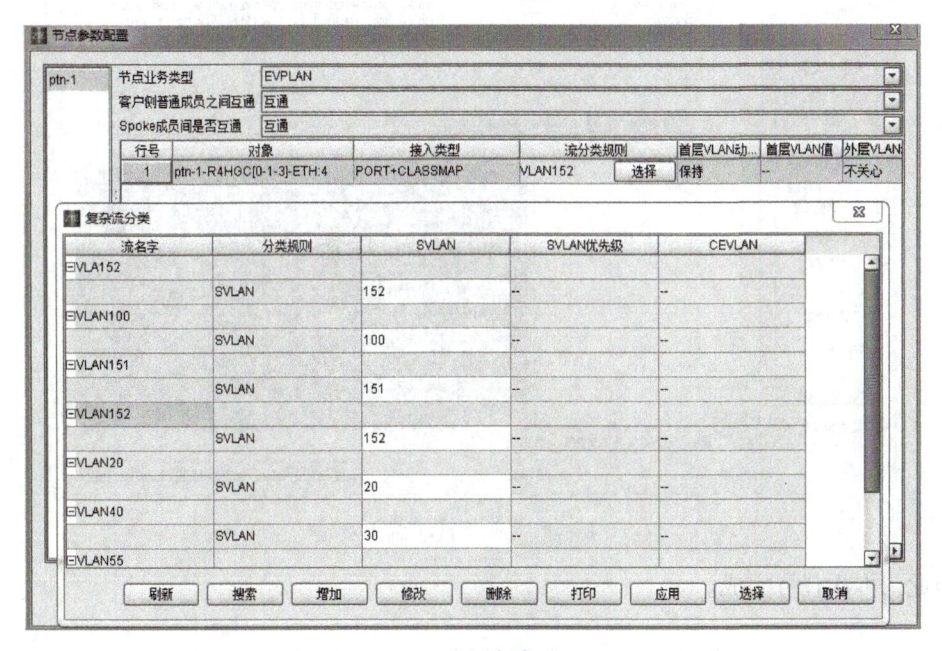

图 12-25　ptn-1 应用复杂流 VLAN152

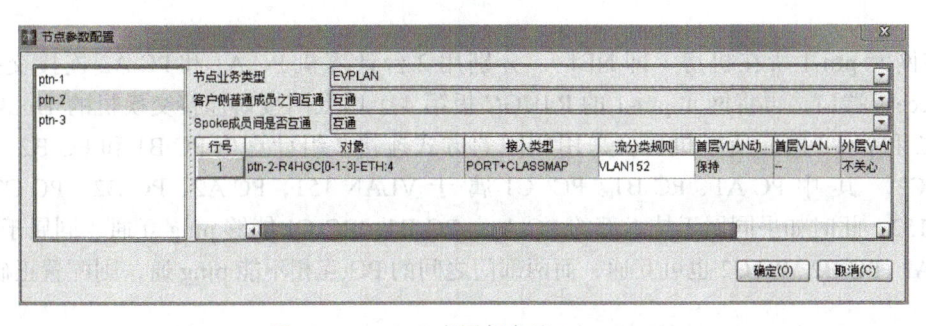

图 12-26　ptn-2 应用复杂流 VLAN152

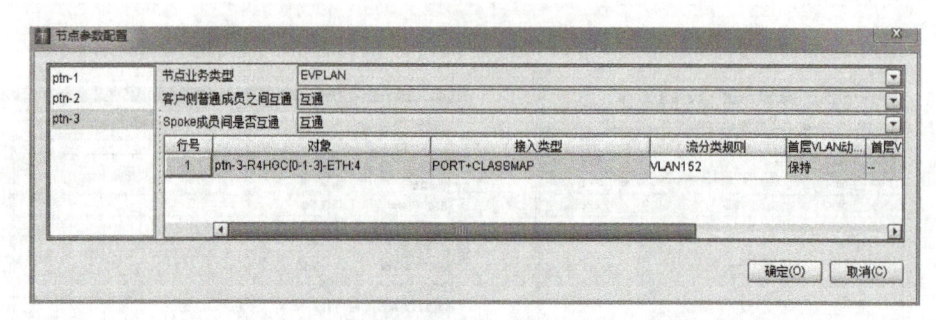

图 12-27　ptn-3 应用复杂流 VLAN152

在"业务管理器"界面中，通过筛选可以看到所创建的 2 条 EVPLAN 业务，如图 12-28 所示。

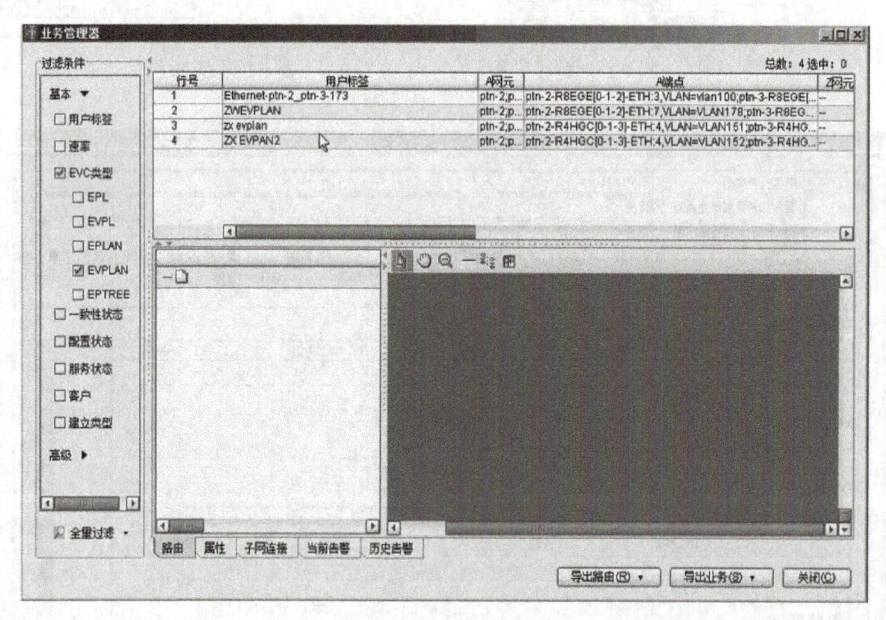

图 12-28　"业务管理器"界面

至此，本次任务完成。

12.2.4　EVPLAN 业务验证

在网元 ptn-1 所在机房（即 NE1），分别用 2 台计算机 PC A1 和 PC A2 连接交换机的 2 个 Access 端口，再将网元 ptn-1 的 R4HGC 板第 4 个以太网接口连接交换机的 Trunk 端口；在 ptn-2 和 ptn-3 网元所在机房，采用相同的方式连接 2 组计算机 PC B1 和 PC B2，PC C1 和 PC C2，其中 PC A1、PC B1、PC C1 属于 VLAN 151，PC A2、PC B2、PC C2 属于 VLAN152，此时如果同属于技术部的 PC A1、PC B1、PC C1 能够 ping 互通，同属于管理部的 PC A2、PC B2、PC C2 也可互通，而两部门之间的 PC 互相不能 ping 通，则配置正确无误。

思考与练习

1. 简述 E-LAN 业务和 E-Line 业务的区别。

2. 如图 12-29 所示，4 个网元采用中兴通讯 ZXCTN 6200 设备组成一环网，请分别完成以下业务的配置。

1）网元 1、网元 2、网元 3 各有一个局域网，分别为 LAN 1、LAN 2、LAN 3。请通过配置 EPLAN 业务实现三地资源共享。

2）网元 4 有两个局域网 LAN 4A、LAN 4B，网元 2 有一个局域网 LAN 2A，网元 3 有一个局域网 LAN 3A，请采用 EVPLAN 方式实现 LAN 4A 和 LAN 2A 互通，LAN 4B 和 LAN 3A 互通。

3）对于上述业务需求，是否可以通过 EPL 或 EVPL 实现？

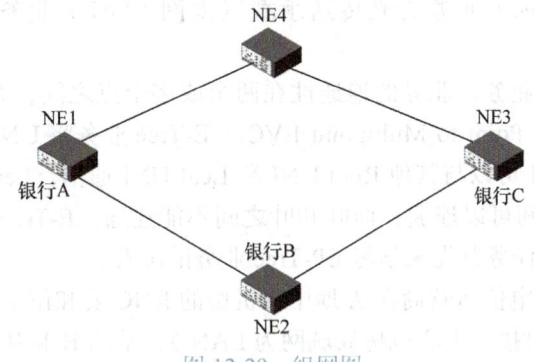

图 12-29　组网图

任务 13　以太网树形业务配置

13.1　子任务 1：EP-Tree 业务配置

13.1.1　任务及情景引入

以太网树形（E-Tree）业务为光传送承载以太网（EoT）业务之一，分为 EP-Tree 和 EVP-Tree。

E-Tree 为点到多点业务，业务的连通性在两个或多个点之间，客户的接入点称为 UNI，E-Tree 业务 MEF 定义为 Point-to-Multipoint EVC。E-Tree 业务将 UNI 的属性分为 Root（根）和 Leaf（叶），Root UNI 可以与其他 Root UNI 和 Leaf UNI 通信，Leaf UNI 只能与 Root UNI 通信。即根和所有叶之间可以连通，而叶和叶之间不能连通。E-Tree 又可细分为 EP-Tree 和 EVP-Tree 业务，本次子任务首先来学习 EP-Tree 业务的配置。

如图 13-1 所示，某电信运营商在 A 地中心机房的 RNC 要和位于 B、C 两地的 Node B1、Node B2 分别进行业务对接。中心机房局域网为 LAN 3，基站 B 和基站 C 各有局域网 LAN 1 和 LAN 2，要求 LAN 3 和 LAN 1 互通，LAN 3 和 LAN 2 互通，而 LAN 1 和 LAN 2 之间不能互相访问，并且 Node B1、Node B2 和 RNC 之间的承诺速率 CIR 为 20Mbit/s，峰值速率 PIR 为 25Mbit/s。

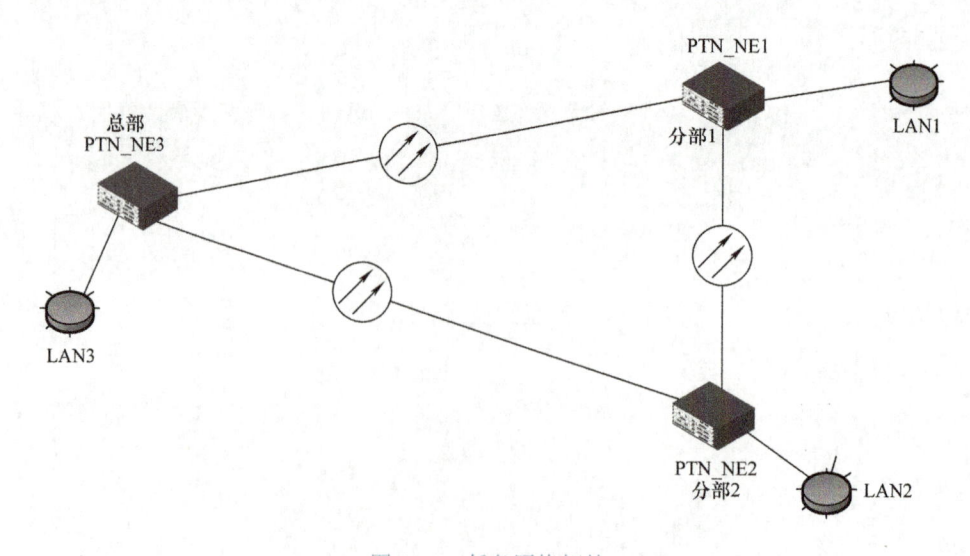

图 13-1　任务网络拓扑

通过本任务，学习 PTN 设备的以太网 EP-Tree 业务的特性、应用，以及在中兴通讯 ZXCTN 6200 设备上的 EP-Tree 业务配置过程。

13.1.2 任务分析及规划

本次任务中，可以参考任务 12，在总部做两条 EPL 业务，分别是 NE3-NE1、NE3-NE2 来实现任务要求，但这种方式会占用总部 NE3 两个用户端口，如考虑用 EP-Tree 业务实现，则 NE3 只需一个用户端口。接下来对 EP-Tree 方式的配置进行描述。

（1）UNI 接口规划

本次任务中，NE1、NE2 和 NE3 这 3 个网元站点的用户接口如下。

网元 NE1：R8EGE-ETH：2，电接口。

网元 NE2：R8EGE-ETH：2，电接口。

网元 NE3：R8EGE-ETH：2，电接口。

（2）NNI 接口规划和 VLAN

本次任务中，各网元之间的光纤通路接口和所属 VLAN 如下。

1）NE1 和 NE2 之间的物理连接。

网元 NE1：R8HGF-ETH：1，光接口。

网元 NE2：R8HGF-ETH：1，光接口。

两 UNI 接口所属 VLAN ID=80。

2）NE1 和 NE3 之间的物理连接。

网元 NE1：R8HGF-ETH：2，光接口。

网元 NE3：R8HGF-ETH：2，光接口。

两 UNI 接口所属 VLAN ID=81。

3）NE2 和 NE3 之间的物理连接。

网元 NE2：R8HGF-ETH：2，光接口。

网元 NE3：R8HGF-ETH：1，光接口。

两 UNI 接口所属 VLAN ID=82。

（3）IP 地址规划

1）网元 NE1：叶节点。

连接网元 NE2 的接口 IP 和子网掩码为 30.1.1.1/255.255.255.252。

连接网元 NE3 的接口 IP 和子网掩码为 30.1.2.1/255.255.255.252。

2）网元 NE2：叶节点。

连接网元 NE1 的接口 IP 和子网掩码为 30.1.1.2/255.255.255.252。

连接网元 NE3 的接口 IP 和子网掩码为 30.1.3.1/255.255.255.252。

3）网元 NE3：根节点。

连接网元 NE1 的接口 IP 和子网掩码为 30.1.2.2/255.255.255.252。

连接网元 NE2 的接口 IP 和子网掩码为 30.1.3.2/255.255.255.252。

上述接口规划如图 13-2 所示。

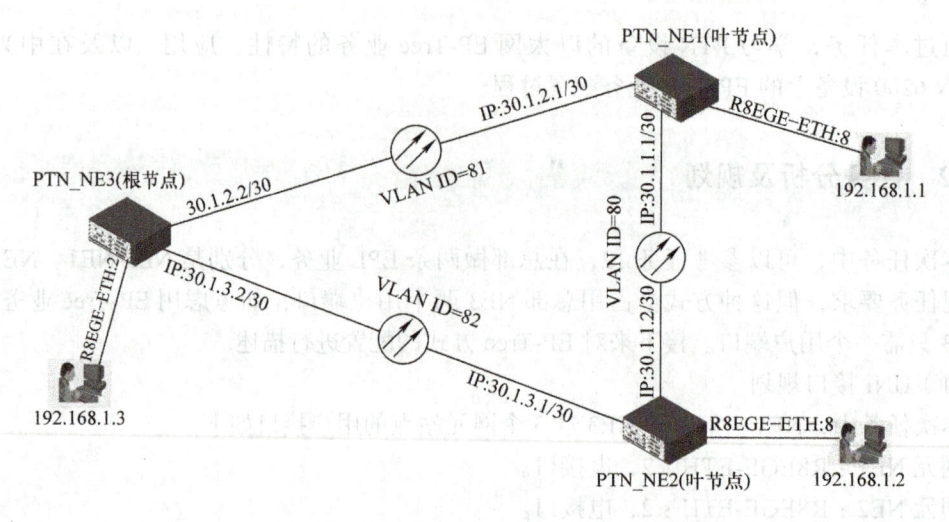

图 13-2 接口规划示意图

13.1.3 EP-Tree 业务配置步骤

在配置业务前，已经在 NetNumen U31 网管完成以下配置。
- 创建网元。
- 上载网元数据库。
- 配置单板。
- 同步网元时间。

在中兴通讯 ZXCTN 6200 设备上配置 EP-Tree 的步骤通常按照表 13-1 顺序进行。

EP-Tree 业务配置

表 13-1 配置 EP-Tree 的步骤

步骤	描述	操作提示
1	接口配置	配置业务接口 配置 VLAN 和 IP 接口 配置 ARP 表（自动）
2	基础配置	创建隧道和伪线
3	创建业务	创建 EP-Tree 业务
4	指派根节点和叶节点，并绑定相应端口	

本任务中，表 13-1 中的步骤 1 见前面章节的接口配置方法，步骤 2 也属于基本配置，需要在 C 和 A、C 和 B 之间分别创建 1 条隧道和 1 条伪线，假设已经完成（具体方法参见任务 11，此处不再重复）。配置 EP-Tree 方法如下。

1）在业务视图中，选择"业务"→"新建"→"新建以太网树业务"，或者单击鼠标右键，选择"新建"→"新建以太网树业务"，如图 13-3 所示。

任务 13 以太网树形业务配置

2）在弹出的界面中，选择"业务类型"为"EPTREE"，并在"用户标签"文本框中输入自定义字符串，这里输入"ZX"，如图 13-4 所示。

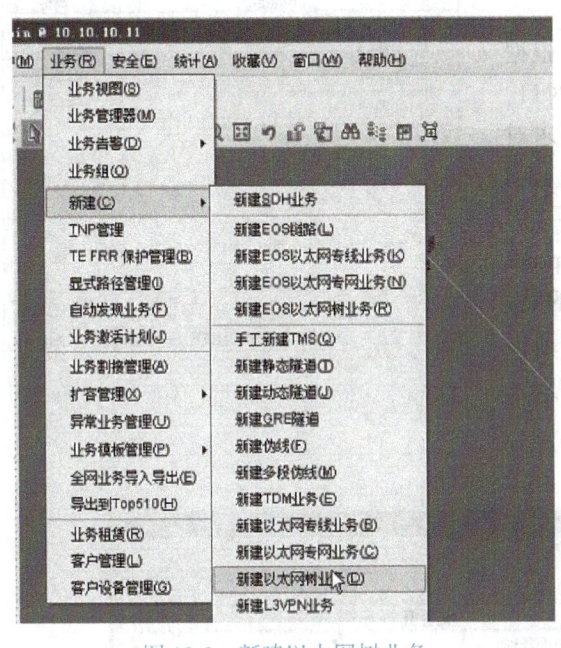

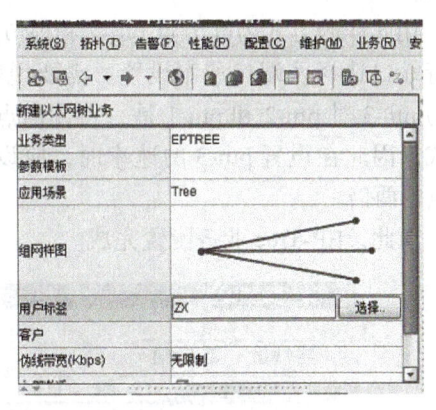

图 13-3 新建以太网树业务　　　　　　　　图 13-4 EP-Tree 业务配置

3）在图 13-5 中，单击下方的"节点"下拉按钮，选择"根网元"，弹出如图 13-5 所示界面。

在图 13-6 中，选择"ptn-3"，将其设置为根节点。接下来再将 ptn-1 和 ptn-2 设置为叶节点。单击图 13-5 中的"叶子网元"，在弹出的网元选择页面中，依次将 ptn-1 和 ptn-2 加入叶子网元，完成后的页面如图 13-7 所示。

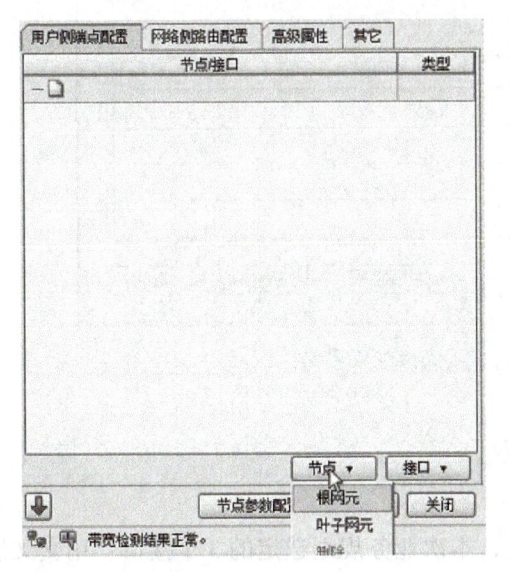

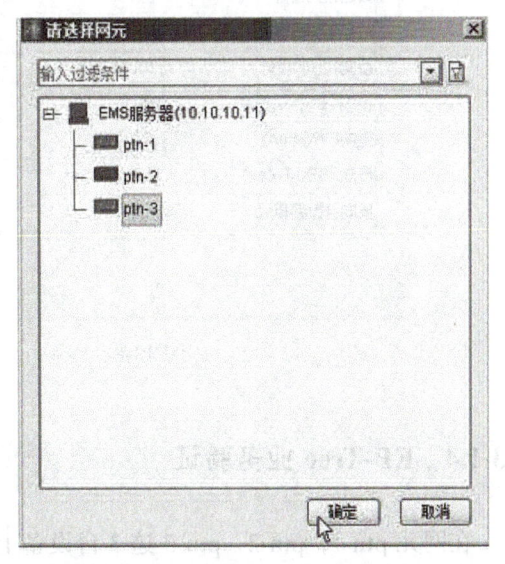

图 13-5 创建根节点　　　　　　　　图 13-6 选择 ptn-3 网元设置为根节点

接下来，设置各网元所使用的用户接口，选中"ptn-1"（即 NE1），单击"接口"→"增加"按钮，在弹出的页面中选择"ptn-1"，单击"确定"按钮。

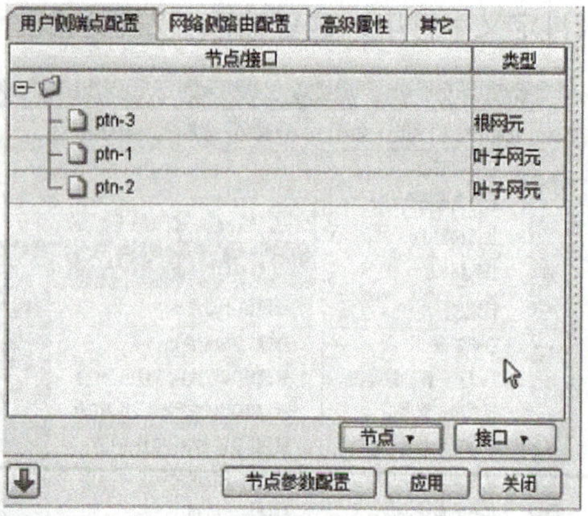

这里，选择 ptn-1 所用到的用户接口，根据任务规划是 2 号板位 R8EGE 第 8 个以太网口，单击"端口"空白处进行选择，同时根据要求对接口速率进行设置。完成配置的界面如图 13-8 所示。

用同样的方式为叶节点 ptn-2 和根节点 ptn-3 进行端口选择及端口速率设置。需要说明的是，因为 ptn-3 对 ptn-2 和 ptn-1 是一点到两点的通信方式，因此在设置 ptn-3 的速率时，应设置为叶节点的两倍。

至此，EP-Tree 业务配置完成。

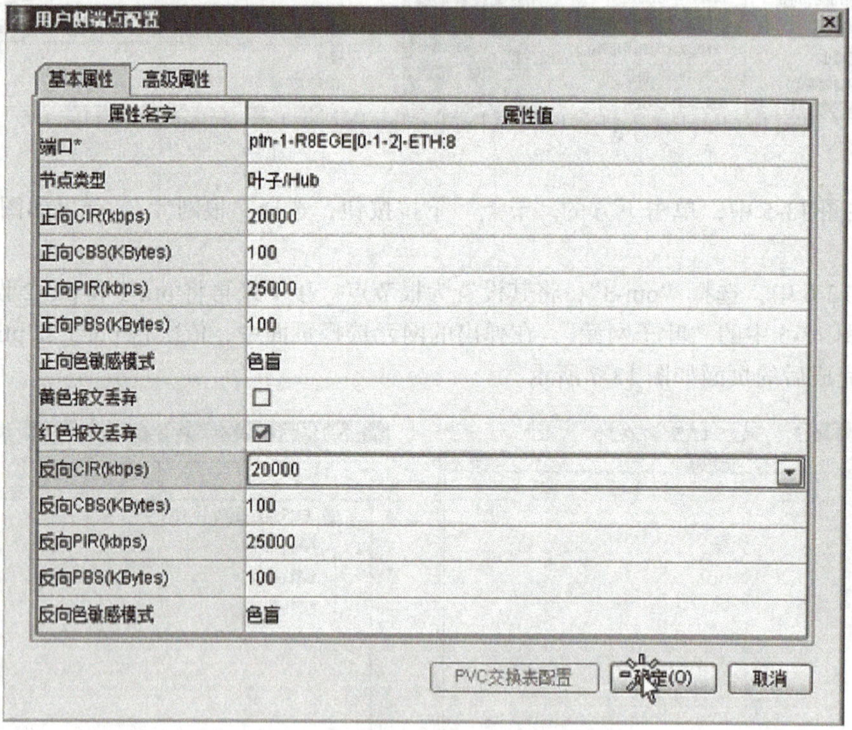

图 13-7 完成根节点和叶节点选择后的界面

图 13-8 叶子网元 ptn-1 完成配置界面

13.1.4 EP-Tree 业务验证

在网元 ptn-1，ptn-2，ptn-3 这 3 台设备上，本次业务规划选定的 3 个接口：用交叉线或直连线连接 3 台计算机。

网元 NE1：2 号板位 R8EGE-ETH：8，连接 PC1。
网元 NE2：2 号板位 R8EGE-ETH：8，连接 PC2。
网元 NE3：2 号板位 R8EGE-ETH：8，连接 PC3。
将 3 台计算机的 IP 地址设置在同一个网段，进行互相 ping 操作，如果 PC3 和 PC2、PC3 和 PC1 能互通，而 PC1 和 PC2 不通，则表示配置无误。

13.2　子任务 2：EVP-Tree 业务配置

13.2.1　任务及情景引入

EVP-Tree 也是 E-Tree 的一种，即点到多点业务，在 EVP-Tree 业务中，和 EP-Tree 一样，根节点和所有叶节点之间可以连通，而叶节点和叶节点之间不能连通。不同之处是 EP-Tree 业务直接根据 UNI 端口来划分 EVC，EVP-Tree 业务需要根据 UNI 端口+CEVLAN 来划分 EVC。本次子任务学习 EVP-Tree 业务的配置。

如图 13-9 所示，某集团公司在 A 地设有总公司，B、C 两地设有分公司，其网络构建如下。

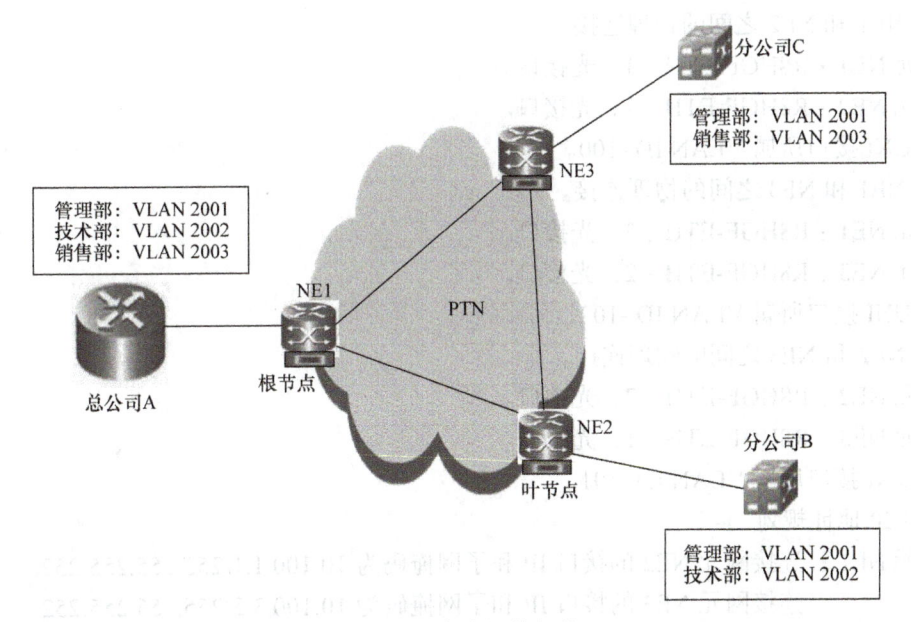

图 13-9　任务网络拓扑

总公司 A 地：管理部、技术部、销售部 3 个部门，对应 3 个局域网 VLAN 2001、VLAN 2002、VLAN 2003。
分公司 B 地：管理部、技术部 2 个部门，对应 2 个局域网 VLAN 2001、VLAN 2002。
分公司 C 地：管理部、销售部 2 个部门，对应 2 个局域网 VLAN 2001、VLAN 2003。
通过 EVP-Tree 业务配置，要求实现：

- A 地 - 管理部与 B 地 - 管理部互相通信。
- A 地 - 管理部与 C 地 - 管理部互相通信。
- A 地 - 技术部与 B 地 - 技术部互相通信。
- A 地 - 销售部与 C 地 - 销售部互相通信。

其他部门之间不能通信。

通过本次任务，学习 PTN 设备的以太网 EVP-Tree 业务的特性、应用，以及在中兴通讯 ZXCTN 6200 设备上的 EVP-Tree 业务配置过程。

13.2.2　任务分析及规划

（1）UNI 接口规划

本次任务中，3 个分公司的所有局域网共享一个用户端口，通过 VLAN 标记实现业务共享，NE1、NE2 和 NE3 这 3 个网元站点的用户接口如下。

网元 NE1：R4HGC-ETH：1，电接口。

网元 NE2：R8EGE-ETH：5，电接口。

网元 NE3：R8EGE-ETH：8，电接口。

（2）NNI 接口规划和 VLAN

本次任务中，各网元之间的光纤通路接口和所属 VLAN 如下。

1）NE1 和 NE2 之间的物理连接。

网元 NE1：R8HGF-ETH：1，光接口。

网元 NE2：R8HGF-ETH：1，光接口。

两 UNI 接口所属 VLAN ID=100。

2）NE1 和 NE3 之间的物理连接。

网元 NE1：R8HGF-ETH：2，光接口。

网元 NE3：R8HGF-ETH：2，光接口。

两 UNI 接口所属 VLAN ID=102。

3）NE2 和 NE3 之间的物理连接。

网元 NE2：R8HGF-ETH：2，光接口。

网元 NE3：R8HGF-ETH：1，光接口。

两 UNI 接口所属 VLAN ID=101。

（3）IP 地址规划

网元 NE1：连接网元 NE2 的接口 IP 和子网掩码为 10.100.1.1/255.255.255.252。

连接网元 NE3 的接口 IP 和子网掩码为 10.100.3.2/255.255.255.252。

网元 NE2：连接网元 NE1 的接口 IP 和子网掩码为 10.100.1.2/255.255.255.252。

连接网元 NE3 的接口 IP 和子网掩码为 10.100.2.1/255.255.255.252。

网元 NE3：连接网元 NE1 的接口 IP 和子网掩码为 10.100.3.1/255.255.255.252。

连接网元 NE2 的接口 IP 和子网掩码为 10.100.2.2/255.255.255.252。

上述接口规划如图 13-10 所示。

图 13-10　接口规划示意图

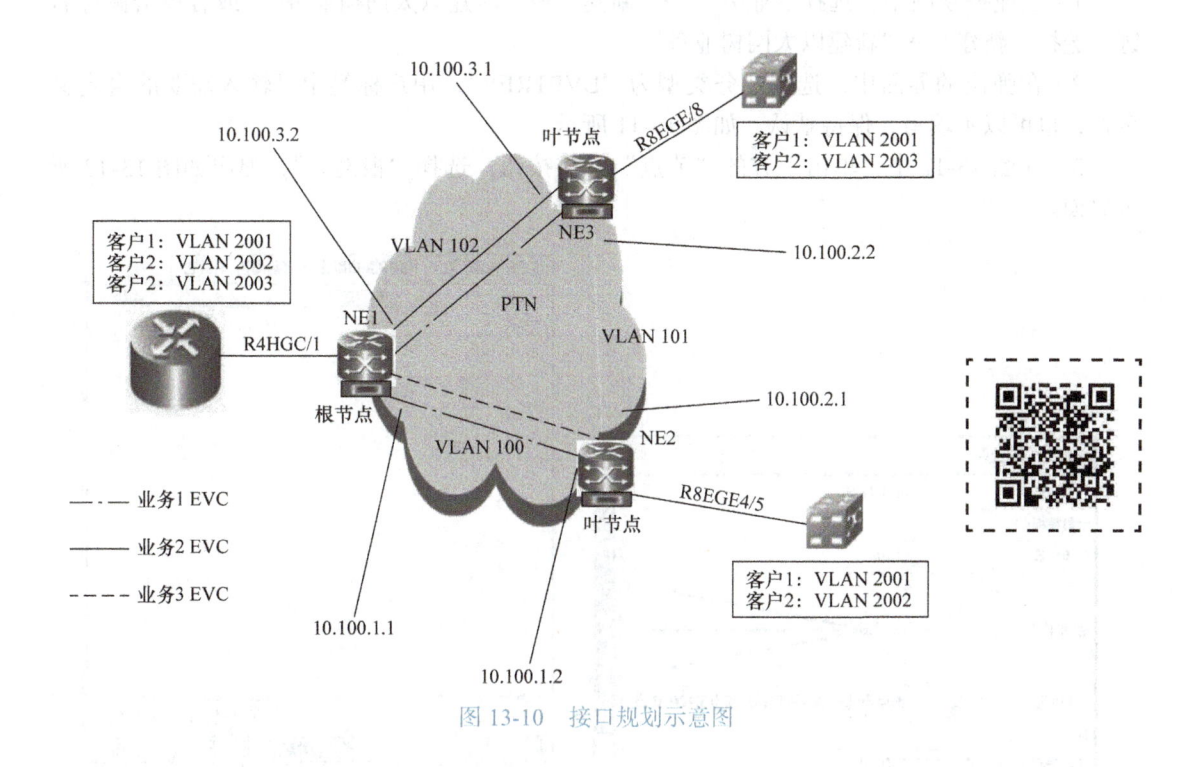

13.2.3　EVP-Tree 业务配置步骤

在配置业务前，已经在 NetNumen U31 网管完成以下配置。
- 创建网元。
- 上载网元数据库。
- 配置单板。
- 同步网元时间。
- 各分公司的 2 个局域网均连接在一台支持 VLAN 划分的交换机上。

在中兴通讯 ZXCTN 6200 设备上配置 EVP-Tree 的步骤通常按照以下顺序进行：

①配置 VLAN 接口→②配置 IP 接口→③配置 ARP 表→④创建端到端隧道→⑤创建伪线→⑥配置 EVP-Tree 业务→⑦配置端口 ACL。

上述步骤①～步骤⑤属于基础配置，假设已经完成（具体方法参见前面的章节），此处不再重复。

需要说明的是，在本次任务中，A 和 B、A 和 C 之间应各创建 1 条隧道来承载伪线；A 和 B 之间需要创建 2 条伪线，分别对应于 VLAN2001-VLAN2001、VLAN2002-VLAN2002 业务，A 和 C 之间也需要创建 2 条伪线，对应于 VLAN2001-VLAN2001、VLAN2003-VLAN2003 业务。

首先为总公司 A 到分公司 B 和 C 创建一对二的 EVC 业务，实现 A 的管理部分别对 B 和 C 的管理部的通信。创建 EVP-Tree 的步骤如下。

1）在业务视图中，选择"业务"→"新建"→"新建以太网树业务"，或者单击鼠标右键，选择"新建"→"新建以太网树业务"。

2）在弹出的界面中，选择业务类型为"EVPTREE"，用户标签中可输入需要的自定义字符，也可以不填写，保持默认，如图 13-11 所示。

3）在图 13-12 中，单击下方的"节点"下拉按钮，选择"根网元"，弹出如图 13-13 所示界面。

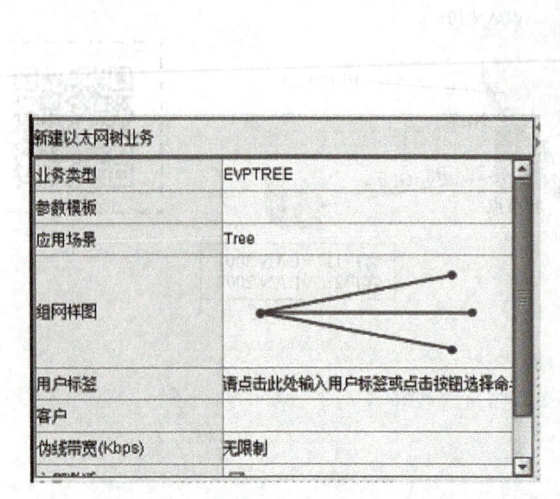

图 13-11　新建以太网树业务 EVP-Tree　　　　图 13-12　创建根节点

在图 13-13 中，选择"ptn-1"，将其设置为根节点。接下来再将 ptn-2 和 ptn-3 设置为叶节点。选择图 13-12 中的"叶子网元"，在弹出的网元选择界面中，依次将 ptn-2 和 ptn-3 加入叶子网元，完成后的配置页面如图 13-14 所示。

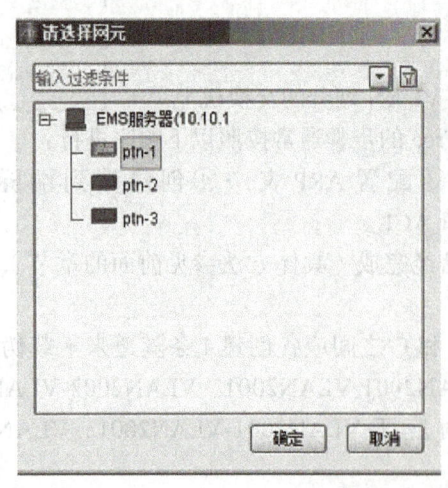

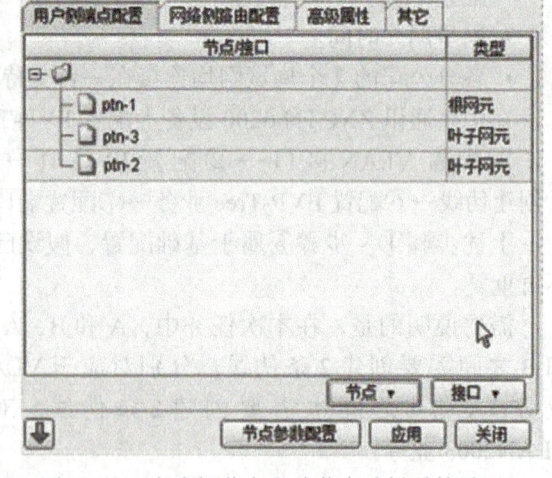

图 13-13　将 ptn-1 网元设置为根节点　　　　图 13-14　完成根节点和叶节点选择后的界面

接下来设置各网元所使用的用户接口，选中"ptn-1"（即 NE1），单击"接口"下拉按钮，选择"增加"，在弹出的界面中选择"ptn-1"，单击"确定"按钮。

这里，选择"ptn-1"所用到的用户接口，根据任务规划是 3 号板位 R4HGC 第 1 个以太网口，单击"端口"空白处进行选择，如图 13-15 所示。

图 13-15 选择 ptn-1 占用的用户接口

用同样的方式为叶节点 ptn-2（R8EGE-ETH：5）和叶节点 ptn-3（R8EGE-ETH：8）进行端口选择。

4）端口选择完成后，对网元进行节点参数配置。单击图 13-12 中的"节点参数配置"按钮，弹出如图 13-16 的界面。

这里主要是为网元创建复杂流，根据各个网元的业务分类可知，需要在 ptn-1（对应于根节点，NE1）创建 3 个复杂流；在 ptn-2 和 ptn-3（对应于叶节点 NE1 和 NE2）创建 2 个复杂流。

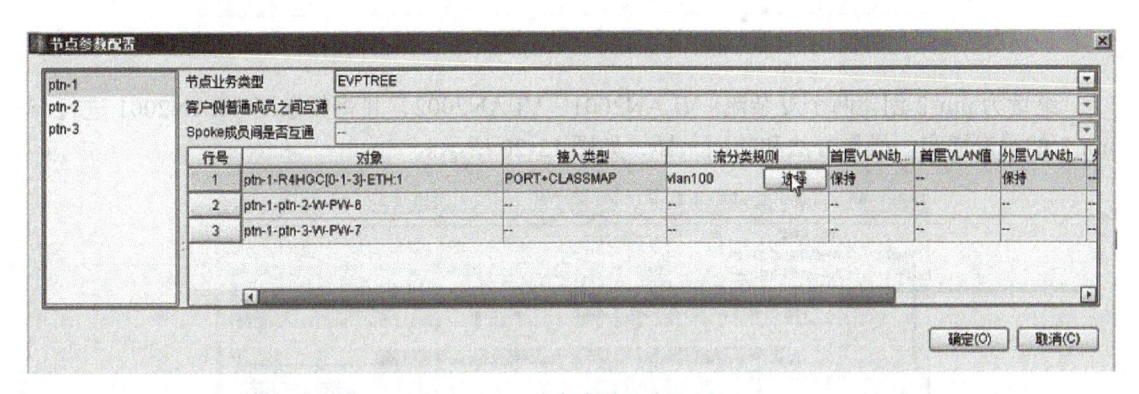

图 13-16 "节点参数配置"界面

选中图 13-16 中的"ptn-1"，单击"流分类规则"下方的单元格，单击单元格右边出现的"选择"按钮，弹出如图 13-17 所示的界面。

图 13-17　复杂流分类

单击"增加"按钮，为"ptn-1"创建一个复杂流，设置"流名字"为"VLAN2001"，"分类规则"为"SVLAN"，SVLAN 为"2001"。如图 13-18 所示。

单击"确定"按钮返回。用同样的方法创建第 2 个复杂流 VLAN2002 和第 3 个复杂流 VLAN2003。

图 13-18　创建第 1 个复杂流 VLAN2001

接下来，将创建的第 1 个复杂流 VLAN2001 应用到 ptn-1 所用的接口上，选中 ptn-1 网元，单击复杂流 VLAN2001，单击"选择"按钮即可，完成后的节点参数配置如图 13-19 所示。

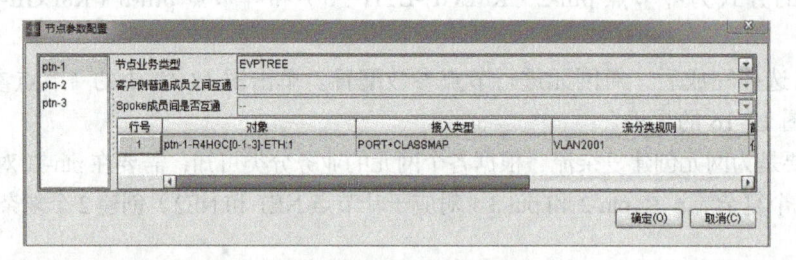

图 13-19　ptn-1 完成复杂流 VLAN2001 端口绑定选择

继续为 ptn-2 创建两个复杂流：VLAN2001、VLAN2002，并将复杂流 VLAN2001 进行与 ptn-2 的端口绑定。操作方法和前面一样，如图 13-20 所示。

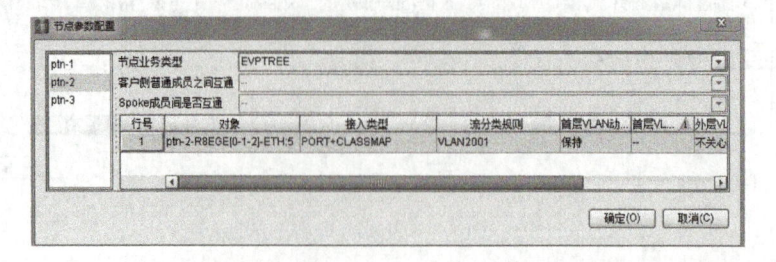

图 13-20　ptn-2 完成复杂流 VLAN 2001 端口绑定选择

任务 13 以太网树形业务配置

为 ptn-3 创建两个复杂流：VLAN2001、VLAN2003，并将复杂流 VLAN2001 进行与 ptn-3 的端口绑定。如图 13-21 所示。

图 13-21 ptn-3 完成复杂流 VLAN2001 端口绑定选择

单击"确定"按钮，回到 EVP-Tree 配置界面。到这里，总公司 A 的管理部就可以和分公司 B、分公司 C 的管理部进行通信了。

5）为了完成总公司 A 的技术部与分公司 B 的技术部之间的业务通信，还需要创建一个 EVC 业务，方法与上面的步骤 1）和步骤 2）一样，这里不再重复叙述。

接下来将 ptn-1 设为根节点，ptn-2 设为叶节点，如图 13-22 所示。

单击"接口"按钮，添加 ptn-1 和 ptn-2 网元使用的用户接口，由于是用户接口共享，所以端口选择和前面一样。即

- ptn-1：R4HGC 第 1 个以太网电接口。
- ptn-2：R8EGE 第 5 个以太网电接口。

端口选择的方法和前面的操作类似，此处不再重复。

完成端口选择后，单击图 13-22 中的"节点参数配置"按钮，将先前已经创建好的复杂流 VLAN2002 分别应用到 ptn-1 和 ptn-2 上，如图 13-23 和图 13-24 所示。

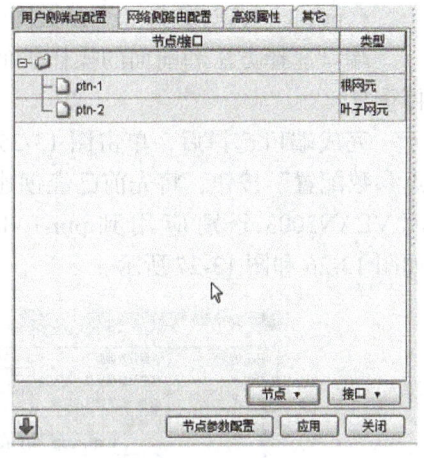

图 13-22 创建第 2 个 EVC 业务

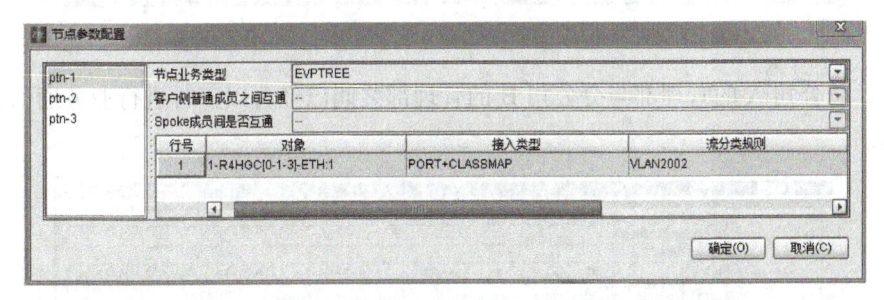

图 13-23 ptn-1 完成复杂流 VLAN2002 端口绑定选择

至此，总公司 A 的技术部与分公司 B 的技术部之间就可以正常进行业务通信了。

6）为了完成总公司 A 销售部与分公司 C 销售部之间的业务通信，还需要创建第 3 个 EVC 业务，方法与创建第 1 个 EVC 的步骤 1）和步骤 2）一样。

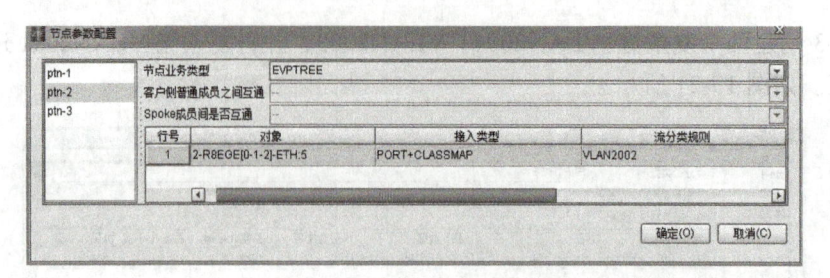

图 13-24　ptn-2 完成复杂流 VLAN2002 端口绑定选择

这里将 ptn-1 设置根节点，ptn-3 设为叶节点，如图 13-25 所示。

单击"接口"按钮，将 ptn-1 和 ptn-3 网元使用的用户接口进行添加，由于是用户接口共享，所以端口选择和前面一样。

- ptn-1：R4HGC 第 1 个以太网电接口。
- ptn-3：R8EGE 第 8 个以太网电接口。

端口选择方法和前面的操作类似，此处不再重复。

完成端口选择后，单击图 13-25 中的"节点参数配置"按钮，将先前已经创建好的复杂流 VLAN2003 分别应用到 ptn-1 和 ptn-3 上，如图 13-26 和图 13-27 所示。

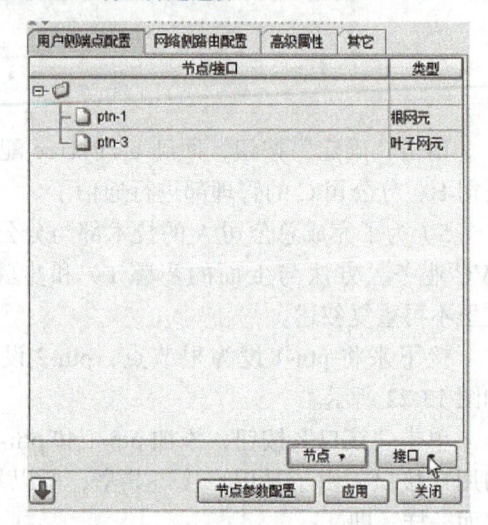

图 13-25　创建第 3 个 EVC 业务

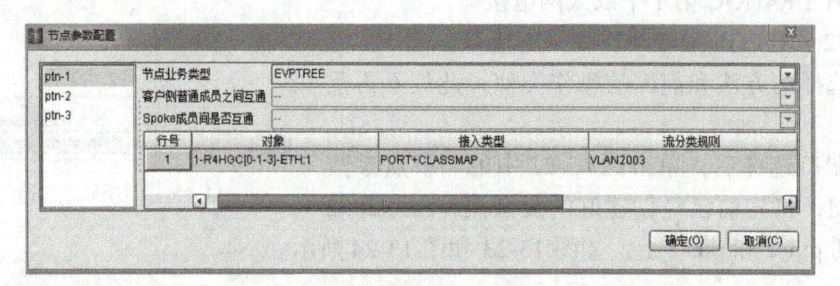

图 13-26　ptn-1 完成复杂流 VLAN2003 端口绑定选择

至此，总公司 A 的管理部与分公司 B 的管理部之间已经可以正常进行业务通信了。本次任务完成。

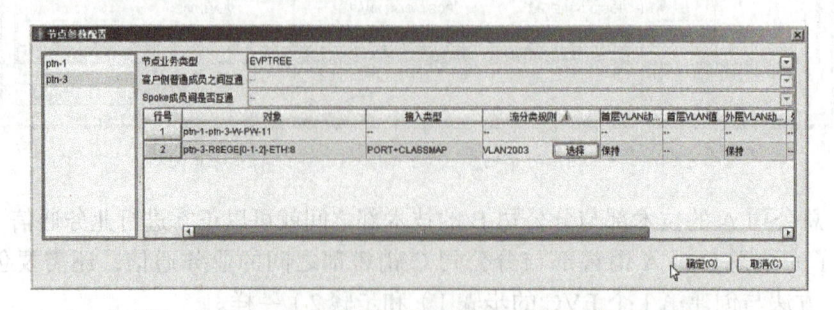

图 13-27　ptn-3 完成复杂流 VLAN2003 端口绑定选择

13.2.4　EVP-Tree 业务验证

1）使用直通或交叉网线，在总公司 A 网元 ptn-1 的"R4HGC 用户以太网端口：1"连接一台支持 VLAN 划分的交换机的某个 Trunk 端口。

2）使用直通或交叉网线，在分公司 B 网元 ptn-2 的"R8EGE 用户以太网端口：5"连接一台支持 VLAN 划分的交换机的某个 Trunk 端口。

3）使用直通或交叉网线，在分公司 C 网元 ptn-2 的"R8EGE 用户以太网端口：8"连接一台支持 VLAN 划分的交换机的某个 Trunk 端口。

4）在网元 ptn-1 处所连接的交换机上配置 3 条 VLAN 业务，并分别设置 VLAN ID 为 2001、2002 和 2003 的业务，通过 Trunk 端口发送业务。

5）在网元 ptn-2 所连接的交换机 Trunk 端口接收到的数据流中，应当只包含 VLAN ID 为 2001、2002 的业务，可将交换机的一个 Access 端口设为 VLAN2001，另一个 Access 端口设为 VLAN2002，并分别连接上计算机，与 ptn-1 的 VLAN2001 和 VLAN2002 进行 Ping 测试。

6）在网元 ptn-3 所连接的交换机 Trunk 端口接收到的数据流中，应当只包含 VLAN ID 为 2001、2003 的业务，可将交换机的一个 Access 端口设为 VLAN2001，另一个 Access 端口设为 VLAN2003，并分别连接上电脑，与 ptn-1 的 VLAN2001 和 VLAN2003 进行 Ping 测试。

验证完成。

思考与练习

1. 简述 EP-Tree 业务和 EVP-Tree 业务的区别。

2. 如图 13-28 所示，分别完成下列任务配置。

1）NE1~NE4 各有一局域网 LAN 1~LAN 4。请配置 EP-Tree 业务，实现 LAN 1 分别与 LAN 2、LAN 3、LAN 4 通信，而 LAN 2、LAN 3 和 LAN 4 之间彼此不能通信。

2）网元 1 有技术总部、销售总部、管理总部 3 个局域网：LAN 1A、LAN 1B 和 LAN 1C，网元 2 有技术分部 LAN 2A，网元 3 有销售分部 LAN 3A，网元 4 有管理分部 LAN 4A。请通过配置 EVP-Tree 业务实现技术部门、管理部门、销售部门之间的通信，非同一部门之间不能进行通信。

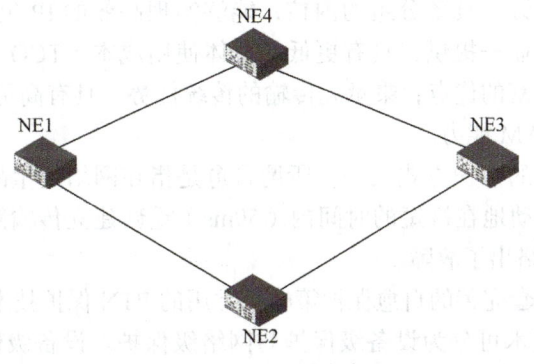

图 13-28　组网图

任务 14　PTN 网络的保护机制

14.1　任务及情景引入

中国移动、中国电信等运营商已在 LTE 基站回传网络中大规模采用 PTN 设备组网，而网络的生存性是衡量网络质量是否优良的重要指标之一，为了提升网络的生存性，PTN 组网需要考虑的核心问题之一是保护技术。PTN 在引入 IP 分组传送概念的同时，继承并扩展了 SDH 设备的保护机制，形成了 PTN 独特的多种保护方式，这也是 PTN 相比和传统路由器和交换机的优点之一。

通过本次任务，学习 PTN 网络保护的概念、分类以及各种保护的实现原理，为之后传输网的维护工作奠定基础。主要包括以下理论知识：

- PTN 网络保护的概念和分类。
- MPLS APS 保护的工作机制。
- PTN 环网保护的工作机制。
- PTN 网络边缘互联保护机制。
- LAG 保护和 IMA 保护机制。
- 伪线双归保护机制。
- 线性隧道保护的配置。
- Wrapping 环网保护的配置。

14.2　PTN 网络保护的概念和分类

PTN 结合了 SDH 和传统以太网的优点，一方面，它是针对分组业务流量的突发性和统计复用传送的要求而设计，具备分组的内核，能够实现高效的 IP 包交换和统计复用。以分组业务为核心并支持多业务提供，具有更低的总体使用成本（TCO）。另一方面，它继承了 SDH 传送网开销字节丰富的优点，秉承光传输的传统优势，具有高可用性、可靠性和安全性等，具备很强的网络 OAM 能力。

自愈保护是最常用的保护方式之一。所谓自愈是指在网络发生故障（如光纤断裂）时，无须人为干预，网络自动地在极短的时间内（50ms）重新建立传输路径，使业务自动恢复，而用户几乎感觉不到网络出了故障。

PTN 技术形成了一套完善的自愈保护策略，常用的 PTN 保护技术分类如图 14-1 所示。

PTN 网络的保护技术可分为设备级保护与网络级保护。设备级保护就是对 PTN 设备的核心单元配置 1+1 的热备份保护。核心层和汇聚层的 PTN 设备下挂系统很多，一旦设备板卡发生故障，对网络的影响面就非常广，因此在做设备配置时，设备核心单元应严格按照 1+1 热备份配置；对于接入层的紧凑型 PTN 设备，设备厂家为了降低网络投资，可能仅对电源模块做了 1+1 热备份，主控、交换和时钟单元集成在一块板卡上，不提供热备份，接入层设备做配置时可根据网络情况灵活选择是否采用紧凑型的设备。

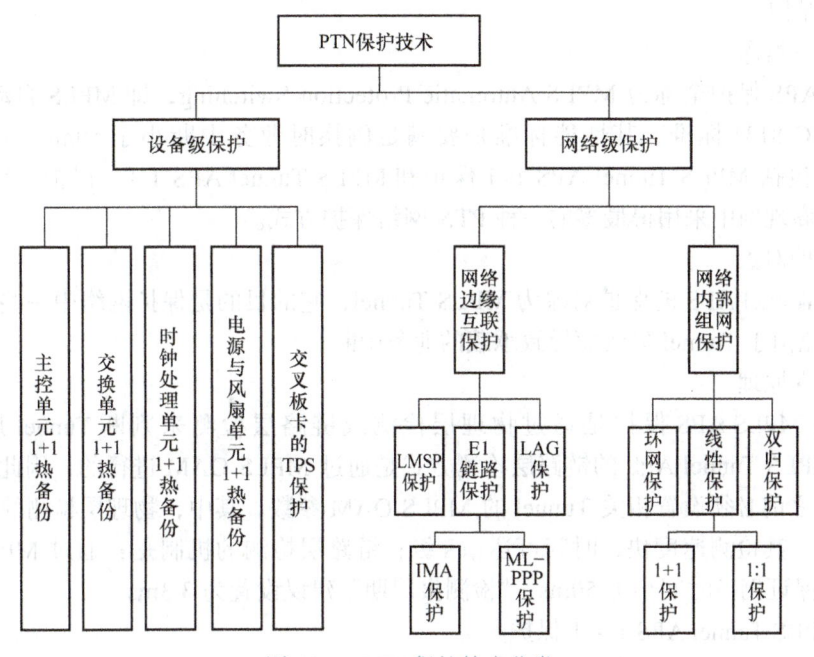

图 14-1 PTN 保护技术分类

相对于设备级保护，PTN 网络级保护的技术复杂很多，根据保护技术的应用范围不同，可以分为网络边缘互连保护和网络内部组网保护。网络边缘互连保护是指 PTN 网络与其他网络互连宜采用的保护技术，以提升网络互连的安全性；网络内部组网保护是指 PTN 网络内部的组网保护技术，对于不同的网络层次，采取的保护技术和策略也有所差别。

14.3　PTN 网络内部组网保护

14.3.1　线性隧道保护

类比于 SDH 的低阶通道层、高阶通道层、复用段层，PTN 的分层模型可分为以下 3 层。
1）TMC（T-MPLS Channel）：提供 T-MPLS 传送网业务通路，一个 TMC 连接传送一个客户业务实体。相当于 SDH 的低阶通道层，VC12 级别。
2）TMP（T-MPLS Path）：提供传送网连接通道，一个 TMP 连接在 TMP 域的边界之间传送一个或多个 TMC 信号。相当于 SDH 的高阶通道层，VC4 级别。
3）TMS（T-MPLS Section）：可选的 TMS 提供段层功能，提供两个相邻 T-MPLS 节点之间的 OAM 监视。相当于 SDH 的复用段层，STM-N 级别。

根据 PTN 网络的分层模型，网络保护方式可分为 TMC 层保护（PW 保护）、TMP 层保护（线性 1：1 和 1+1 的 LSP 保护）、TMS 层保护（Wrapping 和 Steering 环网保护）。PW APS 保护配置数据量很大，难于管理，通常不建议大规模使用。Steering 环网保护的倒换时间难以保证在 50ms 以内，且支持的厂家较少，也不建议使用，因此本节重点探讨 TMP 层 MPLS APS 保护。

（1）基本概念

MPLS APS 保护全称为 MPLS Automatic Protection Switching，即 MPLS 自动保护倒换，采用 ITU-T G.8131 标准，其性能标准是要满足倒换时业务中断小于 50ms。其中，MPLS Tunnel APS 包括 MPLS Tunnel APS 1+1 保护和 MPLS Tunnel APS 1：1 保护。目前，MPLS APS 是运营商现网中采用得最多的一种 PTN 网络保护方式。

（2）保护对象

MPLS Tunnel APS 的保护对象为 MPLS Tunnel，它的目的是保护网络中一些重要的工作 Tunnel，避免由于 Tunnel 失效而导致承载的业务中断。

（3）实现原理

PTN 的 MPLS APS 保护是通过物理层检测或链路层检测来判断 Tunnel 是否进行倒换。由于 MPLS Tunnel APS 的链路层检测方式是通过 MPLS OAM 进行的，因此配置 MPLS Tunnel APS 之前必须设置相关 Tunnel 的 MPLS OAM 参数。其中，物理层检测的作用是：检测信号丢失，其检测速度快，时间可达 μs 级；链路层检测的机制是：通过 MPLS OAM 进行检测，为保证倒换时间小于 50ms，"检测报周期"建议设置为 3.3ms。

（4）MPLS Tunnel APS 1：1 保护

基于 MPLS Tunnel APS 的 1：1 保护倒换类型是双向倒换，即受影响的和未受影响的连接方向均倒换至保护路径。在 MPLS Tunnel APS 1：1 保护中，业务在发送端发送到工作通道上，在接收端进行接收。当设备检测到工作通道失效时，业务会在发送端被发送到保护通道上，接收端会选择保护通道接收业务。1：1 保护的业务单发单收。

双向倒换需要 APS 协议，用于协调连接的两端，具体工作方式为：业务从工作通道传送，当工作通道故障时倒换到保护通道，扩展 APS 协议通过保护通道传送，相互传递协议状态和倒换状态，两端设备根据协议状态和倒换状态进行业务倒换。为避免单点失效，工作连接和保护连接应该走分离的路由，保护的操作类型应该是可返回的。

如图 14-2 所示，正常情况下，业务从节点 A 经由工作通道传送到节点 Z，保护通道上不承载业务。当工作通道出现故障时，业务在节点 A 切换到保护通道上，节点 Z 经由保护通道接收业务。

（5）MPLS Tunnel APS 1+1 保护

基于 MPLS 隧道的 1+1 保护倒换类型是单向倒换，即只有受到影响的连接方向倒换至保护路径，数据发送源宿端选择器是独立的。采用 1+1 时，工作路径和保护路径都承载业务并采用双发选收的模式，类似 MSTP 的 SNCP 保护原理，其保护路径不能承载业务。具体工作方式为：业务在源端同时桥接到工作和保护连接上，当工作通道正常时，业务接收端选择工作通道接收主用业务；当主用 TUNNEL 发生故障时，业务接收端选择保护通道接收业务，实现业务的倒换。1+1 的保护方式中，业务是双发选收。为避免单点失效，工作连接和保护连接应该走分离的路由，保护的操作类型可以是非返回的，也可以是返回的。

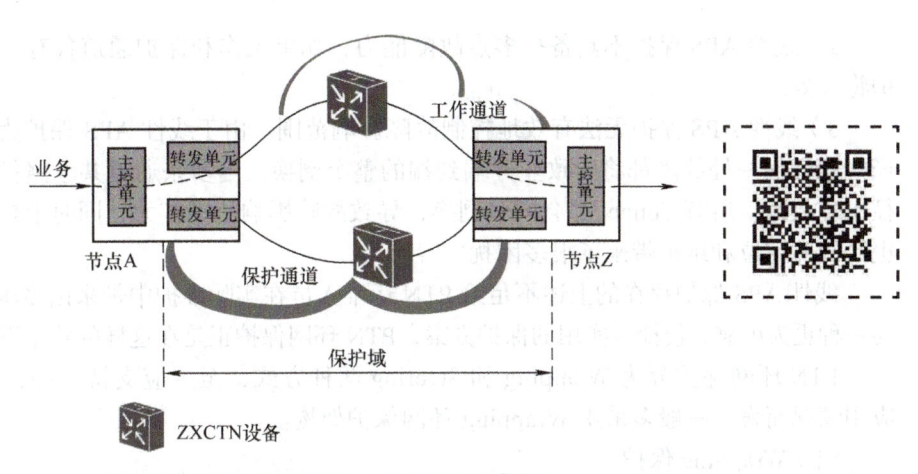

图 14-2　MPLS Tunnel APS 1∶1 保护

如图 14-3 所示，正常情况下，业务从节点 A 经由工作通道和保护通道传送到节点 Z，节点 Z 根据预置的约束规则接收工作通道或保护通道上的业务。当工作通道出现故障时，节点 Z 接收由保护通道承载的业务。

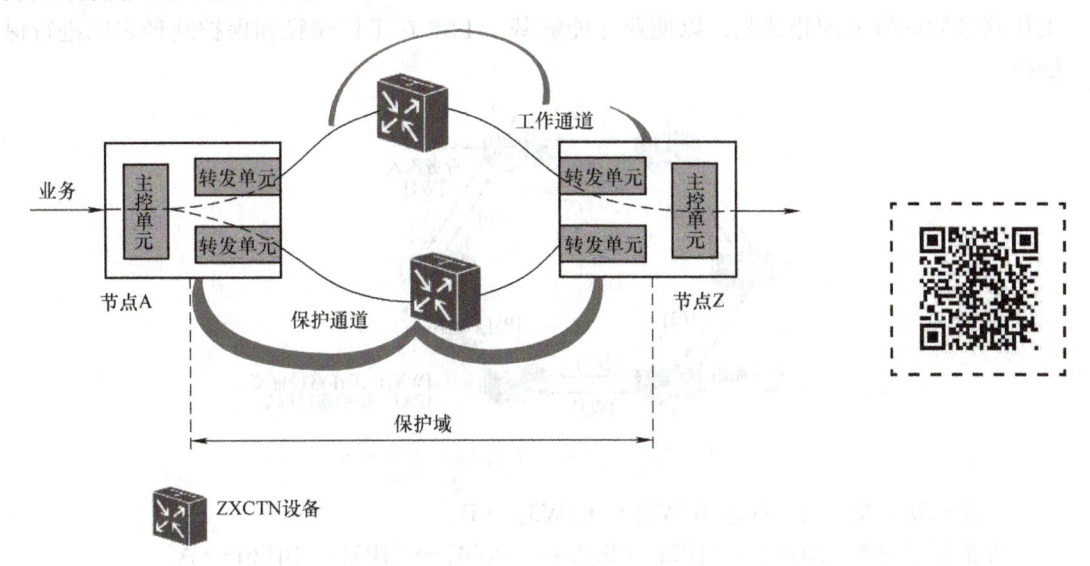

图 14-3　MPLS Tunnel APS 1+1 保护

14.3.2　PTN 环网保护

PTN 环网保护方案采用最多的是线性 APS 1∶1/1+1 技术。线性 APS 有两条独立通路，可以进行端到端的保护和倒换。作为一种端到端保护方式，线性 APS 以其规划配置简单、能满足电信级 50ms 倒换时间要求，很快得到了推广。但在实际应用中，也暴露了该技术的一些不足。

1）APS 路径需要提前规划，以确保工作和保护路径不能有重叠，否则在重叠段出现故障后，整个 APS 保护将失效。此工作大大增加了维护人员的负担。

2）线性 APS 保护不具备抗多点故障能力，如果工作和保护通道各有一处故障，APS 保护将失效。

3）线性 APS 保护无法有效地控制故障影响范围。由于线性 APS 保护为端到端保护，路径中间任何一处故障都将导致业务端到端的整个倒换。当多条通道共享路径时，一旦共享路径出现故障，所有 Tunnel 都会同时倒换，导致故障影响范围扩大，同时上报的大量告警信息也给故障定位和维护带来了很多困扰。

线性 APS 保护存在的上述不足给 PTN 运维人员在实际维护中带来诸多困扰，现网迫切需要一种更为可靠、便捷、实用的保护方案，PTN 环网保护正是在这样的背景下应运而生。

PTN 环网保护分为 Wrapping 和 Steering 两种方式，至少应支持一种，就目前现网工程应用情况而言，一般多采用 Wrapping 环网保护架构。

（1）Wrapping 保护

G.8132 标准规定在 PTN Wrapping 环网保护场景下，每一条工作路径均配置一条与其方向相反的封闭环路路径作为保护路径。如图 14-4 所示，一条业务流接入环中，业务上载节点为 A，下载节点为 D，其工作路径配置为 A→B→C→D，同时配置一条与其方向相反的封闭环路作为保护路径，即 A→F→E→D→C→B→A。保护路径的标签分配必须和工作路径的标签分配相关联，以便业务能够基于 LSP 在工作路径和保护路径之间进行保护倒换。

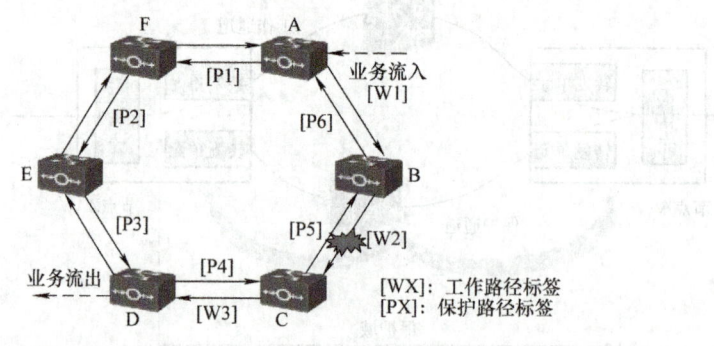

图 14-4　G.8132 中 Wrapping 保护标签分配示意图

工作标签分配：A[W1]→B[W2]→C[W3]→D。

保护标签分配：A[P1]→F[P2]→E[P3]→D[P4]→C[P5]→B[P6]→A。

工作和保护标签的关联关系：[W1]←→[P6]，[W2]←→[P5]，[W3]←→[P4]。

当节点 B 和节点 C 之间发生故障时，节点 C 检测到故障后向节点 B 发送 APS 请求，同时更改为从保护路径上接收业务；节点 B 接收到 APS 请求后发生倒换，更改为向保护路径上发送业务，LSP 标签由工作标签 W1 交换为保护标签 P6，业务沿环反向传至节点 C；节点 C 将 LSP 标签由保护标签 P4 交换为工作标签 W3，业务由节点 C 流至下载节点 D 下载。最终，业务路径及 LSP 标签应用为：A[W1]→B→B[P6]→A[P1]→F[P2]→E[P3]→D[P4]→C[W3]→D。

Wrapping 环网保护的特点是业务在出现故障的相邻两个节点倒换且仅这两个节点发生倒换，如本例中的节点 B 和节点 C。其优点在于倒换时间容易得到保证，缺点则在于倒换的业务可能存在较长的迂回路径，从而占用环内较多带宽。

值得提出的是，这种保护方式的原理来自于 SDH 设备的两纤复用段保护。

（2）Steering 保护

Steering 是 PTN 设备可选支持的一种环网保护架构。Steering 倒换架构的特点是故障发生时，相邻节点检测故障并相互发送 APS 桥接请求，环上的节点收到桥接请求后，都分别提取出请求中的源、宿节点 ID 并继续转发原报文，同时根据本节点保存的环网拓扑判断从本节点上下环的业务是否经过该故障点。若经过则将业务倒换到反方向上传输，并从反方向接收该业务。故障恢复后，业务源、宿节点重新将业务倒回到正向的工作通道。

在 Steering 保护架构下，每个环包括顺时针和逆时针两个方向的逻辑通道，两个通道之间互为保护。

如图 14-5 所示，Steering 环网保护的特点是业务在上下话业务的节点倒换，倒换在上下话业务的节点发生，倒换后业务不会产生迂回，因此占用带宽较少，这是 Steering 保护的优势。但缺点也很明显：上下话业务节点都会发生倒换，这意味着当上下话业务的节点距离发生故障的节点间隔的节点较多时，倒换时间将变长。由于保护的触发很大程度上依赖于 APS 字节的传递效率，而 APS 字节的传递在每一个节点都有 10ms 左右的延时，所以当环网节点较多时，需要倒换的节点与故障节点之间的节点很多，导致倒换复杂性的增加，无法保证 50ms 以内的倒换业务中断时间。

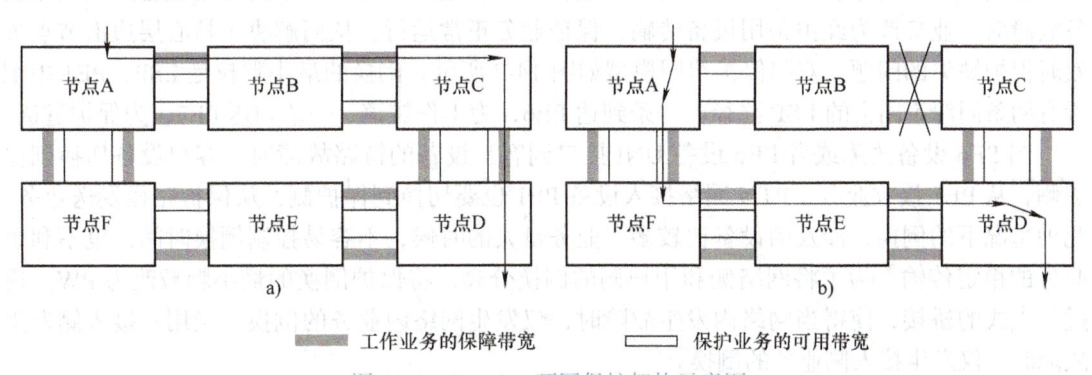

图 14-5 Steering 环网保护架构示意图
a）正常状态 b）故障状态

14.3.3 PTN 伪线双归保护

如图 14-6 所示为线性保护技术在传输网中的典型应用。基站业务通过接入设备 PE1 接入网络，在经过汇聚层设备到达核心层边缘设备 PE6，最后经过 PE6 传输送到客户设备（BSC/RNC）。在接入层设备 PE1 和核心层设备 PE6 之间配有两条节点不重复的路径，一条为工作路径，一条为保护路径。

在图 14-6 中，PTN 设备网络侧，即 PE1 网络侧接口到 PE6 网络侧接口之间，链路故障或者设备 (PE2，PE4) 故障时，将通过 LSP 线性保护机制，使业务由工作路径切换到保护路径上，具有网络快速愈合能力，实现业务保护，使业务正常传输。但是，这种保护机制中有明显的不足之处，当网络核心层边沿设备节点 PE6 故障时，汇聚到此设备的所有基站业务将中断传输，无法传送到客户设备，由于核心层边沿设备单点故障造成全网业务中断的损失将是巨大且不可挽回的。由于汇聚到核心层边沿设备节点的业务数量是非常大的，因此这对于此处能否保障业务可靠传输的问题将变得至关重要，但无论是线性保护还是环网保护都无法很好的解决该问题，于是出现了双归保护。

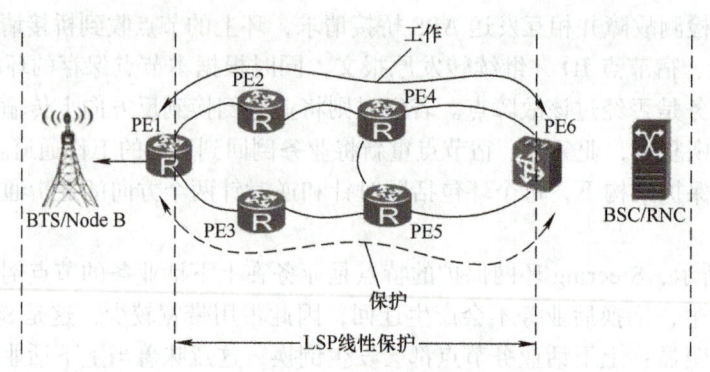

图 14-6　线性保护技术在传输网中的典型应用

双归保护是指在 PTN 网络核心层，两个边缘设备互为保护，构成一个双归属（Dual Homing）的网络拓扑，然后再与客户设备（BSC/RNC）相连。双归保护主要是为了实现同源异宿端设备级的保护。双归属中的两个设备一个为主用设备，一个为备用设备，当主用设备故障时，业务改为经由备用设备传输，保证业务正常运行，从而解决了核心层边沿节点失效时保护缺失的问题。双归保护组网模型如图 14-7 所示。倒换的最小颗粒是 LSP，PE1 中配置有两条同源不同宿的 LSP 路径。一条到达 PE6，为工作隧道；一条到达 PE7，为保护隧道。

当 PE6 设备故障或者 PE6 设备 UNI 接口到客户设备的链路故障时，客户设备切换到保护侧，从 PE7 接收业务，PTN 网络接入设备 PE1 也要切换到保护侧，从保护路径发送业务。此种情况下的倒换，涉及的设备比较多，业务量大的时候，不容易控制倒换时间，也不利于业务的稳定传输。为了将网络侧和用户侧的倒换分离，将保护倒换的最小颗粒改为 PW。通过三点式的桥接，使得当网络内发生故障时，仅发生网络内业务的倒换，当用户接入侧发生故障时，仅发生接入侧业务的倒换。

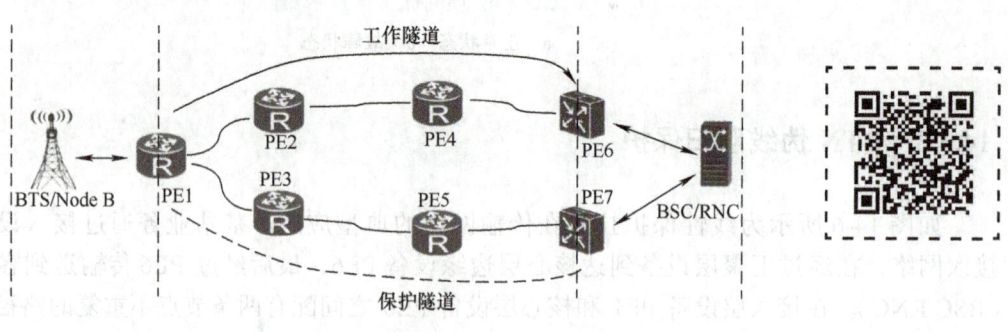

图 14-7　双归保护组网模型

此时的双归保护是结合 LSP1:1 路径保护和 PW 保护来实现的。在互为保护的两个双归节点设备之间，配置 PW，形成 DNI-PW（Dual Node Interconnection PW）通信，通过 DNI-PW 传送周期性协议。当 PE6 设备故障，或者 PE6 到 RNC 的链路故障时，通过 DNI-PW 传送故障协议，告知 RNC 从 PE7 设备接收业务。而当 PE6 设备正常，而 PE1 到 PE6 之间的链路故障时，DNI-PW 不会传送故障协议，这样 RNC 默认从 PE6 接收业务。由此，PTN 网络内侧的故障只会触发网络内的倒换，而不会影响到用户侧业务的接收。而当 PE6 到 RNC 的链路故障时，PE6 可以通过 DNI-PW 将业务转发到 PE7，此时将触发用户侧 RNC 的倒换，从 PE7 接收业务，而不会触发 PE1 上的业务倒换。将倒换的最小颗粒设为 PW，使得网络侧和用户侧的倒换分离，使得倒换时间更容易控制，业务的传输更稳定。

以图 14-8 为例，可以看出，PE3 和 PE4 两个互为保护的设备，通过各自 AC 侧链路双归连接到同一个客户设备（BSC/RNC）上，实现 PE1 和 PE2 设备接入业务的保护。当双归主 PE3 设备故障或 AC 侧链路故障时，业务倒换到双归备 PE4 设备上，再通过 PE4 传送给客户设备。双归保护网络侧通过 1:1 的 MC-PW APS 保护，用户侧通过 1:1 的 MC-MSP 或 1:1 的 MC-LAG 保护。

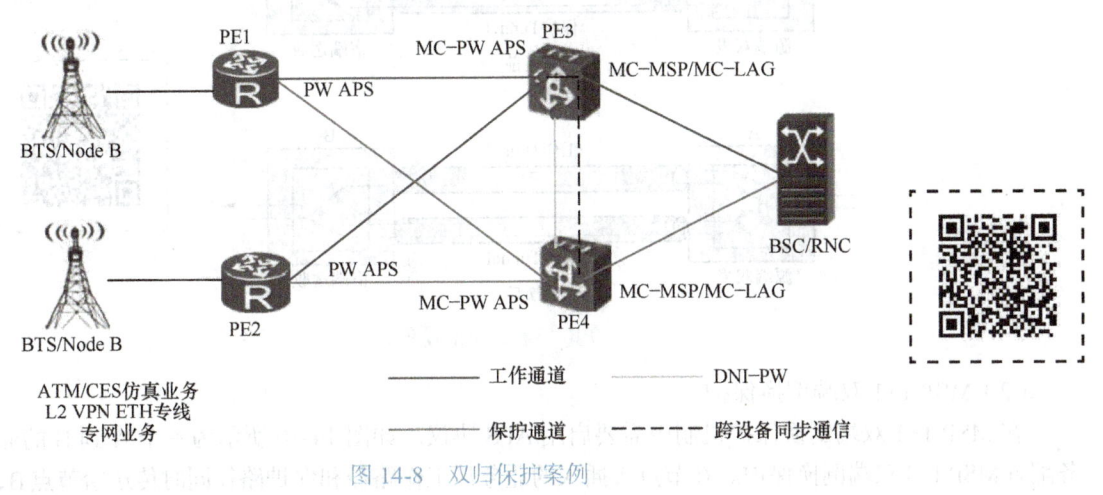

图 14-8 双归保护案例

14.4 PTN 网络边缘互连保护

PTN 网络的边缘互连保护技术主要有 LAG 保护、LMSP 保护和 E1 链路保护等，LAG 保护主要应用于 PTN 网络与 RNC 或路由器的互联，LMSP 保护主要应用于 PTN 网络与 SDH 网络或 BSC 互连，E1 链路保护主要应用于 PTN 网络与有 E1 需求的基站或客户互连。

14.4.1 LMSP 保护

线性复用段保护（Linear Multiplex Section Protection，LMSP）是一种 SDH 端口间的保护倒换技术，它通过 SDH 帧中复用段的开销 K1/K2 字节来完成倒换协议的交互。LMSP 主要应用于 PTN 网络与 SDH 网络互联时 TDM 电路的配置，利用 LMSP 保护提高 TDM 互连电路的可靠性，类似的配置在传统 SDH 网络中已有广泛应用。与 LAG 保护一样，配置 LMSP 保护时不建议使用一块多路光接口板上的不同光口组成 1+1 或者 1：1 保护组，否则在单板发生故障时，无法实现保护。

ZXCTN 6200 支持以下 3 种 MSP 保护类型。

（1）MSP 1+1 单端倒换保护

在 MSP 1+1 单端倒换保护机制中不必启用 APS 协议。图 14-9 所示为一个 A 到 B 的业务配置 MSP 1+1 单端保护。在节点 A 插入的业务从工作路径和保护路径同时传送给节点 B，节点 B 选择接收工作路径上的业务。当 A 到 B 的工作路径出现故障后，节点 B 的接收端倒换到保护路径，并从保护路径接收业务，这样就保证了业务传送的不间断，实现了对业务的保护。

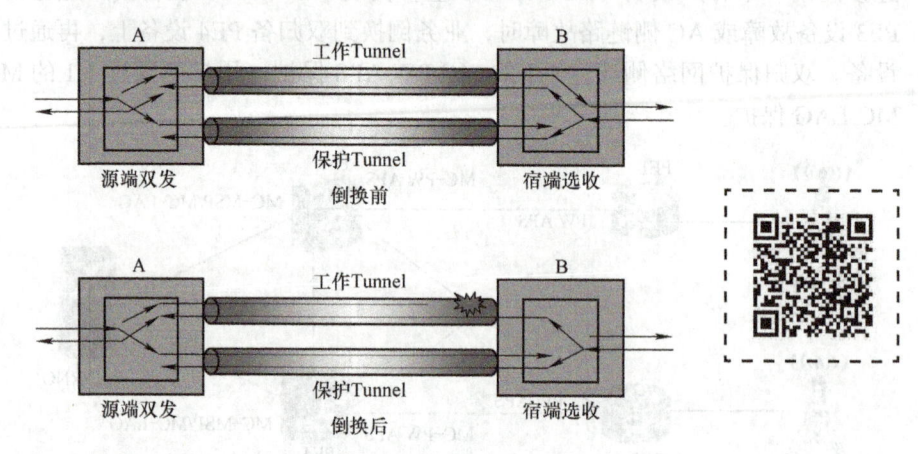

图 14-9　MSP 1+1 单端倒换保护

（2）MSP 1+1 双端倒换保护

在 MSP 1+1 双端倒换保护机制中需要启用 APS 协议。如图 14-10 所示为一个 A 到 B 的业务配置 MSP 1+1 双端倒换保护。在节点 A 插入的业务从工作路径和保护路径同时传送给节点 B，在节点 B 插入的业务从工作路径和保护路径传送给节点 A，节点 A 和节点 B 选择接收工作路径上的业务。当 A 到 B 的工作路径出现故障后，节点 A 和节点 B 的接收端都倒换到保护路径，并从保护路径接收业务，这样就保证了业务传送的不间断，实现了对业务的保护。

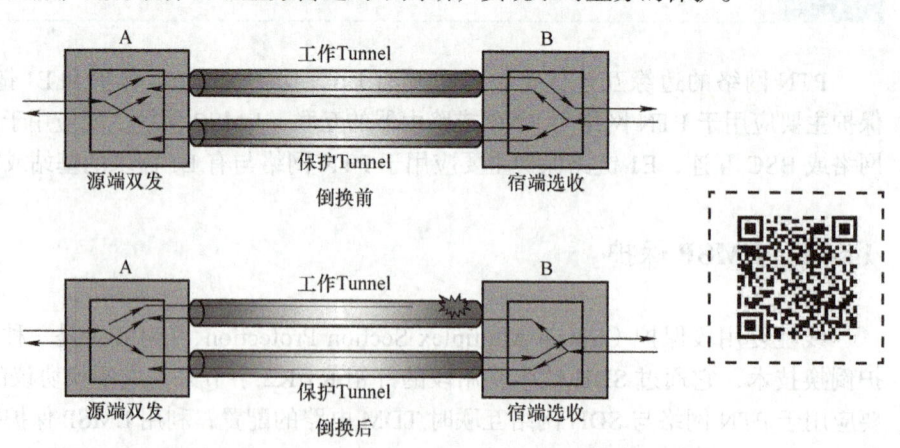

图 14-10　MSP 1+1 双端倒换保护

（3）MSP 1:1 双端倒换保护

在 MSP 1:1 双端倒换保护机制中需要启用 APS 协议。如图 14-11 所示为一个 A 到 B

的业务配置 MSP 1:1 保护。在节点 A 插入的业务从工作路径传送给节点 B，在节点 B 插入的业务从工作路径传送给节点 A，节点 A 和节点 B 接收工作路径上的业务，保护路径在正常时不传送业务。当 A 到 B 的工作路径出现故障后，节点 A 和节点 B 的发送端和接收端都倒换到保护路径，并从保护路径接收业务，这样就保证了业务传送的不间断，实现了对业务的保护。

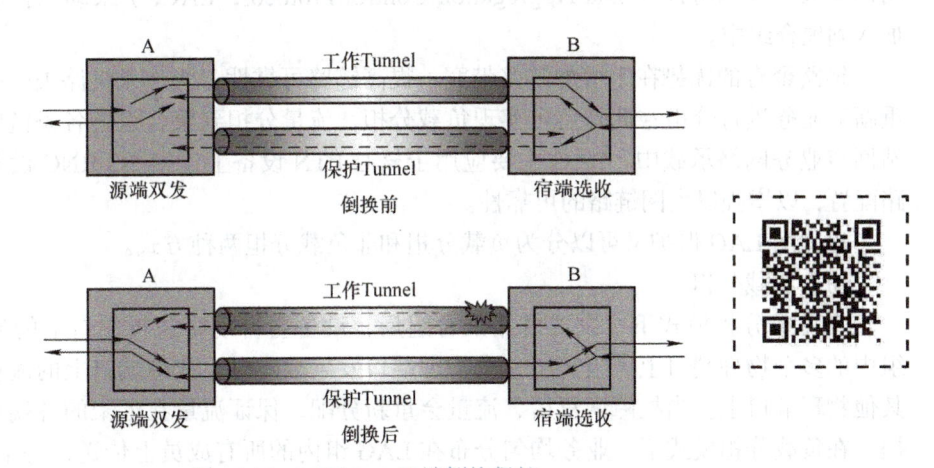

图 14-11 MSP 1:1 双端倒换保护

（4）MC-MSP 保护

ZXCTN 6200 还支持 MC-MSP 保护，MC-MSP 是一种跨机架的 SDH 保护机制。MC-MSP 主备方式保护是为一个业务配置两条路径，即工作路径和保护路径。当工作路径发生故障时，业务将从工作路径倒换至保护路径。MC-MSP 保护组网示意图如图 14-12 所示。

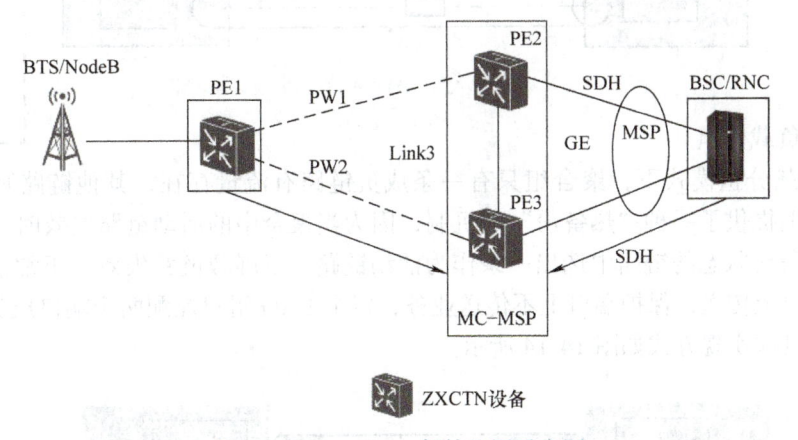

图 14-12 MC-MSP 保护组网示意图

在 PE1 到 RNC 之间配置两条路径，即工作路径和保护路径。工作路径为从 PE1 经 PE2 到达 RNC 的路径，保护路径为 PE1 经 PE3 到达 RNC 的路径。RNC 通过 SDH 的 STM-1 或 STM-4 光口与 PE2 和 PE3 设备分别相连，由 PE2 和 PE3 形成对接 MSP 保护组，通过 APS 报文进行同步。正常情况下，PE1 与 RNC 之间的业务通过工作路径传送，即通过 PE1-PE2-RNC 路径传送。当工作路径发生故障时，MSP 保护组触发倒换机制，将业务从工作路径倒换至保护路径，即业务路径切换为 PE1-PE3-RNC。

14.4.2 LAG 保护

链路聚合组（Link Aggregation Group，LAG）是指将一组相同速率的物理以太网接口捆绑在一起作为一个逻辑接口（链路聚合组）来增加带宽，并提供链路保护的一种方法。它使用链路聚合控制协议（Link Aggregation Control Protocol，LACP）来动态控制物理端口是否加入到聚合组中。

链路聚合的优势在于增加链路带宽，提高链路可靠性。当一条链路失效时，其他链路将重新对业务进行分担；此外还可实现负载分担、流量分担到聚合组的各条链路上。在无线基站回传业务网络承载中，LAG 主要应用于核心 PTN 设备上连接 3G RNC 设备时的以太网链路配置，以增强以太网链路的可靠性。

以太网 LAG 保护又可以分为负载分担和非负载分担两种方式。

（1）负载分担

在负载分担模式下，设置链路聚合组后，设备会自动将逻辑端口上的流量负载分担到组中的多个物理端口上。当其中一个物理端口发生故障时，故障端口上的流量会自动分担到其他物理端口上。当故障恢复后，流量会重新分配，保证流量在汇聚的各端口之间的负载分担。在负载分担模式下，业务均匀分布在 LAG 组内的所有成员上传送，每个 LAG 组最多支持 16 个成员。具体实现方式如图 14-13 所示。

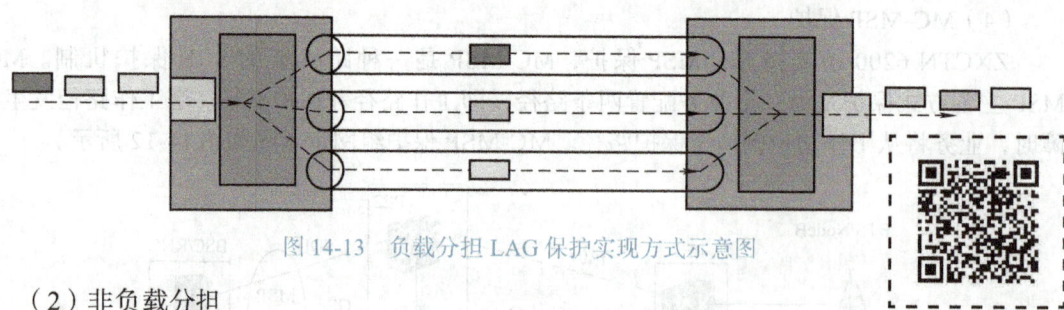

图 14-13　负载分担 LAG 保护实现方式示意图

（2）非负载分担

在非负载分担模式下，聚合组只有一条成员链路有流量存在，其他链路则处于备份状态。这实际上提供了一种"热备份"的机制，因为当聚合中的活动链路失效时，系统将从聚合组中处于备份状态的链路中选出一条作为活动链路，以屏蔽链路失效。正常情况下，业务只在工作端口上传送，保护端口上不传送业务，每个 LAG 组只能配两个端口成员，形成 1:1 保护方式。具体实现方式如图 14-14 所示。

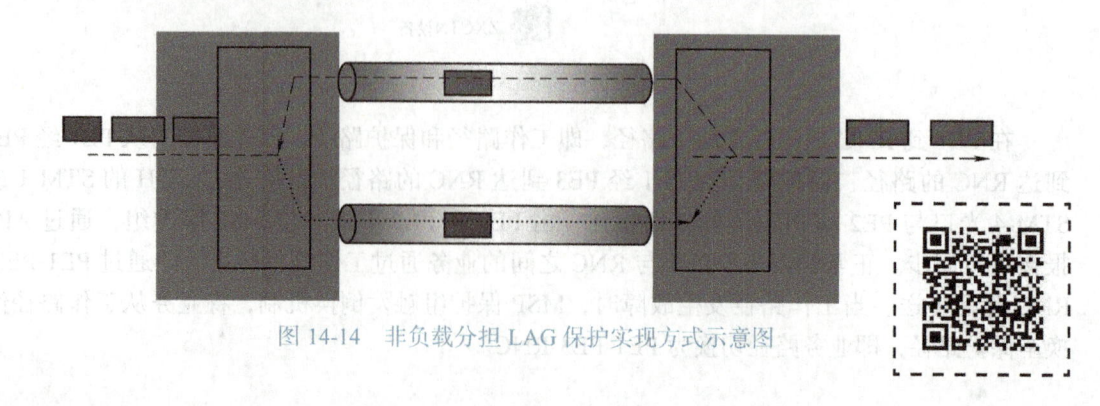

图 14-14　非负载分担 LAG 保护实现方式示意图

（3）MC-LAG 保护

多机架链路汇聚（Multi-Chassis Link Aggregation Group，MC-LAG）是指进行捆绑的多个物理端口位于不同的设备。如图 14-15 所示，PE2、PE3 与 BSC/RNC 之间的配置为 MC-LAG，PE2、PE3 与 PE1 之间的配置为 MC-APS，实现 PW 的双归保护。

建议核心节点的 PTN 与 RNC 之间的所有 GE 链路均配置 LAG 保护，LAG 保护可以设置跨板的保护和板卡内不同端口的保护，如果 LAG 的主备端口配置在不同的板卡上，可靠性更高。在设备投资充裕的情况下，建议配置跨板的 LAG 保护。

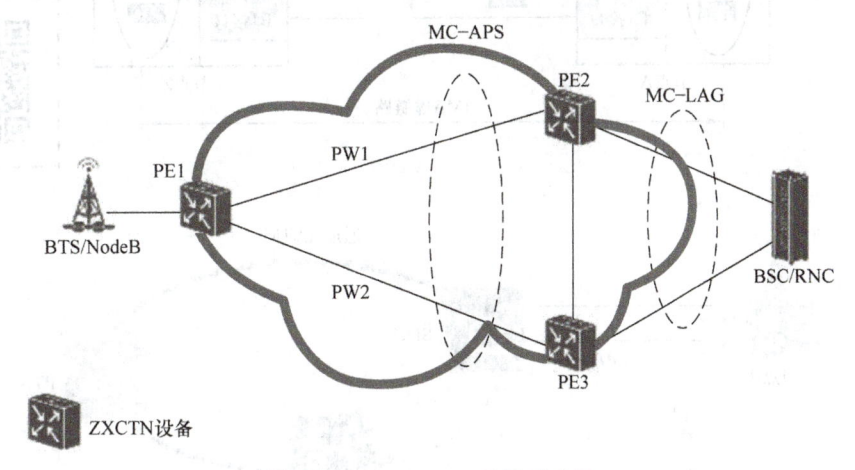

图 14-15　MC-LAG 组网示意图

14.4.3　E1 链路保护技术

（1）IMA 保护

IMA 技术是将 ATM 信元流以信元为基础，反向复用到多个低速链路上来传输，在远端再将多个低速链路的信元流复接在一起恢复为与原来顺序相同的 ATM 信元流。IMA 能够将多个低速链路复用起来，实现高速宽带 ATM 信元流的传输；并通过统计复用，提高链路的使用效率和传输的可靠性。

IMA 适用于在 E1 接口和通道化 VC12 链路上传送 ATM 信元，它只是提供一个通道，对业务类型和 ATM 信元不做处理，只为 ATM 业务提供透明传输。当用户接入设备后，反向复用技术把多个 E1 的连接复用成一个逻辑的高速率连接，这个高的速率值等于组成该反向复用的所有 E1 速率之和。ATM 反向复用技术包括复用和解复用 ATM 信元，完成反向复用和解复用的功能组称为 IMA 组。

IMA 保护是指如果 IMA 组中一条链路失效，信元会被负载分担到其他正常链路上进行传送，从而达到保护业务的目的。

IMA 保护过程如图 14-16 所示。

IMA 组在每一个 IMA 虚连接的端点处终止。在发送方向上，从 ATM 层接收到的信元流以信元为基础，被分配到 IMA 组中的多个物理链路上。而在接收端，从不同物理链路上接收到的信元，以信元为基础，被重新组合成与初始信元流一样的信元流。

IMA 的应用场景如图 14-17 所示，节点 B 的 ATM 业务通过 E1 接入 SDH，再汇聚到 STM-1 中。在接入侧 PTN 上实现 IMA 协议的对接。

图 14-16　IMA 保护示意图

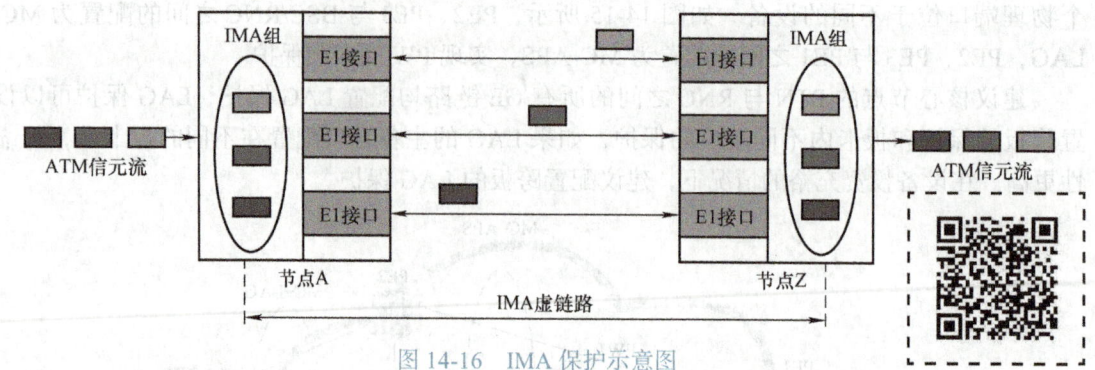

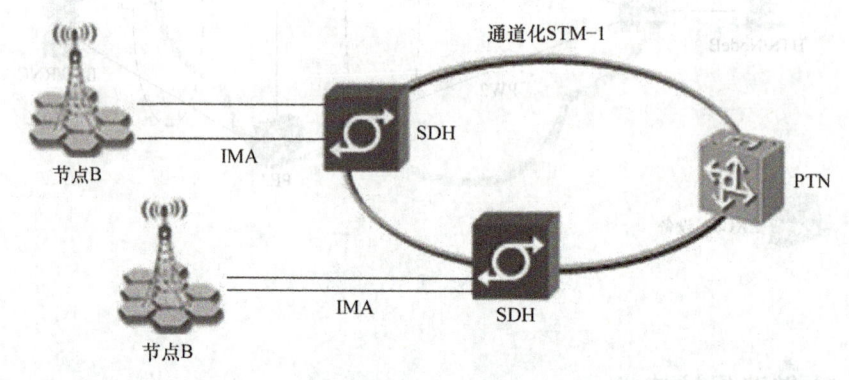

图 14-17　IMA 应用场景

（2）ML-PPP 保护

ML-PPP（Multilink PPP）是指将多个 PPP 通道捆绑在一起使用，达到增加带宽、负载分担以及备份的目的。ML-PPP 保护支持将网络侧的业务分配绑定到多个 PPP 通道进行传输，实现网络侧单板端口的负荷分担和保护。分组 E1 ML-PPP 的保护如图 14-18 所示。

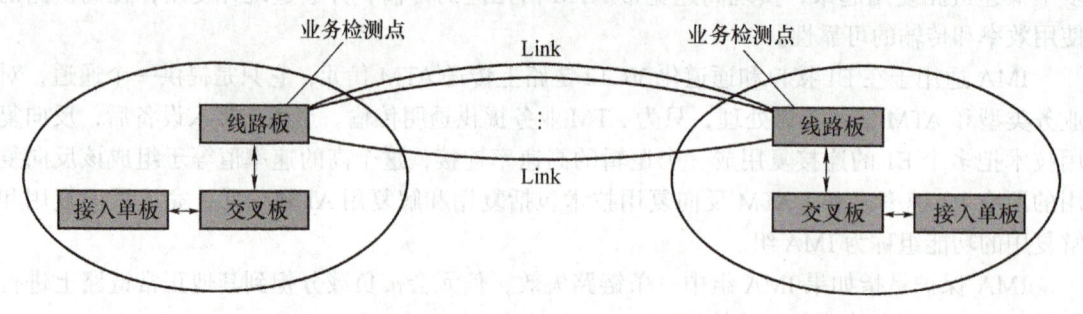

图 14-18　分组 E1 ML-PPP 的保护

设备通过接入单板与移动设备对接，接入多个移动业务信号。业务信号通过交叉板交叉到线路板后，通过分配的多个捆绑在一起的链路进行传输，从而实现对网络侧单板端口的负荷分担和保护。链路没有主备之分。

ML-PPP 保护是板内保护。任何一个链路产生故障，业务会分担到其他链路上进行

任务 14　PTN 网络的保护机制

传输。

检测方法如下。

1）物理层检测：检测信号丢失 LOS 以及 AIS、RDI 状态，检测时间微秒级。

2）链路层检测：采用 ML-PPP 报文检测链路层状态，检测时间毫秒级。

3）倒换依据：接收端根据检测到的链路状态是否发生故障，从而进行业务倒换。

14.5 线性隧道保护配置

14.5.1 配置规划

如图 14-19 所示，NE1、NE2、NE3 和 NE4 为 ZXCTN 设备，组成一个 10GE 环网。NE1 和 NE3 之间承载公司分部和公司总部的以太网业务，为该业务配置 1+1 线性保护。

本例中，需要配置的有：
- NE1-NE2-NE3 的双向路径为工作隧道。如图 14-19 中点画线所示。
- NE1-NE4-NE3 的双向路径为保护隧道。如图 14-19 中虚线所示。
- 配置 1+1 路径保护模式。

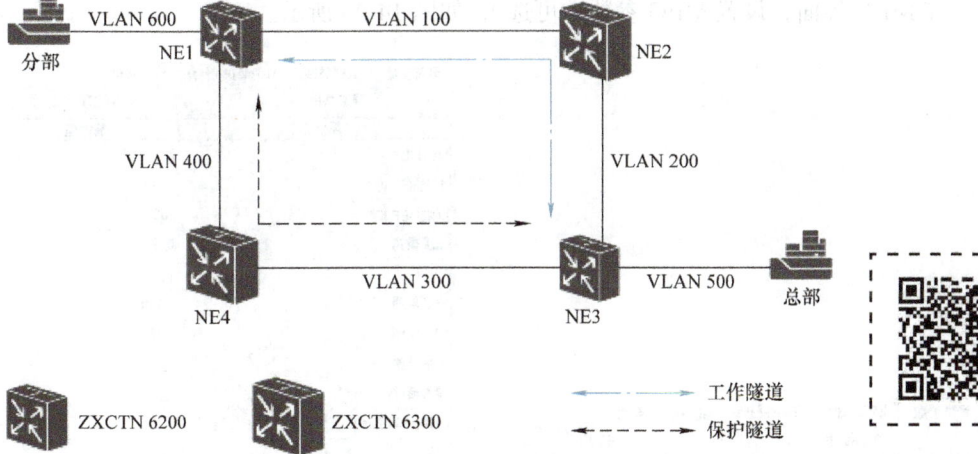

图 14-19　线性隧道保护实训组网

14.5.2 线性隧道配置步骤

线性隧道保护配置流程如图 14-20 所示。

具体过程如下：

1）在业务配置窗口的新建静态隧道界面，参考数据参数规划，设置隧道的全局参数，

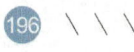

如图 14-21 所示。

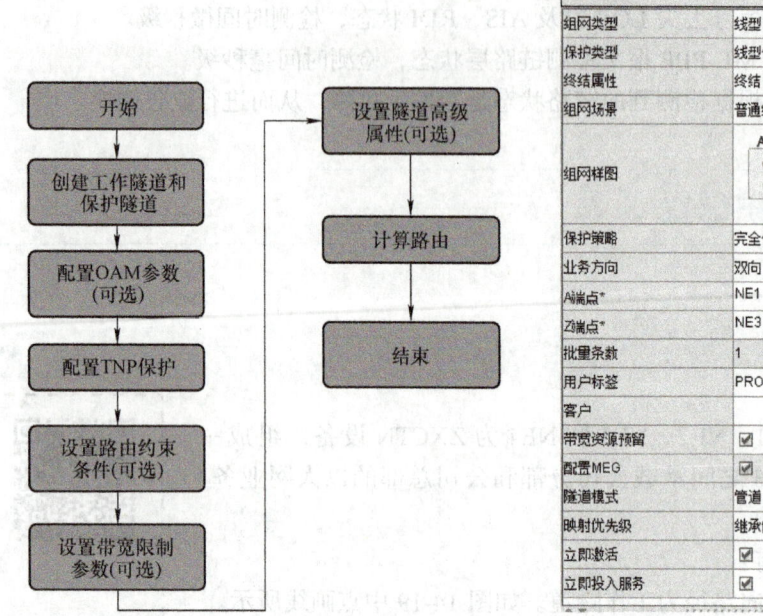

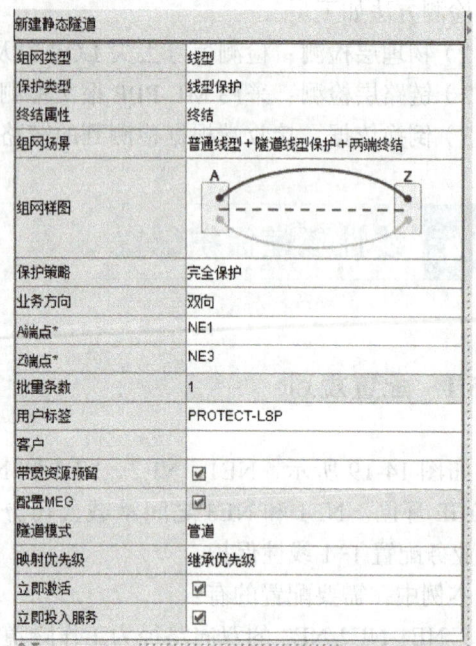

图 14-20　线性隧道保护配置流程

图 14-21　"新建静态隧道"界面

2）在高级属性界面，开启 SD 功能（可选），如图 14-22 所示。

3）在 MEG 界面，设置 MEG 参数（可选），如图 14-23 所示。

图 14-22　开启 SD 功能

图 14-23　设置 MEG 参数

4）在 TNP 保护界面，设置 TNP 保护参数（可选），如图 14-24 所示。

5）在约束选项界面，设置路由约束条件（可选），如图 14-25 所示。

图 14-24　设置 TNP 保护参数　　　　　图 14-25　设置路由约束条件

6）在静态路由界面，单击"计算"按钮后，再单击"应用"按钮。

7）查看 1+1 线性保护配置结果。

① 在拓扑视图中单击"业务"菜单，单击"业务管理器"按钮，再单击左下角"全量过滤"，可以看见已经创建了两条 Tunnel，分别是"PROTECT-LSP-1"和"PROTECT-LSP-2"，其中，"PROTECT-LSP-1"为工作 Tunnel，"PROTECT-LSP-2"为保护 Tunnel，如图 14-26 所示。

② 在 TNP 管理视图中，设置过滤条件，找到刚创建的 1+1 线性保护并单击在拓扑区域可看到此业务的工作路由和保护路由。

蓝色路径：工作路由（PROTECT-LSP-1）。

黄色路径：保护路由（PROTECT-LSP-2）。

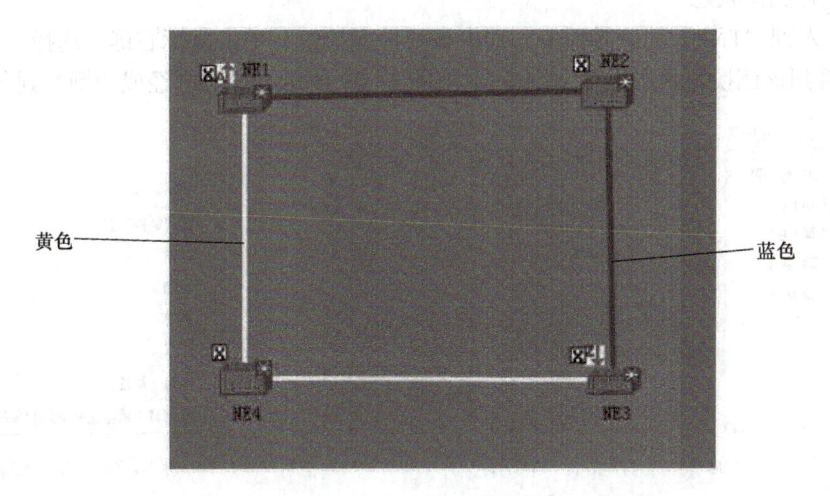

图 14-26　建立完成的线性隧道保护示意图

至此，NE1 到 NE3 的 1+1 线性保护配置就完成了。

14.5.3 线性隧道保护倒换测试

接下来通过人为设置故障，验证配置的线性隧道保护能否正常倒换。

（1）在 U31 网管中查询工作隧道和保护隧道关系

单击"业务"菜单，单击"TNP"管理标签，可以看到蓝色隧道为工作隧道，黄色隧道为保护隧道，倒换状态为"正常"，如前所述的图 14-26 所示。

（2）在 U31 中关闭 NE1 的主用侧光口（目的是使工作路径发生故障）

选中 NE1，单击鼠标右键，选择"网元管理"→"基础数据配置"。选择主用隧道使用的 NNI 侧光口 R8EGF[0-1-1]：ETH：1 口，单击"禁用"（ETH：1 的"使用"列的下拉列表中有"启用"和"禁用"两个选项），如图 14-27 所示。

图 14-27 设置工作路径发生故障

（3）查看主用链路警告信息

关闭 NE1 的主用隧道光口以后，NE1 和 NE2 之间的链路就变成了红色，并产生了"LOS"的严重警告，如图 14-28 所示。这时，说明主用隧道已经中断。

（4）查看倒换状态

再次进入到"TNP"管理界面中，选中该线性保护组，单击鼠标右键，选择"查询倒换状态"，可以看到该倒换组状态显示"倒换"，如图 14-29 所示，说明已经成功倒换到备用链路了。

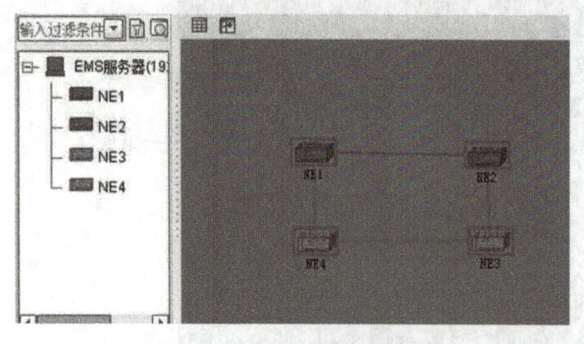

图 14-28 工作路径故障示意图　　　　图 14-29 查询倒换状态

可以看出，当前保护组的倒换状态已经从正常状态变为倒换状态，说明此时因为工作路径发生故障，业务已经工作在保护路径了，如图 14-30 所示。

中兴通讯公司的隧道保护倒换默认为返回式，即当工作通道恢复正常后，会从保护隧道返回到先前的工作隧道上。值得注意的是，为了防止假恢复带来的频繁切换，当设备发现工作通道恢复时，业务不会立刻倒换回工作通道，会等待一段时间，默认为 5min，此时间可人为设定。

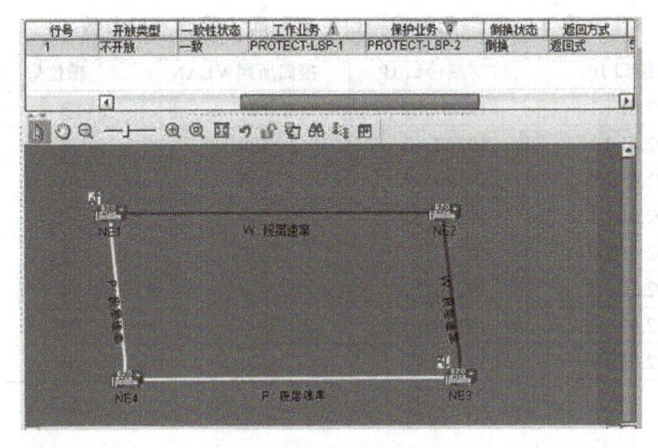

图 14-30 业务发生倒换

最直观的测试方法是在 NE1 和 NE3 之间配置一条 EPL 业务，并用两台计算机一直进行 ping 操作，当将网元 1 到网元 2 的光接口关闭时，业务不中断。

14.6 Wrapping 环网保护配置

14.6.1 配置说明

如图 14-31 所示，公司 A 的分部 1 与分部 2 通过 ZXCTN 设备组建的网络进行通信。分部 1 和分部 2 业务的可靠性要求高，需要进行环网保护配置。其中 NE1 和 NE3 为 ZXCTN 6200 设备，所使用的光接口板为 R1EXG，插板槽位为 3 号和 4 号位置；NE2 和 NE4 为 ZXCTN 6300 设备，所使用的光接口板同样为 R1EXG，插板槽位为 11 号和 12 号位置，请务必注意。

环网保护配置

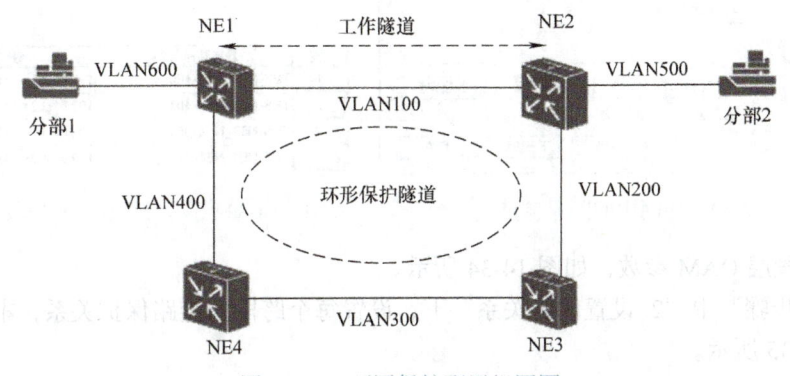

图 14-31 环网保护配置组网图

在本例中，设 NE1-NE2 的双向路径为工作隧道；NE1-NE2-NE3-NE4-NE1 的环形路径为环形保护隧道。NE1-NE4 之间形成 MPLS-TP 环网。当网络中某节点发生故障后，工作隧道上的业务切换到环形保护隧道。设备接口参数如表 14-1 所示。

表 14-1 网元物理接口位置和网络段层接口参数

网元	接口 IP	对端接口 IP	接口所属 VLAN	槽位号	端口号
NE1	192.61.1.1	192.61.1.2	100	3	1
	192.61.4.2	192.61.4.1	400	4	1
NE2	192.61.1.2	192.61.1.1	100	11	1
	192.61.2.1	192.61.2.2	200	12	1
NE3	192.61.2.2	192.61.2.1	200	3	1
	192.61.3.1	192.61.3.2	300	4	1
NE4	192.61.3.2	192.61.3.1	300	11	1
	192.61.4.1	192.61.4.2	400	12	1

14.6.2 Wrapping 环网保护配置过程

1）按表 14-1 完成网元及链路 IP 等基础配置。

2）创建 CTN 段层环形保护子网。

① 在保护视图中，打开创建保护子网，设置"类型"为"CTN 段层环形"，然后将本例中的 4 个网元按顺序添加到保护环网当中，如图 14-32 所示。

注意：4 个网元必须按顺时针或逆时针顺序添加。

② 在"步骤"中"1.1 选择 IP"下，设置经过的 IP 网段，本例采用默认值，如图 14-33 所示。

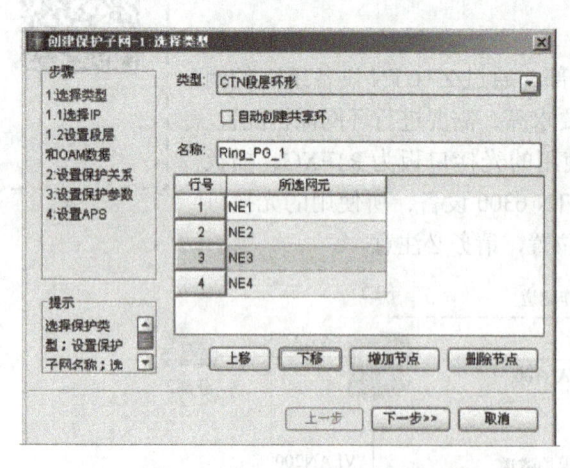

图 14-32 环网中的网元节点   图 14-33 设置经过的 IP 网段

③ 设置段层 OAM 参数，如图 14-34 所示。

④ 在"步骤"中"2. 设置保护关系"下，设置每个跨段的链路保护关系，本例采用默认值，如图 14-35 所示。

创建保护子网-1.2设置段层和OAM数据

步骤
1:选择类型
1.1选择IP
1.2设置段层和OAM数据
2:设置保护关系
3:设置保护参数
4:设置APS

提示
展现配置的VLAN、IP、段层、OAM配置信息

行号	段层路径(A-Z)	跨段VLAN ID	A点IP	Z点IP	A点段层标识	Z点段层标识
1	TMS-NE1_NE2-533	100	192.61.1.1	192.61.1.2	1	1
2	TMS-NE3_NE2-532	200	192.61.2.2	192.61.2.1	1	2
3	TMS-NE3_NE4-559	300	192.61.3.1	192.61.3.2	2	1
4	TMS-NE1_NE4-534	400	192.61.4.2	192.61.4.1	2	2

段层OAM参数

☑ 是否配置OAM

行号	节点	保护点	MEG ID	本端MEP ID	远端MEP ID	速度模式	CV包	发送周期	CV包PHB
1	NE1 1	R1EXG[0-1-3]-ETH:1-Section:1	1388208895	3341	929	快速	☑	3.33ms	CS7
2	NE1 1	R1EXG[0-1-4]-ETH:1-Section:2	1388208900	3907	940	快速	☑	3.33ms	CS7
3	NE2 1	R1EXG[0-1-11]-ETH:1-Section:1	1388208895	929	3341	快速	☑	3.33ms	CS7
4	NE2 1	R1EXG[0-1-12]-ETH:1-Section:2	1388208897	753	4771	快速	☑	3.33ms	CS7
5	NE3 1	R1EXG[0-1-3]-ETH:1-Section:1	1388208897	4771	753	快速	☑	3.33ms	CS7
6	NE3 1	R1EXG[0-1-4]-ETH:1-Section:2	1388208898	2921	7560	快速	☑	3.33ms	CS7
7	NE4 1	R1EXG[0-1-11]-ETH:1-Section:1	1388208898	7560	2921	快速	☑	3.33ms	CS7

图 14-34　设置段层 OAM 参数

行号	跨段	链路
1	NE1--NE2	NE1-R1EXG[0-1-3]-ETH:1-Section:1<->NE2-R1EXG[0-1-11]-ETH:1-Section:1
2	NE2--NE3	NE3-R1EXG[0-1-3]-ETH:1-Section:1<->NE2-R1EXG[0-1-12]-ETH:1-Section:2
3	NE3--NE4	NE3-R1EXG[0-1-4]-ETH:1-Section:2<->NE4-R1EXG[0-1-11]-ETH:1-Section:1
4	NE4--NE1	NE1-R1EXG[0-1-4]-ETH:1-Section:2<->NE4-R1EXG[0-1-12]-ETH:1-Section:2

图 14-35　设置链路保护关系

⑤ 在“步骤”中“3. 设置保护参数”下，为每个节点设置保护参数，如图 14-36 所示。

行号	节点	保护关系组ID	返回方式	等待恢复时间(分钟)	迟滞时间(100毫秒)	倒换模式	保护单元带宽(kbps)
1	NE1	1	返回式	5	0	Wrapping	0
2	NE2	1	返回式	5	0	Wrapping	0
3	NE3	1	返回式	5	0	Wrapping	0
4	NE4	1	返回式	5	0	Wrapping	0

图 14-36　设置保护参数

⑥ 在“步骤”中“4. 设置 APS”下，为每个节点开启 APS 协议，如图 14-37 所示。

行号	节点	保护关系组ID	本节点APS ID	APS协议	东向节点APS ID	西向节点APS ID
* 1	NE1	1	1	启动	2	4
* 2	NE2	1	2	启动	3	1
* 3	NE3	1	3	启动	4	2
* 4	NE4	1	4	启动	1	3

图 14-37　启动 APS 协议

3）创建环网保护的工作隧道。

① 在新建静态隧道页面，创建隧道，并设置隧道参数，如图 14-38 所示。

注意： 创建隧道的时候保护类型必须选择环网保护。由于这 4 个网元是一个环形，没有链形，所以 A、Z 端点和环节点 1、环节点 2 重合，都是 NE1 和 NE2。

② 单击"计算"按钮，生成工作隧道和保护隧道的静态路由。界面如图 14-39 所示。

图 14-38　新建环网保护的工作隧道　　　图 14-39　生成工作隧道和保护隧道的静态路由

③ 在"TNP 保护"界面，设置 TNP 保护参数，如图 14-40 所示。

④ 单击"应用"按钮。

4）查看环网保护配置结果。

① 在 TNP 管理视图中，设置过滤条件，查找到业务：NE1-NE2 环网保护。

② 在拓扑区域，查看业务的工作路由和保护路由，环网保护配置完成界面如图 14-41 所示。

蓝色路径：工作路由。

黄色路径：保护路由。

图 14-40　设置 TNP 保护参数　　　图 14-41　环网保护配置完成界面

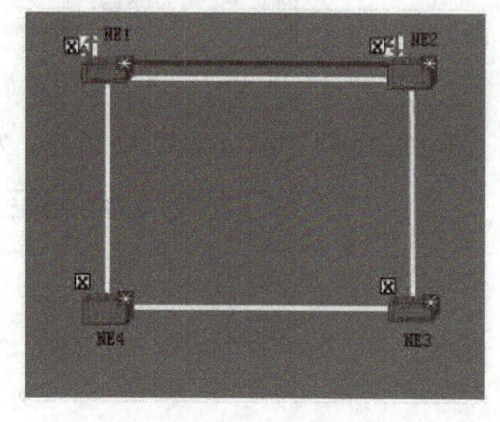

至此，NE1 到 NE2 这个段层的 Wrapping 环网保护配置就完成了。读者也可以使用线性隧道保护验证同样的方法进行测试验证。

进入 TNP 保护管理进行查看，此时的保护方式显示为环形保护，表明尽管在环网配置过程中配置了保护隧道，但触发倒换是因为检测到 TMS 故障，即环网保护是一种段层保护。

14.6.3 环网保护测试

接下来通过设置工作路径的段层发生故障,来测试验证配置的环网保护能否生效。

1)在 U31 中关闭 NE1 的工作路径侧光口,目的是使 NE1 和 NE2 之间的光纤断链,即工作路径上的段层发生故障。

2)选中 NE1,单击右键,选择"网元管理"→"基础数据配置"。选择工作路径段层使用的 NNI 侧光口 R8EGF[0-1-1]:ETH:1 口,单击"禁用",如图 14-42 所示。

图 14-42 设置工作路径发生故障

3)查看主用链路告警。关闭 NE1 的主用光口以后,NE1 和 NE2 之间的链路就变成了红色,并产生了"LOS"的严重告警。如图 14-43 所示。这时,说明主用段层已经中断。

4)查看倒换状态:再次进入"TNP"管理界面中,选中该环网保护组,单击右键,选择"查询倒换状态",如图 14-44 所示。可以看到该倒换组状态显示"倒换"。说明已经成功倒换到备用链路了。

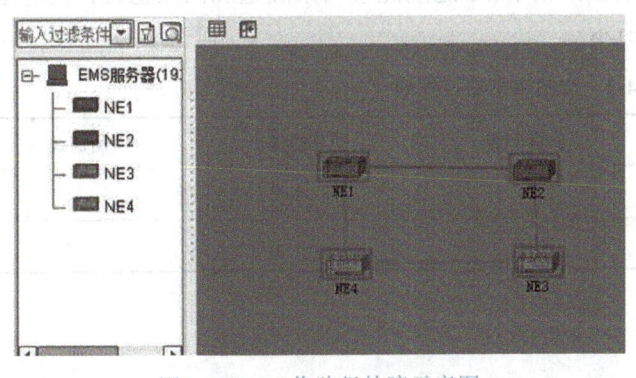

图 14-43 工作路径故障示意图 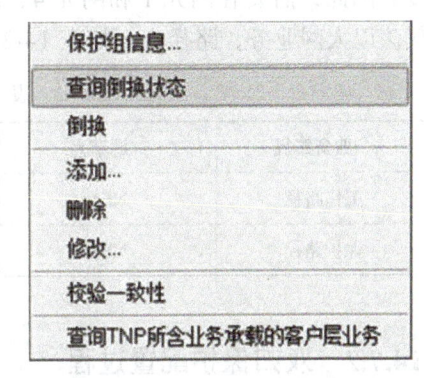　　图 14-44 "查询倒换状态"菜单

可以看出,当前保护组的倒换状态已经从正常状态变为倒换状态,说明此时因为工作路径发生故障,业务已经切换到保护路径了。

最直观的测试方法仍然是在 NE1 和 NE3 之间配置一条 EPL 业务,并用两台测试电脑连接到 NE1 和 NE3 对应的以太网单板业务端口,一直进行 ping 操作。如果将 NE1 到 NE3 的工作路径使用的光接口关闭时，业务依然不中断，则表示环网保护生效。

14.7 双归保护配置

14.7.1 配置说明

如图 14-45 所示，基站侧有一条 1000M 以太网业务从 NE1 接入，需要传送到核心网与设备进行对接，为了防止单点失效，采用双归保护方式提高业务的可靠性。

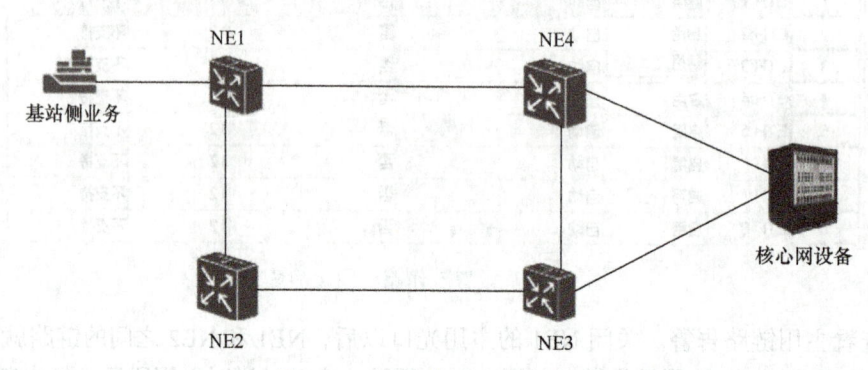

图 14-45 双归保护配置示意图

根据要求，可在网元 1 和网元 4、网元 1 和网元 3 之间分别建立一主一备两条传输路径，将业务从网元 1 分别传至网元 4 和网元 3，在正常情况下，核心网设备与网元 4 进行业务对接；当网元 4 发生故障或其所在工作路径发生故障时，核心网设备可以切换到网元 3 进行业务对接。因此，需要在网元 1 和网元 4、网元 1 和网元 3 之间配置两条隧道和两条伪线，同时承载该以太网业务，路径规划如表 14-2 所示。

表 14-2 双归保护路径规划

业务路径	源节点	归宿节点	所用隧道	所用伪线
工作路径	NE1	NE4	Tun-1-4-A	—
保护路径	NE1	NE3	Tun-1-4-B	—

14.7.2 双归保护配置过程

如 14.7.1 节所述，配置双归保护需要配置两条路径，首先需要配置所需的隧道（前提是已完成段层的创建），对于所需的两条伪线，既可以单独手工创建，也可以在创建业务时由系统自动生成并绑定业务（注：不同的网管软件版本会有一些区别），本次实训采用自动生成伪线方式。

1）在 NE1 和 NE4 之间创建工作隧道 Tun-1-4-A。在业务视图下，单击鼠标右键，选择"新建静态隧道"，并填写好规划的参数，如图 14-46 所示。

2）用同样的方法在 NE1 和 NE3 之间创建保护隧道，这里不再赘述。

3）新建 EPL 业务。在业务视图下，鼠标单击右键，选择"新建"→"新建以太网专线业务"，在弹出的页面中，"业务类型"选择"EPL"，"应用场景"选择"开放式保护"，"保护策略"选择"完全保护"，并按照规划，选择路径的源节点 A 和目的节点 Z、保护节点 Zp 以及各自对应的单板端口，如图 14-47 所示。

4）配置伪线。单击图 14-47 中的"网络侧路由配置"选项卡，可以看到，此时系统自动为工作隧道和保护隧道创建分配了两条伪线，这里以工作伪线为例，讲述对伪线参数的配置。

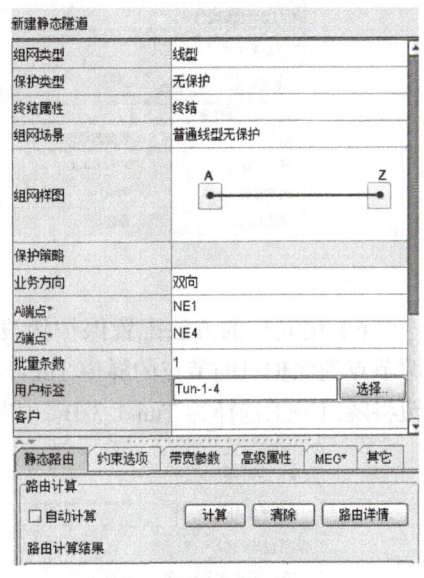

图 14-46 创建工作隧道

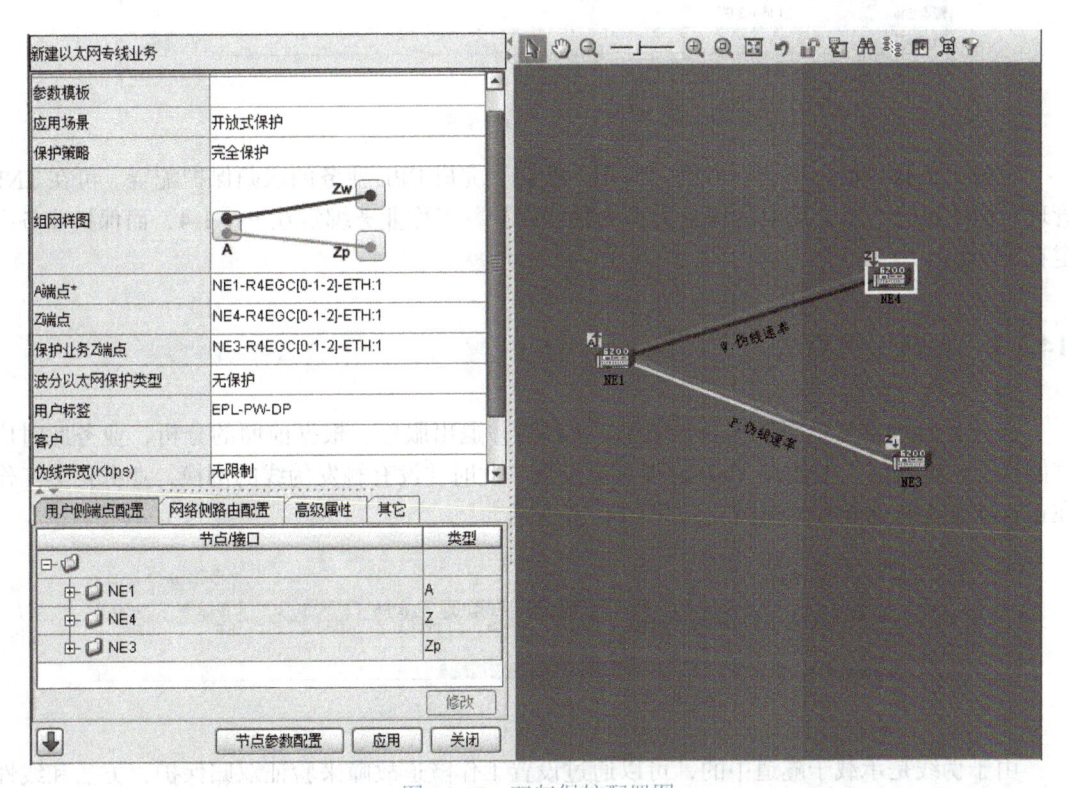

图 14-47 双归保护配置图

5）选中自动创建的工作伪线 NE1-NE4-PW-1，单击下方的 PW 参数，在弹出的页面中，将工作伪线的用户标签设为 PW-1-4，伪线使用的隧道为 Tun-1-4-A。如图 14-48 所示。

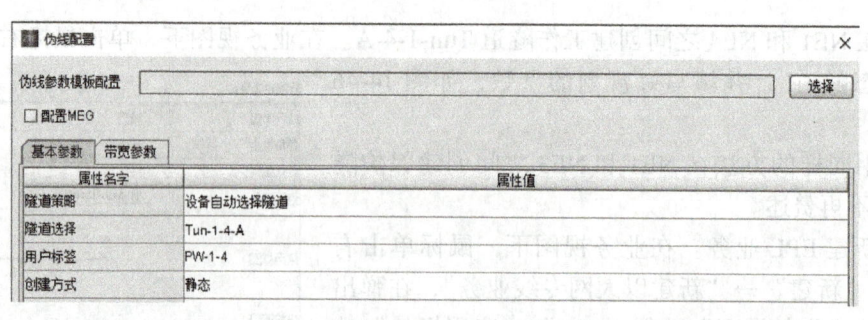

图 14-48　工作伪线参数配置

6）用同样的方法配置保护伪线的参数，需要注意的是，如果设备自动选择的隧道不是源节点到保护目的节点的隧道 Tun-1-3-B，则需将隧道策略设置为手工选择，单击"选择"按钮将隧道手工选择为 Tun-1-3-B。如图 14-49 所示。

图 14-49　保护伪线参数配置

完成上述操作后，单击下方的"应用"按钮，完成 EPL 业务的双归保护配置。可在 TNP 管理页面中进行查看，此时的保护类型为伪线保护，工作业务绑定在 PW-1-4，而保护业务绑定在 PW-1-3。

14.7.3　双归保护测试

在业务管理器中，将工作伪线 PW-1-4 激活并退出服务。根据前面的分析，业务此时应该倒换至保护伪线，但通过 TNP 管理页面发现，此时并没有触发伪线的倒换，业务仍然工作在正常状态（软件版本的原因），如图 14-50 所示。

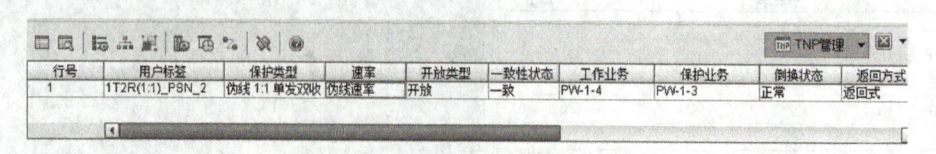

图 14-50　业务未发生 PW 倒换

由于伪线是承载于隧道中的，可以通过设置工作隧道故障来验证双归保护，方法和线性保护的设置相同，这里不再赘述。

可以看到，当工作隧道发生故障时，工作伪线 PW-1-4 无法正常工作，从而触发倒换，业务通过保护伪线 PW-1-3 发送到保护目的节点，如图 14-51 所示。

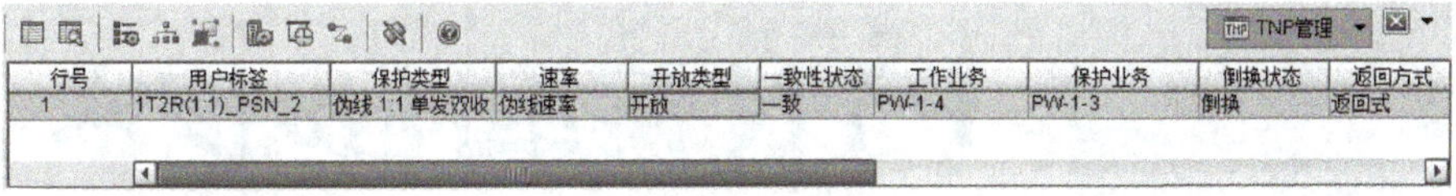

行号	用户标签	保护类型	速率	开放类型	一致性状态	工作业务	保护业务	倒换状态	返回方式
1	1T2R(1:1)_PSN_2	伪线 1:1 单发双收	伪线速率	开放	一致	PW-1-4	PW-1-3	倒换	返回式

图 14-51 业务发生 PW 倒换

最直观的测试方法是在 NE1、NE3、NE4 网元对应的单板以太网端口上分别连接一台计算机，当正常工作时候，NE1 和 NE4 可以正常 ping 通，而 NE1 和 NE3 不能通信；当工作伪线发生倒换时，NE1 和 NE4 不通，而 NE1 和 NE3 可以 ping 通，则表示双归保护生效。

思考与练习

一、填空题

1. PTN 的保护是基于层次划分的，通常分为 ____ 层保护、____ 层保护、____ 层保护。

2. 所谓自愈是指在网络发生故障时，无须 _____，网络自动地在 _____ 时间内重新建立传输路径，使业务自动恢复，而用户几乎感觉不到网络出了故障。

3. 核心层和汇聚层的 PTN 设备板卡故障对网络的影响面就非常广，因此在做设备配置时，核心单元应严格按照 _____ 配置。

4. MPLS 隧道保护包括 _____ 保护和 MPLS_____ 保护。

5. 基于 MPLS Tunnel APS 的 1 ∶ 1 保护倒换是 ______（填单向 / 双向）倒换，_______（填需要 / 不需要）APS 协议参与。

6. PTN 环网保护是一种 ____ 层保护，可分为 ______ 和 ______ 两种方式，就目前现网工程应用情况而言，一般多采用 ______ 环网保护架构。

7. LMSP 是一种 SDH 端口间的保护倒换技术，它通过 SDH 帧中 _____ 字节来完成倒换协议的交互。

8. LAG 保护是指 __________。

二、简答题

1. 简述 1+1 线性隧道保护和 1 ∶ 1 线性隧道保护的区别。

2. 简述环网保护的 Wrapping 方式和 Steering 方式的特点及区别。

任务 15 PTN 网络同步技术

15.1 任务及情景引入

分组交换网络主要采用异步通信方式，而 TDM 网络主要采用同步通信方式，两者之间同步方式存在巨大差异性，这是分组交换网络发展过程中面临的新问题。在所有通信网络没有完全 IP 化前，分组交换网络必然会传递 TDM 业务，比如 GSM、3G 基站的信号，因此，分组交换网络的时钟同步技术的发展是必然趋势。本次任务主要学习分组交换网络中采用的时钟同步技术。

本次任务将学习 PTN 同步技术的概念、分类以及各种同步方式的实现原理，为之后传输网的维护工作奠定基础。主要包括以下理论知识：

- 同步的基本概念。
- 分组交换网络的同步技术。
- 同步以太网的工作机制。
- IEEE 1588 的工作机制。
- 同步以太网的配置。
- 1588 时间同步的配置。

15.2 传统的数字同步网络

15.2.1 同步的概念

所谓同步，即收发双方在时间、载波信号等方面步调一致，故又称为定时。同步是通信网络中十分重要的技术，是信息正确接收的前提，使通信系统有序、准确、可靠的工作。

同步技术中涉及几个基本术语：频率同步、时间同步、相位同步。

（1）频率同步

频率同步通常称为时钟同步，是指信号之间的频率或相位上保持某种严格的特定关系，比如从时钟（Slave Clock）与主时钟（Master Clock）之间的频率差小于某个范围；其相对应的有效瞬间以同一平均速率出现，以维持通信网络中所有的设备以相同的速率运行，如图 15-1 所示。

数字通信网中传递的是对信息进行编码后得到的脉冲编码调制（Pulse Code Modulation，PCM）离散脉冲。若两个数字交换设备之间的时钟频率不一致，或者由于数字比特流在传输中因干扰损伤而叠加了相位漂移和抖动，就会在数字交换系统的缓冲存储器中产生码元的丢失或重复，导致在传输的比特流中出现滑动损伤。

（2）时间同步

任何时刻，从时钟与主时钟所代表的绝对时间差小于某个范围。如果从时钟与主时钟之间满足频率同步，但两个时钟间的相位差 φn 是不确定的，φn 的范围从零到整个时钟周期 T 之间，如果 φn 趋于 0，则表示从时钟与主时钟之间达到相位同步的要求，但此时从时钟与主时钟的时间起点可能不同；如果两者的时间起点相同，则满足时间同步要求。因此，一般说来，如果从时钟与主时钟之间达到相位同步，则两者之间满足频率同步；如果从时钟与主时钟之间达到时间同步，则两者之间满足相位同步和频率同步。

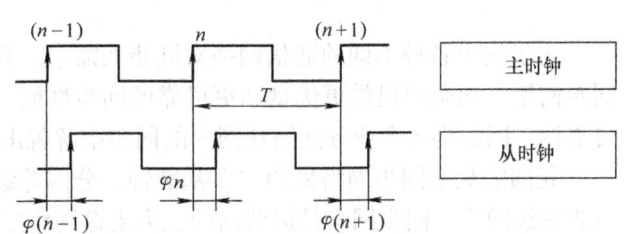

图 15-1 频率同步

图 15-2 给出了时间同步和频率同步的区别。如果两个表（Watch A 与 Watch B）每时每刻的时间都保持一致，这个状态叫时间同步；如果两个表的时间不一样，但是走得一样快，始终保持一个恒定的差，比如 6h，那么这个状态称为频率同步。

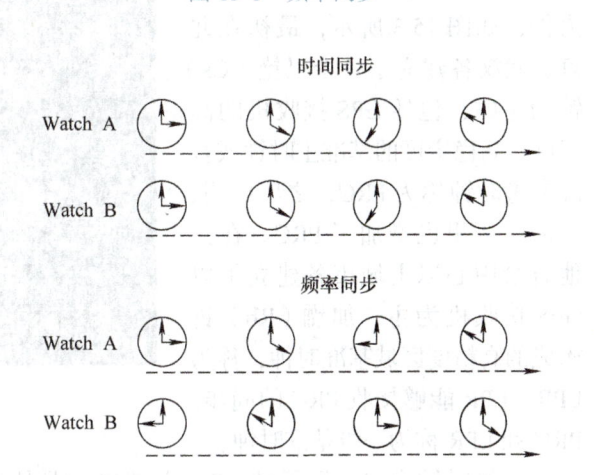

图 15-2 时间同步与频率同步差异

（3）相位同步

任何时刻，从时钟与主时钟之间的相位差 φn 小于某个范围。

15.2.2 同步时钟源

常采用的同步时钟信号有以下几类。

1）铯原子钟。它是一种长期频率稳定和精度很高的时钟，其长期频偏优于 1×10^{-11} ppm，可以作为全网同步的最高等级的基准主时钟。不足之处是可靠性较差，平均无故障工作时间约 5~8 年，可应用于全国基准中心。

2）铷原子钟。其性能不及铯原子钟，但具有体积小、重量较轻、预热时间短、短期频率稳定度高、价格便宜等优点，在同步网中普遍作为地区级参考频率标准。

3）GPS。它是由美国国防部组织建立并控制的利用多颗低轨道卫星进行全球定位的导航系统。这个系统通过 GPS 卫星广播方式向全球发送精确的三维定位信息和跟踪世界协调时（UTC）的时间信息。

4）晶体时钟。其体积小、重量轻、耗电少，价格比较便宜，短期稳定性较好，但长期稳定度和老化率比原子钟差，一般在同步网中作为从时钟被大量使用。

15.2.3 数字同步网

为了满足各种不同的通信网络对同步的需求，我国在全国范围内建设了一个专门的数字同步网络，向全网提供更优良和更可靠的同步性能，保证全网在各种复杂情况下同步的安全可靠性，同时将各个业务网络从网内的同步中解脱出来，节省投资。

我国的数字同步网络采用"多基准钟，分区等级主从同步"的组网方式，根据时钟性能分为三级网络。同步网络是运营商的三大支撑网络之一。

以中国电信的数字同步网络为例，如图 15-3 所示，最初在北京、武汉各建立了一个以铯（Cs）钟为主的、包括 GPS 接收机的高精度、高稳定度的基准主时钟或基准参考时钟称为 PRC，之后广州、上海、兰州也增加了 PRC。在其他省会中心以上城市各建立了以 GPS 接收机为主，加铷（Rb）钟构成的高精度区域基准时钟，称为 LPR，LPR 能够接收 PRC 的同步。PRC 和 LPR 称为一级基准时钟。

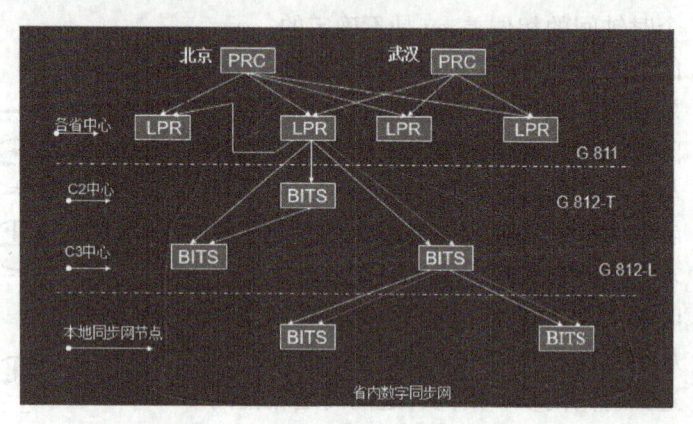

图 15-3 中国电信数字同步网络

二级时钟由"铷原子钟+GPS"或者"晶体时钟+GPS"构成，能够接收 LPR 的同步，一般设置在省、自治区和直辖市的各长途通信楼和话务量大的汇接局，称为大楼综合定时供给系统（Building Integrated Timing System，BITS）。

三级时钟一般选用单纯高精度晶体时钟，并且能够同步于二级时钟，一般放置于本地网的端局和汇接局。

以图 15-4 为例，其中中国电信的广州 PRC 节点主要为中南地区的省份提供基准时钟，将定时信号通过南环传送至合肥、南京、杭州、福州、南昌，通过西南环传送至成都、重庆、贵阳、长沙，通过广海系统传送至海口。

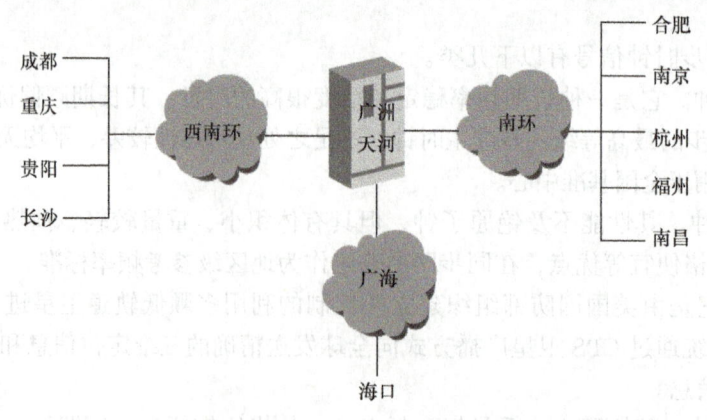

图 15-4 中国电信广州 PRC 节点

我国采用的同步方式是等级主从同步方式，其中主时钟在北京，副时钟在武汉。在采用主从同步时，上一级网元的定时信号通过一定的路由——同步链路或附在线路信号上从线路传输到下一级网元。该级网元提取此时钟信号，通过本身的锁相振荡器跟踪锁定此时钟，并产生以此时钟为基准的本网元所用的本地时钟信号，同时通过同步链路或通过传输线路（即将时钟信息附在线路信号中传输）向下级网元传输，供其跟踪、锁定。若本站收不到从上一级网元传来的基准时钟，那么本网元通过本身的内置锁相振荡器提供本网元使用的本地时钟并向下一级网元传送时钟信号。

主从同步的数字网中，从站（下级站）的时钟通常有3种工作模式。

（1）正常工作模式——跟踪锁定上级时钟模式

此时从站跟踪锁定的时钟基准是从上一级站传来的，可能是网中的主时钟，也可能是上一级网元内置时钟源下发的时钟，还可能是本地区的GPS时钟。

与从时钟工作的其他两种模式相比较，此种从时钟的工作模式精度最高。

（2）保持模式

当所有定时基准丢失后，从时钟进入保持模式，此时从站时钟源利用定时基准信号丢失前所存储的最后频率信息作为其定时基准而工作。也就是说从时钟有"记忆"功能，通过"记忆"功能提供与原定时基准较相符的定时信号，以保证从时钟频率在长时间内与基准时钟只有很小的频率偏差。但是由于振荡器的固有振荡频率会慢慢地漂移，故此种工作方式提供的较高精度时钟不能持续很久。此种工作模式的时钟精度仅次于正常工作模式的时钟精度。

（3）自由运行模式——自由振荡模式

当从时钟丢失所有外部基准定时的时候，也失去了定时基准记忆或处于保持模式太长，从时钟内部振荡器就会工作于自由振荡方式。

此种模式的时钟精度最低，不得已的情况下才会工作于此种模式。

15.3 分组交换网络的同步技术

15.3.1 分组交换网络的同步需求

随着信息通信技术的发展，网络同步的要求越来越高，分组交换网络的同步与定时，是通信网络演进时钟同步面临的新问题。由于TDM网络和分组交换网络的差异，同步问题在TDM网络较容易解决，而分组交换网络主要采用的是异步通信方式，不需要考虑严格的同步和定时。但是对于分组交换网络，除了传递分组业务，也会传递一些TDM业务，比如固定电话、GSM基站的信号、3G的基站信号，这些信号经过分组网络传输后，必须有准确的定时关系，才能够正确恢复原始数据。因此，分组交换网络的时钟同步技术应运而生，用来解决同步信号如何在分组交换网传输，以及对同步信号的不同需求的问题。

在PTN网络中，对同步的需求体现在承载的TDM业务以及实现对时间和频率信号的传输两个方面。特别是移动业务的飞速发展，对同步网络提出越来越高的要求，CDMA2000、TD-SCDMA、WiMAX都要求基站间的同步达到微秒级的精度，可视为时间同步，见表15-1。而传统的GPS同步方法成本较高，不能很有效地满足需求。

表 15-1　不同无线制式对同步的需求

无线技术	时钟频率精度要求/(10^{-6})	时间同步要求
GSM	0.05	NA
WCDMA	0.05	NA
CDMA2000	0.05	3μs
TD-SCDMA	0.05	1.5μs
WiMAX	0.05	1μs
LTE	0.05	倾向于采用时间同步

15.3.2　分组交换网络的同步技术分类

从大的原则来看，分组交换网络常采用的同步技术主要是频率同步和时间同步两种方式，其分类方式如图 15-5 所示。

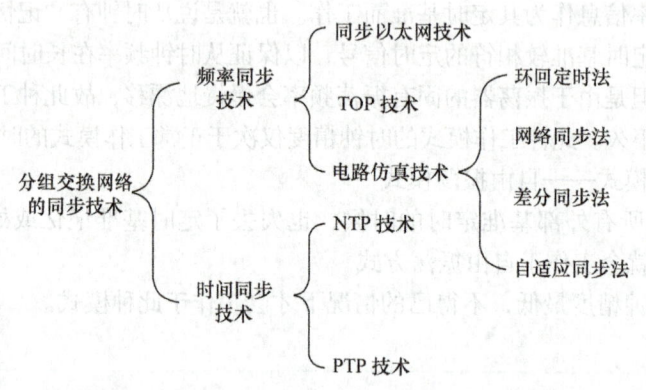

图 15-5　分组交换网络的同步技术分类方式

下面介绍分组传送网的 3 种频率同步技术。

（1）同步以太网技术

同步以太网技术是指通过物理层串行数据码流提取时钟信息。在发送侧，以太网端口根据高精度的时钟，将数据信息发出，在接收侧，以太网端口将时钟信号恢复，发送给时钟处理单元，从而实现基于物理链路的时钟传递，需要时钟传递路径上所有的节点都具备同步以太网特性，如图 15-6 所示。

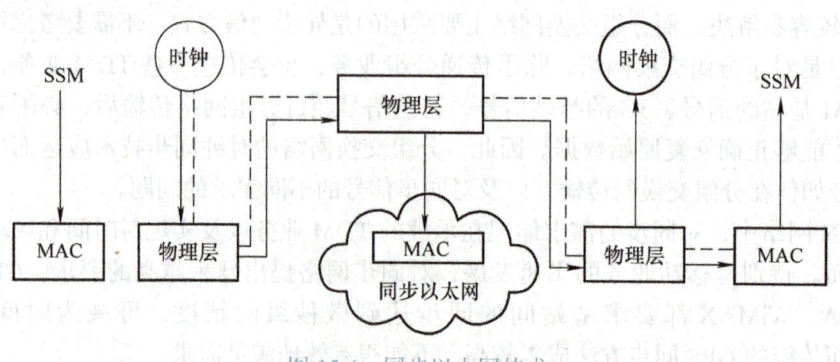

图 15-6　同步以太网技术

（2）TOP 技术

TOP（Timing over Packet-switching Network）技术是将时间信息根据一定的格式进行封装，并放入数据包中，接收方采用某种算法从包中恢复出时钟信息，从而实现全网的频率同步，如图 15-7 所示。这种同步机制的缺点是数据包在传输过程中，容易受到丢包、延迟等干扰。

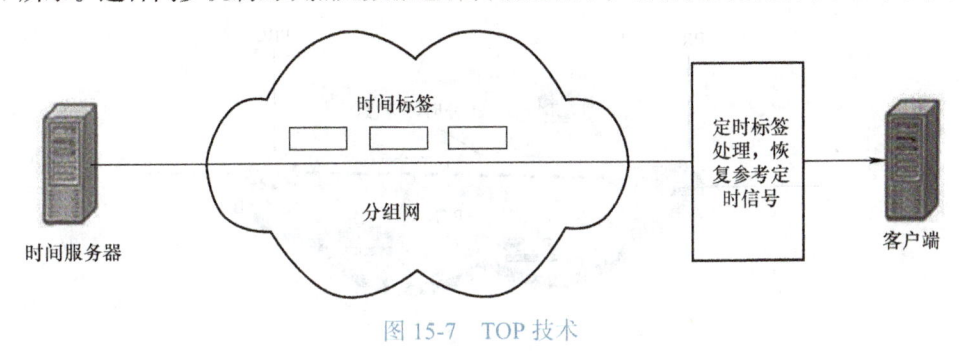

图 15-7 TOP 技术

（3）电路仿真业务

电路仿真业务（Circuit Emulation Service，CES）主要依靠伪线建立一个通道，来透传所有的 TDM 业务，而在网络对端的 TDM 设备，不需要关心所连接的网络是否是一个真实的 TDM 网络。在 CES 中主要有环回定时法、网络同步法、差分同步法、自适应同步法 4 种方式。

1）环回定时法。在网络中增加网络互联模块 IWF，使通过两端的 TDM 时钟信号处在一个同步网络内部，从而实现同步，如图 15-8 所示。

图 15-8 环回定时法

2）网络同步法。主从双方使用同一个网络参考时钟信号作为信号源，从而将网络本身构成一个同步网络，如图 15-9 所示。

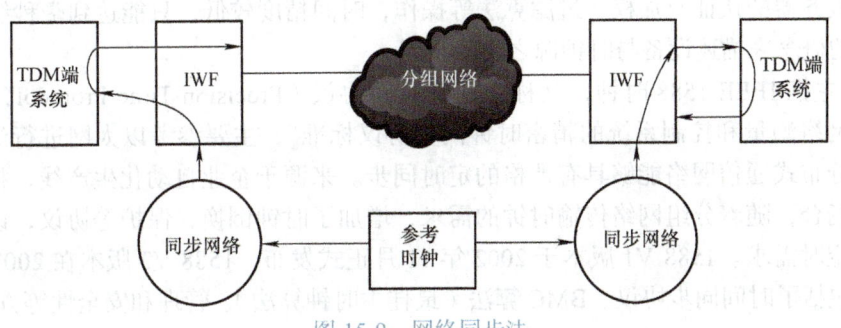

图 15-9 网络同步法

3）差分同步法。如图 15-10 所示，在进入网络时，记录业务时钟与参考时钟 PRC 之间的差别形成差分时钟信息，并传递到网络出口处；在网络出口的地方，根据参考时钟、差分时钟信息恢复出业务时钟。整个 PTN 网络可以不在同步状态，但需要在网络入口和出口位置提供参考时钟 PRC。

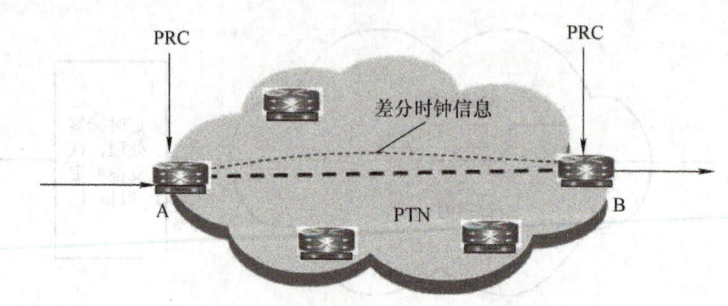

图 15-10　差分同步法

4）自适应同步法。如图 15-11 所示，不需要网络处于同步状态，业务通过网络传送后直接从分组业务流中恢复出时钟信息。在网络出口处，根据业务流缓存的情况调整输出的频率。如果业务缓存逐渐增加，则将输出频率加快；如果业务缓存逐步减少，则将输出频率减慢。

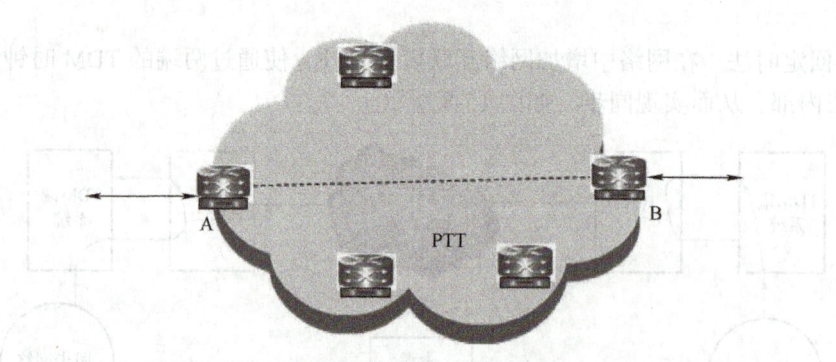

图 15-11　自适应同步法

分组传送网的时间同步技术主要有 NTP 和 1588 时钟同步。

网络时间协议（Network Time Protocol，NTP）是从时间协议（Time Protocol）和 ICMP 时间戳报文演变而来的，协议本身较为复杂，多用于分布式服务器和客户端之间。IETF 在 1995 年发布了 NTP 的时钟标准，广泛应用于网管、计费、计算机网络等领域，进行数据格式转换、服务器的认证及加权、过滤算法等操作，时间精度较低，只能达到毫秒级。NTP 采用了层级的概念来描述设备与时钟源之间的距离。

IEEE 主推 IEEE 1588 时钟，又称为精确时间协议（Precision Time Protocol，PTP），这是一套"网络测量和控制系统的精密时钟同步协议标准"，主要参考以太网进行编制，主要目的是使分布式通信网络能够具有严格的定时同步。来源于企业自动化生产线、机床同步操作的定时场合，随着分组网络传输时钟的需求，增加了时钟倒换、保护等协议，以满足电信级网络的定时需求。1588 V1 版本于 2002 年 11 月正式发布，1588 V2 版本在 2007 年完成技术定稿，包括了时间同步协议、BMC 算法（最佳主时钟算法）、管理和安全性等方面的内容，有效地提高了同步精度，达到亚微秒级。

15.4 同步以太网

15.4.1 同步以太网标准演进

ITU-T 主要推动基于符合 IEEE 802.3 的以太网时钟网络，主要网络形态是点到点的以太网、多点桥接的以太网、面向连接的 MPLS 和无连接的 IP 网络。当前关于同步以太网的标准如下。

• ITU-T G.8261（同步以太网标准）分组交换网络同步定时问题（Timing and Synchronization Aspects of Packet Networks）。

• ITU-T G.8262 同步以太网设备时钟（EEC）定时特性（Timing Characteristics of Synchronous Ethernet Equipment Slave Clock（EEC））。

• ITU-T G.8263 分组交换设备时钟（PEC）与分组交换业务时钟（PSC）的定时特性（Timing Characteristics of Packet Based Equipment Clocks（PEC）and Packet Based Service Clocks（PSC））。

• ITU-T G.8264 分组交换网络的定时分配（Timing Distribution through Packet Networks）。

• ITU-T G.8265 分组交换网络的相位和时间分配（Time and Phase Distribution through Packet Networks）。

15.4.2 同步以太网工作原理

传统以太网是一个异步系统，各网元之间不处于严格的同步状态也能正常工作，但实际上在物理层，设备都会从以太网端口进入的数据流中提取时钟，然后对业务进行处理，由于网元之间、端口之间无明确的同步要求，所以整个网络也是不同步的。那么在分组交换网络中，是否可以利用以太网数据流中本身携带的时钟信号呢？

同步以太网仿照 SDH 网络的同步机制，利用以太网端口本身的码流携带和恢复频率信息的同步技术。具体来说，在接收方向，以太网接口卡的物理层将线路时钟恢复并提取出来，分频后上送给时钟模块。时钟模块根据 SSM 协议和其他相关信息，选择一个精度最高的时钟作为参考源送给系统锁相环（Phase Locking Loop，PLL），系统锁相环跟踪参考源后输出高精度的时钟给各个接口卡使用。

从线路串行码流中提取时钟要求码流中必须保持足够的时钟跳变信息，也就是避免连续的长 1 或者长 0。以太网物理层编码采用 4B/5B（FE）和 8B/10B（GE），平均每 4bit 就要插入一个附加比特，这样就不会出现连续 4 个 1 或者 4 个 0，从而更加便于提取时钟。在发送方向，以太接口卡上的锁相环跟踪时钟模块送来的高精度时钟，产生物理层芯片的发送参考时钟，将业务数据发送出去，发送方同样需要对发送的串行码流按照编码规则进行加扰，以避免接收侧无法提取时钟。

同步以太网的工作方式如图 15-12 所示。在以太网端口接收侧，从数据流中恢复出时钟，将这个时钟信息发送给设备统一的锁相环作为参考。在以太网端口发送侧，统一采用系统时钟发送数据。

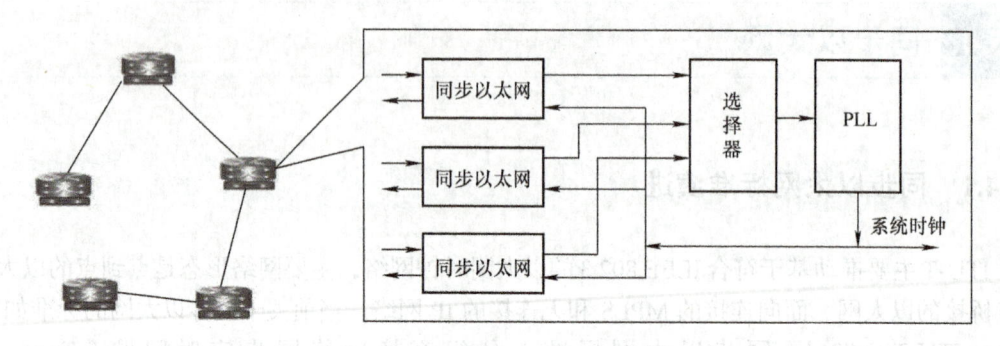

图 15-12 同步以太网的工作方式

上述过程实现了时钟（频率）信号在物理层链路上的同步传递。需要说明的是，在 SDH 网络中，时钟质量等级信息是通过 S1 字节传递的，而在同步以太网中，时钟的质量等级信息是通过专门的 SSM 报文进行传送。

采用同步以太网方式实现同步的特点如下。

时钟同步质量接近 SDH，不受中间包交换网络影响，可实现性比较好。但是这种方式需要全网部署，也就是所有设备都要支持同步以太网，而目前并不是所有厂家的芯片都支持高精度的时钟质量恢复。此外，同步以太网是一种物理层同步技术，不能支持时间同步的网络业务需求。

15.5 IEEE 1588 时钟

15.5.1 IEEE 1588 的基本概念

IEEE 1588 是一种精确时间协议（Precision Time Protocol，PTP），它是一种主从同步系统。其核心思想是采用主从时钟方式，对时间信息进行编码，利用网络的对称性和延时测量技术，摆脱对 GPS 的依赖，实现主从站的时间同步。1588 时钟目前的版本为 1588v2。

在系统的同步过程中，主时钟周期性发布 PTP 时间同步协议及时间信息，从时钟端口接收主时钟端口发来的时间戳信息，系统据此计算出主从线路时间延迟及主从时间差，并利用该时间差调整本地时间，使从设备时间保持与主设备时间一致的频率与相位。

IEEE 1588 协议支持如下几种工作模式。

- 普通时钟（OC）：只有一个端口支持 1588 协议。在实际应用中，要么是首节点 Grand Master，要么是末节点 Slave 被用作整个网络的 Grand Master，如 BITS 一般配置为 OC 模式；而基站作为最末端的 Slave 设备，也配置为 OC 模式。
- 边界时钟（BC）：有多个端口支持 1588 协议。BC 节点在实际应用中，设备本身的时间同步于上游网元，同时把同步后的设备时间向下游设备分发，边界时钟通常用在确定性较差的网络设备（如交换机和路由器）上。

• 透明时钟（TC）：节点不运行 1588 协议，但需要对时间戳进行修正，在转发时间报文时将本节点处理该报文的时间填写在修正位置。

• 管理节点：在上述模式基础上增加网管接口功能。管理节点仅用于同步节点的配置管理，本身不提供同步功能。由于大多数通信网络和设备本身就是有网管的，因此并非所有厂家的设备都支持独立的管理节点，而是通过通信网络本身的网管来对 1588v2 同步网进行管理。

1588v2 协议支持的端口类型有：

1）Master 端口。Master 状态意味着该端口作为上游端口向下游端口发送时钟信息。OC 和 BC 模型中都可以存在 Master 端口状态，但 BC 可以同时存在 Slave 端口状态，而 OC 不行。

2）Slave 端口。Slave 状态意味着该端口作为下游端口接收上游端口发送来的时钟信息。OC 和 BC 模型中都可以存在 Slave 端口状态，但 BC 可以同时存在 Master 端口状态，而 OC 不行。

3）Passive 端口。Passive 状态意味不转发 Sync 协议报文，不传递时钟相关信息，只能处理 P2P TC 相关的报文，在 BC 模型中存在。当 BMC 发现时钟源出现环路，或出现次优时钟源时，将把端口设置为 Passive 模式。

从通信关系上看，可把时钟分为主时钟和从时钟，理论上任何时钟都能实现主时钟和从时钟的功能，但一个 PTP 通信子网内只能有一个主时钟。整个系统中的最优时钟为最高级时钟（GMC），有着最好的稳定性、精确性、确定性等。根据各节点上时钟的精度和级别以及 UTC（Universal Time Constant）的可追溯性等特性，由最佳主时钟算法（BMC）来自动选择各子网内的主时钟；在只有一个子网的系统中，主时钟就是最高级时钟（GMC）。每个系统只有一个 GMC，且每个子网内只有一个主时钟，从时钟与主时钟保持同步，支持 IEEE 1588 v2 协议，实现时钟和时间同步。IEEE 1588 时钟的传送过程如图 15-13 所示。

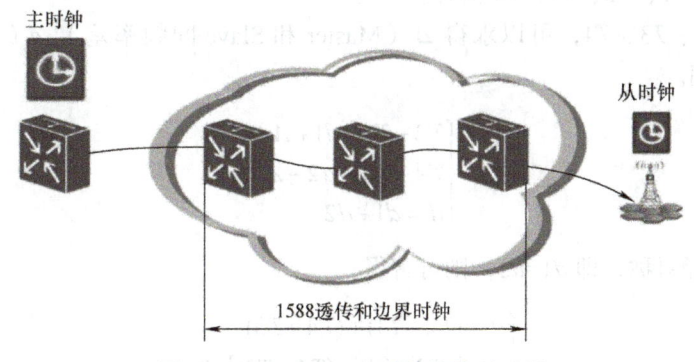

图 15-13 IEEE 1588 时钟的传送过程

15.5.2 1588 时钟的测量时延

IEEE 1588 的关键在于延时测量。为了测量网络传输延时，1588 定义了如下 4 个时间点，这 4 个时间点的时延测量如图 15-14 所示。

$T1$：Master 端 Sync 报文的发送时间。

$T2$：Slave 端收到 Sync 报文的时间。

$T3$：Slave 端 Request 报文的发送时间。
$T4$：Master 端收到 Request 报文的时间。

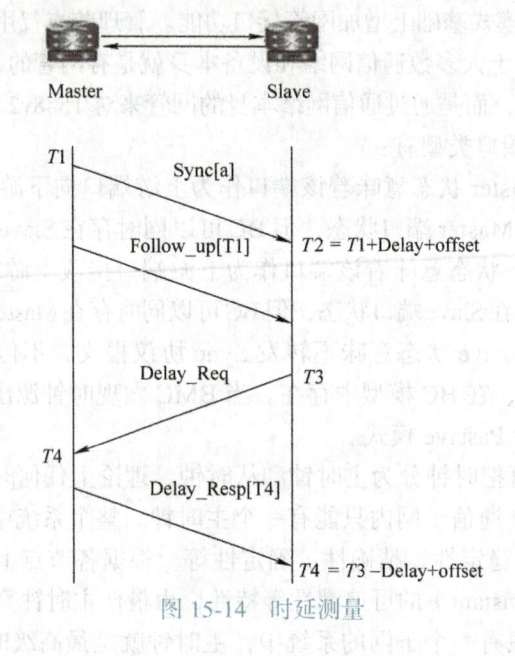

图 15-14 时延测量

Master 端收到 Request 报文后响应携带 $T4$ 信息的 Response 报文，这样经过握手后，Slave 端就得到了 $T1$、$T2$、$T3$、$T4$ 信息。

根据 $T1$、$T2$、$T3$、$T4$，可以求得 Δ（Master 和 Slave 间频率差）、d（链路延时）来调整 Slave 端的时间。

$$\begin{cases} T2-T1 = d1+\Delta \\ T4-T3 = d2-\Delta \\ d = d1+d2 \end{cases} \quad (15\text{-}1)$$

假设来回报文路径对称，即 $d1=d2$，则可解得：

$$\begin{cases} d = (T2-T1)+(T4-T3) \\ \Delta = [(T2-T1)-(T4-T3)]/2 \end{cases} \quad (15\text{-}2)$$

延时 $d1=d2=d/2$ 可以实现时间的同步。由式（15-2）可以看出 Δ、d 只与 $T2$ 和 $T1$ 差值、$T3$ 和 $T4$ 差值相关，而与 $T2$ 和 $T3$ 差值无关，即最终的结果与 Slave 端处理请求所需的时间无关。Slave 端根据 Δ 实时调整，以保持和 Master 端的时钟同步。

以图 15-15 为例，4 个时间戳节点分别为 $T1=TM_1=50$ns，$T2=TS_2=58$ns，$T3=TS_2=65$ns，$T4=TM_2=66$ns，由此可以得出：

$$\Delta = [(58-50)-(66-65)]/2 = 3.5\text{ns}$$
$$d = [(58-50)+(66-65)]/2 = 4.5\text{ns}$$

可根据时间偏差 Δ 的值调节从时钟。

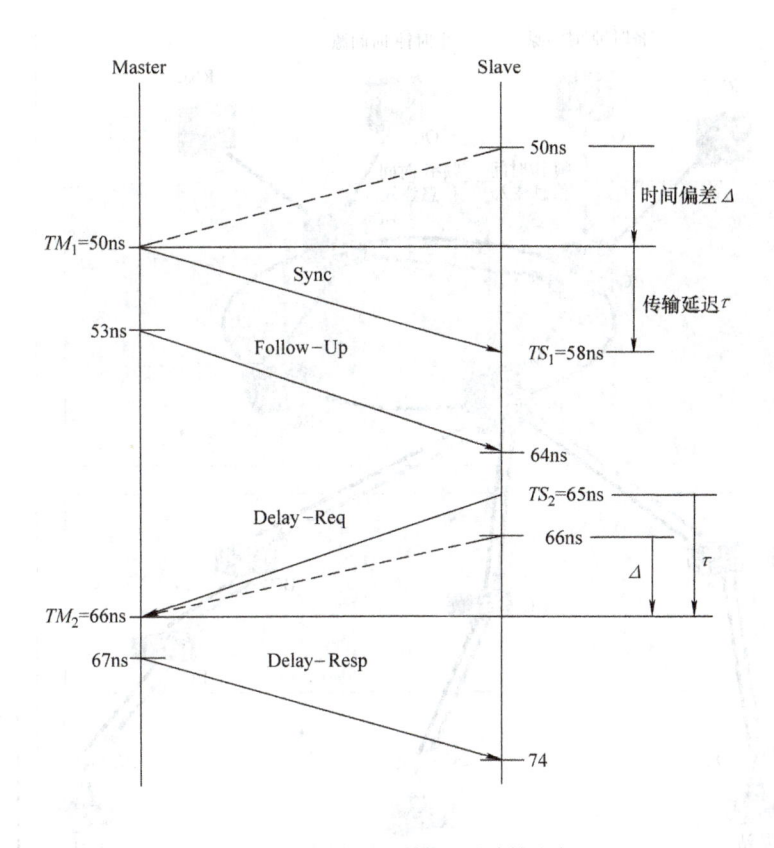

图 15-15　1588v2 时钟延时计算实例

15.6　1588v2 典型应用场景

15.6.1　全网同步（BC 模式）

采用 1588v2 协议的 BC 工作模式进行全网同步的应用如图 15-16 所示。其中，时钟/时间源 BITS 作为 OC 设备向承载设备注入频率/时间，承载设备作为 BC 设备，逐级恢复频率和时间，以达到将频率和时间传送给基站的目的，基站作为 OC 设备，也必须支持频率和时间恢复功能。

全网同步方式的优势在于每一个站点都进行频率和时间恢复，同步精度高，但同时对承载设备要求也较高，要求每个站点必须支持完整的 1588v2 协议，必须支持 BMC 算法。

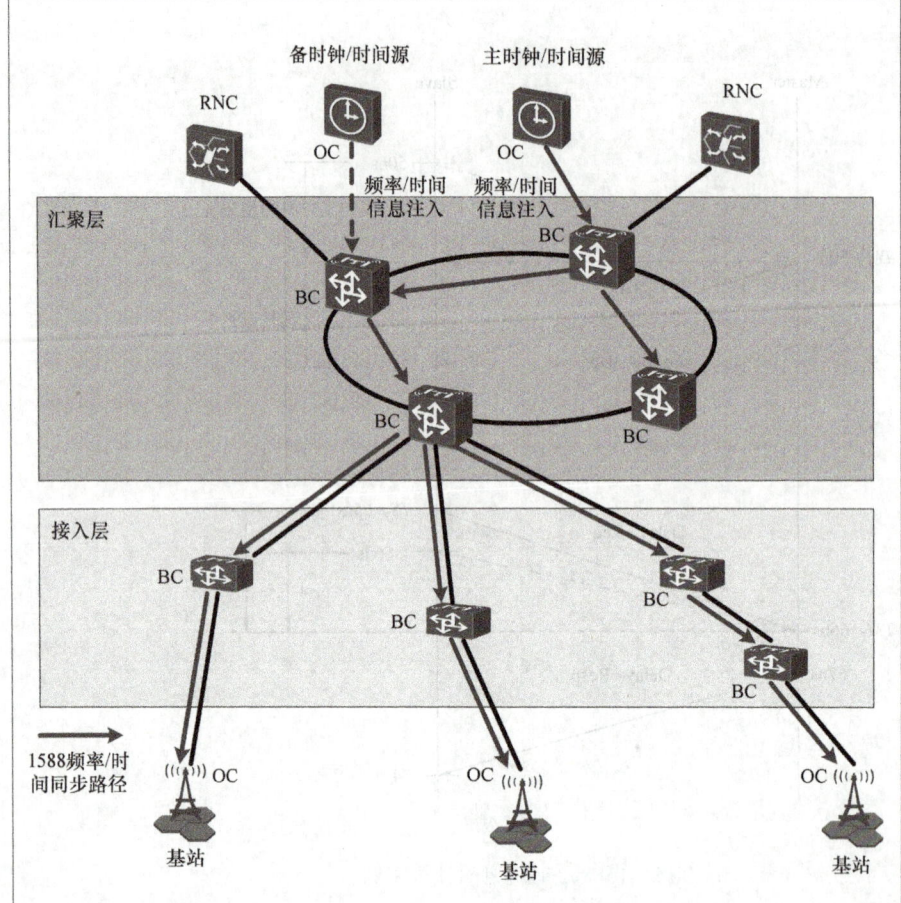

图 15-16 1588v2 全网同步应用场景

15.6.2 时间透传（TC 模式）

采用 TC 模式进行全网同步的应用如图 15-17 所示。

采用时间透传的同步场景中，承载设备作为 TC 设备，无须恢复频率和时间，只需要计算自身驻留时间（E2E TC）或计算自身驻留时间和链路延时（P2P TC），基站作为 OC 设备，必须支持频率和时间同步。

时间透传方式下，承载设备无须支持完整的 1588v2 协议，无须支持 BMC 算法，对软硬件要求较低，但透传方式同步精度不如全网同步方式，定位手段也不如全网同步方式丰富。

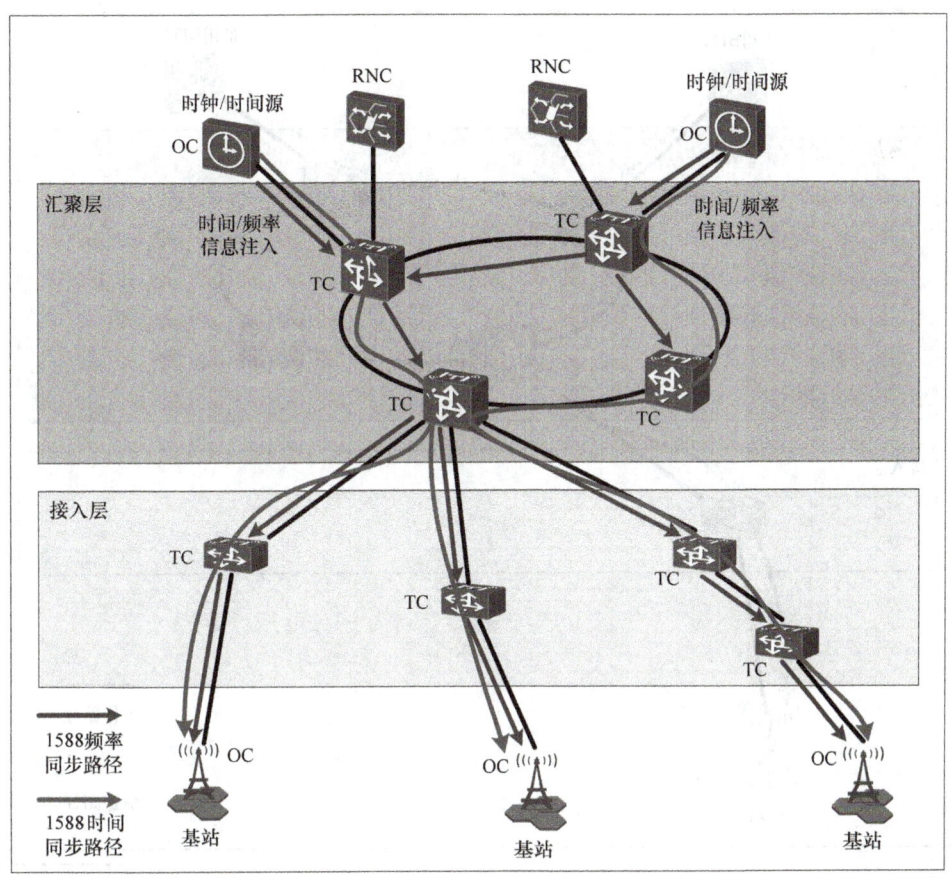

图 15-17　1588v2 时间透传的全网同步应用场景

15.6.3　网络时钟保护

1588v2 同步网络支持网络保护，包括两部分：时钟/时间源主备保护和承载网网络倒换保护，如图 15-18 所示。

正常工作情况下，承载设备和基站通过图 15-18 中的工作路径同步到主时钟/时间源，当主时钟/时间源发生故障不可用时，承载设备和基站同步路径自动换到图 15-18 中的保护路径跟踪备用时钟源/时间源。

主时钟源/时间源正常时，基站主用跟踪路径为主时钟/时间源→承载设备 A→承载设备 D→承载设备 E→基站，如图 15-18 中深灰色实线所示。备用路径为主时钟/时间源→承载设备 A→承载设备 B→承载设备 C→承载设备 D→承载设备 E→基站，如图 15-18 中深灰色虚线所示，当承载设备 A 和承载设备 D 之间同步路径发生故障（断纤、接口板坏等）时，同步路径将自动倒换到备用路径。

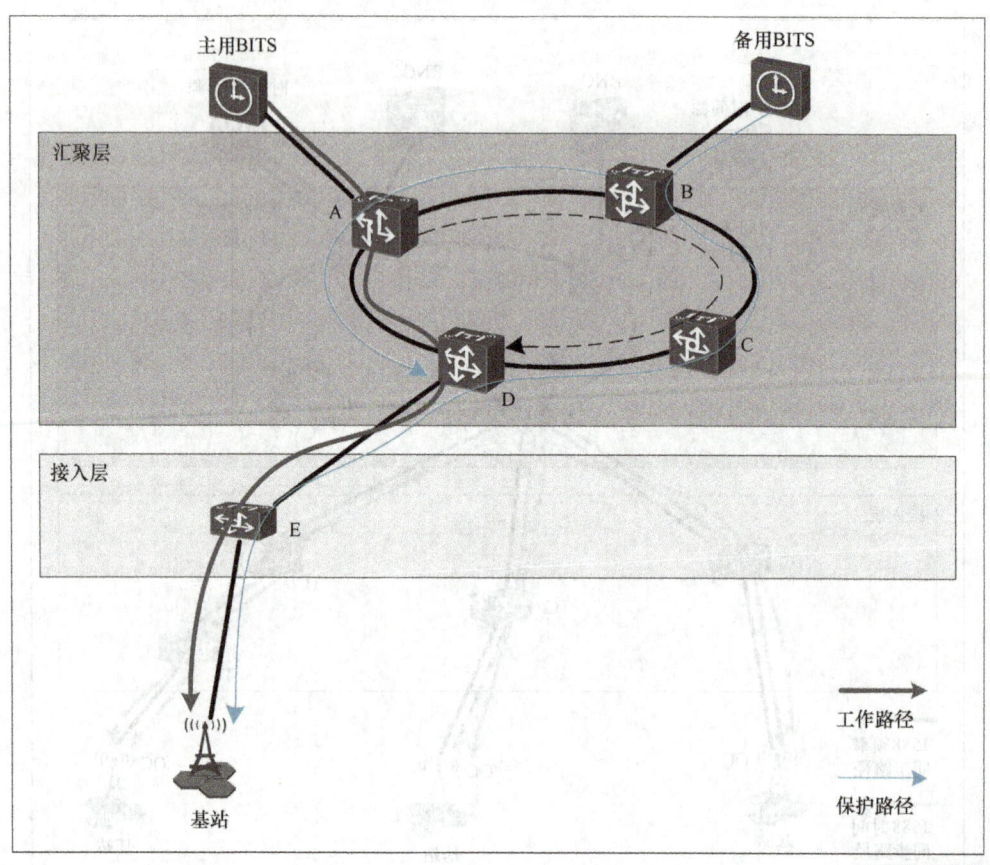

图 15-18　1588v2 网络时钟保护应用场景

两种自动倒换过程均由 BMC 算法保障。

15.7　同步以太网配置

15.7.1　组网图和配置要求

如图 15-19 所示，4 个 ZXCTN 6200 设备组成一环网，网元间的物理连接接口见图中标识。网元 1 为中心网元，整个网络的基准参考钟 PRC 从网元 1 中引入，要求在各个网元上采用同步以太网方式，实现频率的同步（需要说明的是，当所有网元独立组网时，如果没有外部 BITS 时钟或 GPS 时钟引入作为 PRC，也可以使用中心网元的内时钟作为基准参考时钟）。

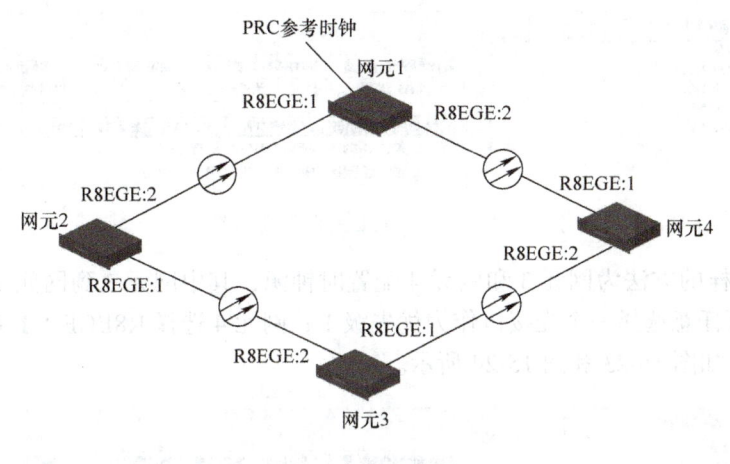

图 15-19 组网图

15.7.2 配置步骤

假设网元之间的段层已经建立完毕，同步以太网时钟配置过程如下。

1）在拓扑管理界面，选中所有网元，单击鼠标右键，选择"网元管理"，在弹出的界面的左下角，找到"时钟时间配置"菜单，如图 15-20 所示。

2）单击"时钟源配置"，在弹出的界面中选择网元 1，找到时钟源配置，在下拉菜单中选择"外时钟"作为全网的参考时钟，优先级为 1，如图 15-21 所示；同时也可以将内时钟作为优先级 2 的参考时钟源。

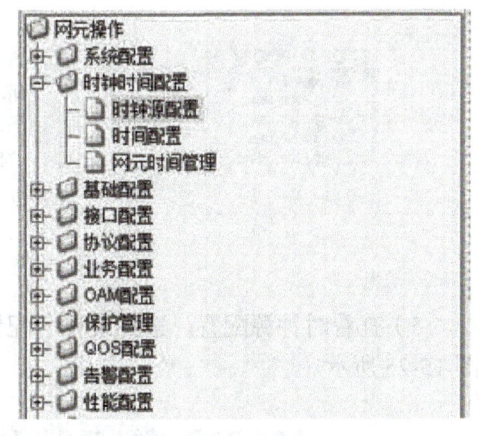

图 15-20 "时钟时间配置"菜单

图 15-21 网元 1 的时钟源配置

3）选择网元 2，在"时钟源类型"中选中"抽以太网时钟"，由于全网基准时间由网元 1 向下传递给各网元，而网元 2 到网元 1 的最短物理连接所使用的以太网光接口为 R8EGF：2，因此优先从此端口提取时钟信号，而将 R8EGF：1 光接口发过来的信号提取的时钟作为优先级 2，如图 15-22 所示。

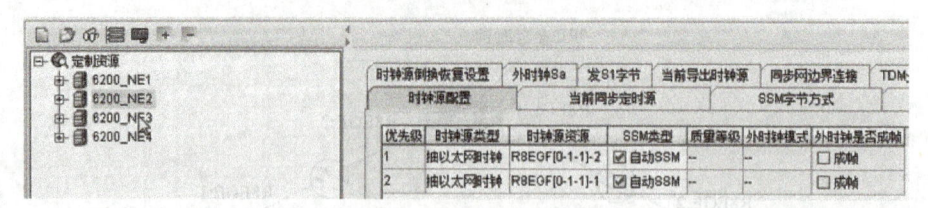

图 15-22　网元 2 的时钟源配置

4）按照同样的方法为网元 3 和网元 4 配置时钟源，其中网元 3 到网元 1 的两条物理路径长度一样，可任意选择一个光接口作为优先级 1；网元 4 选择 R8EGF：1 光接口作为优先级 1 提取时钟，如图 15-23 和图 15-24 所示。

图 15-23　网元 3 的时钟源配置

图 15-24　网元 4 的时钟源配置

5）查看时钟源配置。选择菜单"配置"→"承载传输网元配置"→"时钟源视图"，如图 15-25 所示。

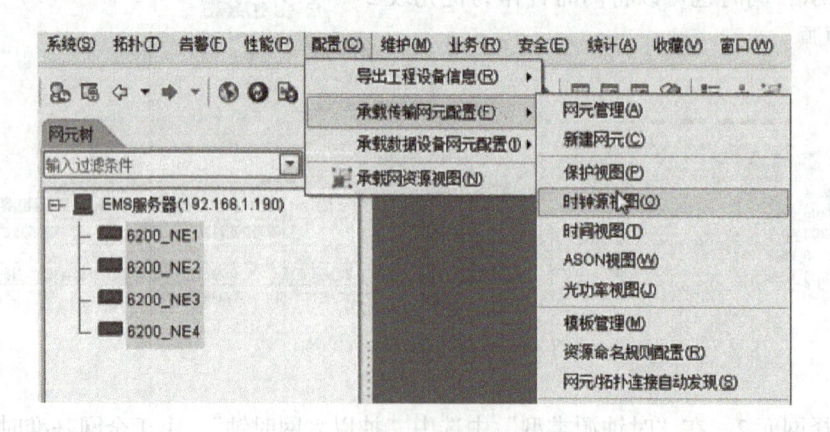

图 15-25　查看时钟源配置

在弹出的如图 15-26 所示界面中，单击实际视图，可以看到当前各网元的实际时钟源情况。在本例中，除了网元 1 由外部 BITS 或 GPS 引入全网参考时钟外，网元 2 的时钟通过同步以太网方式跟踪网元 1（且收发两端路径所经过的节点数最少），网元 3 的时钟跟踪网元 2，网元 4 跟踪网元 1，即都采用优先级为 1 的时钟源。

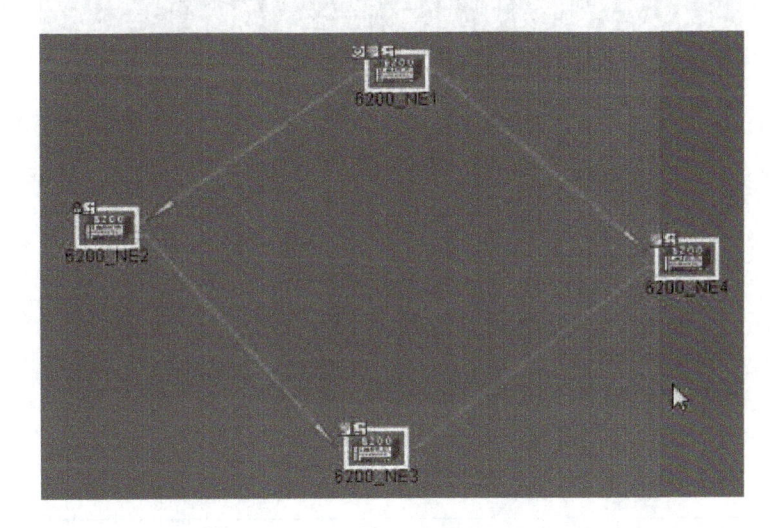

图 15-26　网元实际时钟源情况

6）时钟倒换测试。如果网元 1 到网元 4 的光纤断裂或物理光接口发生故障，就会导致网元 4 无法从 R8EGC∶1 接口接收以太网光信号用于时钟的恢复提取，即网元 4 的第 1 个优先级时钟源失效，根据时钟配置和 SSM 协议，此时网元 4 的时钟源会进行倒换，将优先级为 2 的时钟源置为当前时钟源，即从 R8EGF∶2 光接口接收以太网光信号并提取时钟，而其他网元的时钟源不受影响，可通过下面的操作进行验证。

在拓扑管理界面选中网元 1，单击鼠标右键，选择"网元管理"。在弹出的界面的左下角单击"基础配置"，将网元 1 直接连接网元 4 的光接口 R8EGF∶2 禁用，单击"应用"按钮。此时拓扑管理界面中，网元 1~网元 4 之间的链路连接从之前正常时的绿色变为红色，如图 15-27 所示。

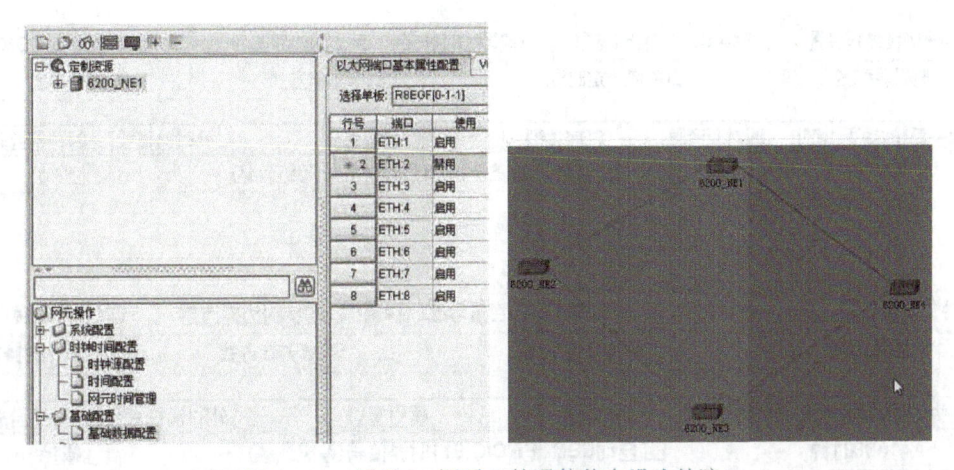

图 15-27　网元 1~网元 4 的通信状态设为故障

此时再查看网元 4 的时钟源状态，已经变为跟随网元 3，如图 15-28 所示。

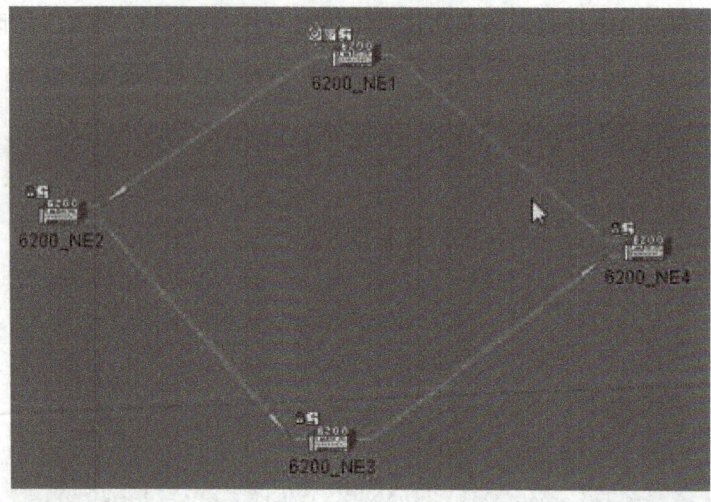

图 15-28　网元 4 时钟倒换后的跟随状态

15.8　1588v2 时间同步配置

网络组网图和图 15-19 相同，基站控制中心或核心网关和网元 1 连接，从网元 1 引入外部 GPS 时钟源，网元 4 输出时钟给基站使用，要求在各网元上配置时钟实现全网时间同步。

配置前提：网元之间的段层已经建立完毕。配置过程如下。

（1）时钟源配置

进入"时钟源配置"界面，为各个网元设置时钟源，方法和配置同步以太网类似。这里将网元 1 和网元 4 的时钟源设为 GPS 时钟，如图 15-29 所示；网元 2 和网元 3 均为 1588 时钟，如图 15-30 所示。

1588v2 时间同步配置

图 15-29　网元 1 和网元 4 的时钟源配置

图 15-30　网元 2 和网元 3 的时钟源配置

（2）GPS 参数配置

单击图 15-20 中"时钟源配置"下方的"时间配置"，进入配置页面。本例中，只有网元 1 和网元 4 设置此项。在网元 1 和网元 4 上勾选所用的主控时钟板，网元 1 设为输入方向，网元 4 设为输出方向，其他参数为默认，如图 15-31 和图 15-32 所示。

行号	端口	是否启用	协议类型	通信速率(bps)	方向	经度类型	经度值	经度分值
*1	RSCCU2[0-1-5]-绝对时间端口:2	☑	UBX	9600	输入	--	--	--
2	RSCCU2[0-1-6]-绝对时间端口:2	☐	UBX	9600	输入	--	--	--

图 15-31　网元 1 的 GPS 参数配置

行号	端口	是否启用	协议类型	通信速率(bps)	方向	经度类型	经度值	经度分值
*1	RSCCU2[0-1-5]-绝对时间端口:2	☑	UBX	9600	输出	--	--	--
2	RSCCU2[0-1-6]-绝对时间端口:2	☐	UBX	9600	输出	--	--	--

图 15-32　网元 4 的 GPS 参数配置

（3）时间节点配置

网元 1 的时间节点配置如图 15-33 所示；网元 2~网元 4 的时间节点配置如图 15-34 所示。

属性名字	
时钟节点类型	边界时钟
本地时间同步算法	BMC算法
时钟等级	248
时钟精度	33
本地时钟优先级 1	1
本地时钟优先级 2	1
本节点时钟是否只能作为从时钟	
是否采用两步时钟	☑
黑/白名单	黑名单
IP 地址列表	
功能类型	--
是否支持多 GM	--
是否工程模式	☐
是否开启 PTP 环网检测	☐
单播协商持续时间(秒)	300
时钟等级映射方式	父节点时钟等级

图 15-33　网元 1 的时间节点配置

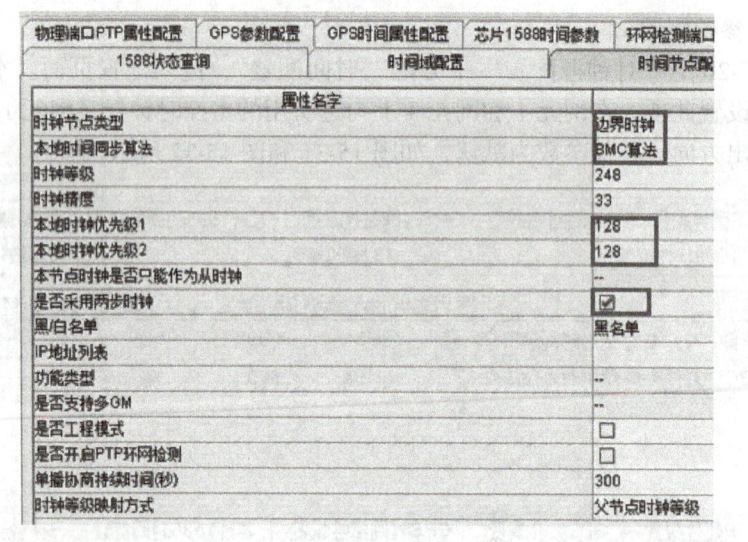

图 15-34　网元 2~网元 4 的时间节点配置

(4) 时间域配置

4 个网元的时间域配置选项均如图 15-35 所示。

图 15-35　网元 1~网元 4 的时间域配置

(5) PTP 时间端口配置

单击"PTP 时间端口配置"选项,再单击下方的"增加"按钮,出现如图 15-36 所示的界面。

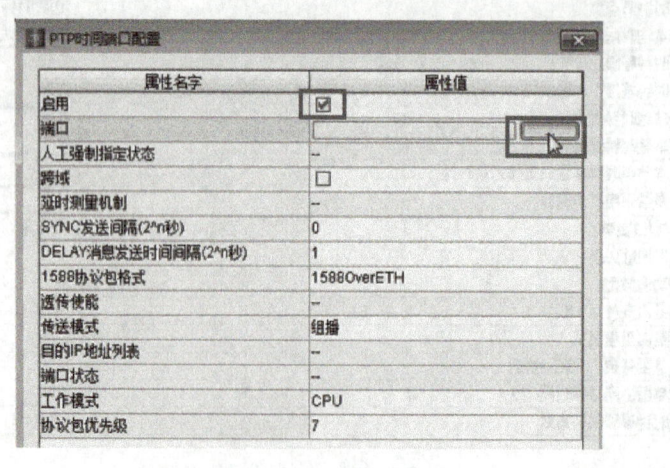

图 15-36　PTP 时间端口配置

勾选"启用",在端口处单击右边属性框的按钮,增加各网元所用的 VLAN 接口。网元 1 的 PTP 时间端口配置如图 15-37 所示。

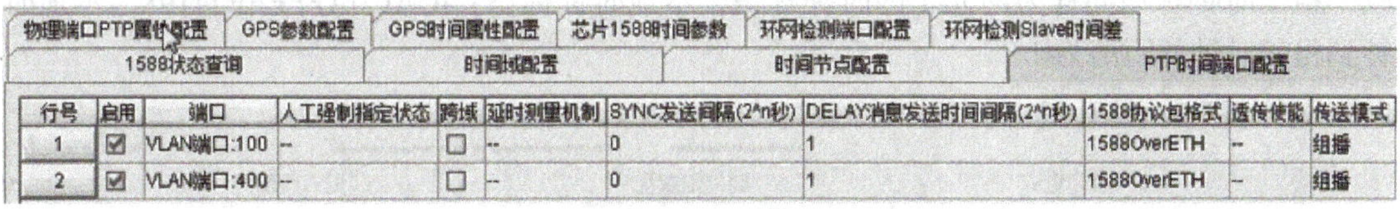

图 15-37 网元 1 的 PTP 时间端口配置

如表 15-2 所示,依次为网元 2~网元 4 配置 PTP 时间端口。

表 15-2 网元 2~网元 4 配置 PTP 时间端口

网元	网元 2	网元 3	网元 4
添加的端口	VLAN100	VLAN200	VLAN300
	VLAN200	VLAN300	VLAN400

(6)物理端口 PTP 属性配置

本例中,网元 1~网元 4 所使用的物理接口均为 R8EGF 的端口 1 和端口 2,依次选中网元 1 到网元 4,单击"增加"按钮,加入这 2 个端口即可,如图 15-38 所示。

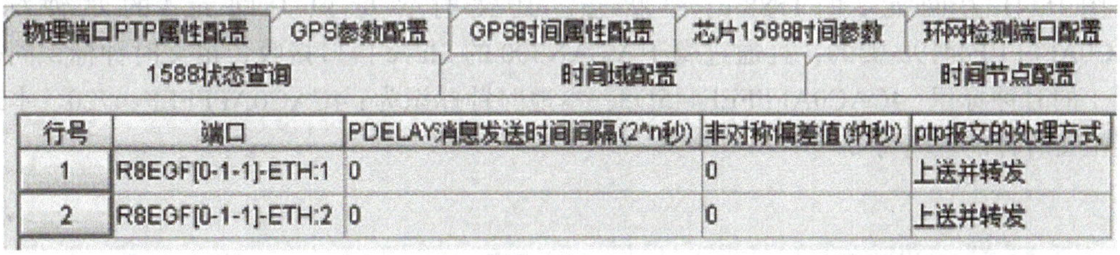

图 15-38 网元 1~网元 4 的物理端口 PTP 属性配置

配置完成后,可以通过查看 1588 状态查询当前网元的时钟跟踪情况。

图 15-39 为网元 1 的 1588 时钟状态,可以看到网元 1 的父时钟标识、祖父时钟标识、本地时钟标识均为 4CAC0AFFFEF445D8,本地时钟到祖父时钟距离为 0,即参考时间由网元 1 处产生。

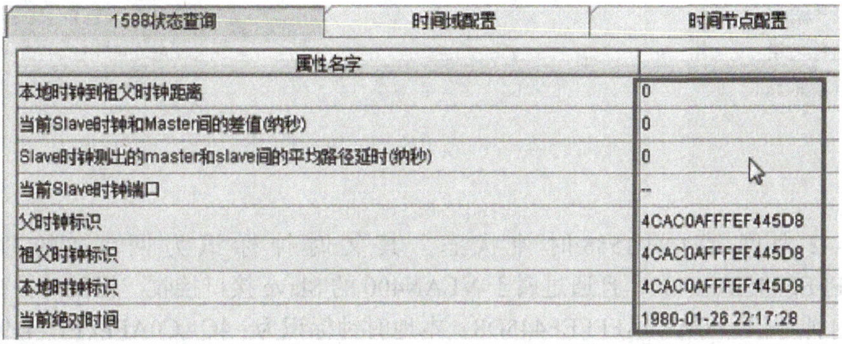

图 15-39 网元 1 的 1588 时钟状态

图 15-40 为网元 2 的 1588 时钟状态，其父时钟标识为网元 1 的本地时钟标识：4CAC0AFFFEF445D8-0100，表明时钟从网元 1 传来，且通过属于 VLAN100 的 Slave 接口接收，祖父时钟标识同样为网元 1 的时钟标识，本地时钟标识：4CAC0AFFFEF44198，本地时钟到祖父时钟的距离为 1。

1588状态查询	时间域配置	时间节点配置
属性名字		
本地时钟到祖父时钟距离		1
当前Slave时钟和Master间的差值(纳秒)		0
Slave时钟测出的master和slave间的平均路径延时(纳秒)		0
当前Slave时钟端口		VLAN端口:100
父时钟标识		4CAC0AFFFEF445D8-0100
祖父时钟标识		4CAC0AFFFEF445D8
本地时钟标识		4CAC0AFFFEF44198
当前绝对时间		1980-01-26 22:17:38

图 15-40 网元 2 的 1588 时钟状态

图 15-41 为网元 3 的 1588 时钟状态，其父时钟标识为网元 4 的时钟标识：4CAC0AFFFEF44190-0300，且通过属于 VLAN300 的 Slave 接口接收，祖父时钟标识同样为网元 1 的时钟标识：4CAC0AFFFEF445D8，本地时钟标识为：4CAC0AFFFEF44720，本地时钟到祖父时钟的距离为 2。

1588状态查询	时间域配置	时间节点配置
属性名字		
本地时钟到祖父时钟距离		2
当前Slave时钟和Master间的差值(纳秒)		0
Slave时钟测出的master和slave间的平均路径延时(纳秒)		0
当前Slave时钟端口		VLAN端口:300
父时钟标识		4CAC0AFFFEF44190-0300
祖父时钟标识		4CAC0AFFFEF445D8
本地时钟标识		4CAC0AFFFEF44720
当前绝对时间		1980-01-26 22:17:51

图 15-41 网元 3 的 1588 时钟状态

图 15-42 为网元 4 的 1588 时钟状态，其父时钟标识为网元 1 的时钟标识：4CAC0AFFFEF445D8-0400，且通过属于 VLAN400 的 Slave 接口接收，祖父时钟标识同样为网元 1 的时钟标识：4CAC0AFFFEF445D8，本地时钟标识为：4CAC0AFFFEF44190，本地时钟到祖父时钟的距离为 1。

任务 15　PTN 网络同步技术

属性名字	
本地时钟到祖父时钟距离	1
当前Slave时钟和Master间的差值(纳秒)	0
Slave时钟测出的master和slave间的平均路径延时(纳秒)	0
当前Slave时钟端口	VLAN端口:400
父时钟标识	4CAC0AFFFEF445D8-0400
祖父时钟标识	4CAC0AFFFEF445D8
本地时钟标识	4CAC0AFFFEF44190
当前绝对时间	1980-01-26 22:18:11

图 15-42　网元 4 的 1588 时钟状态

网元之间的时钟跟随关系可以通过时间视图进行查看。选择菜单"配置"→"承载传输网元配置"→"时间视图",单击上方的实际视图,出现如图 15-43 所示的各网元时钟跟随关系。

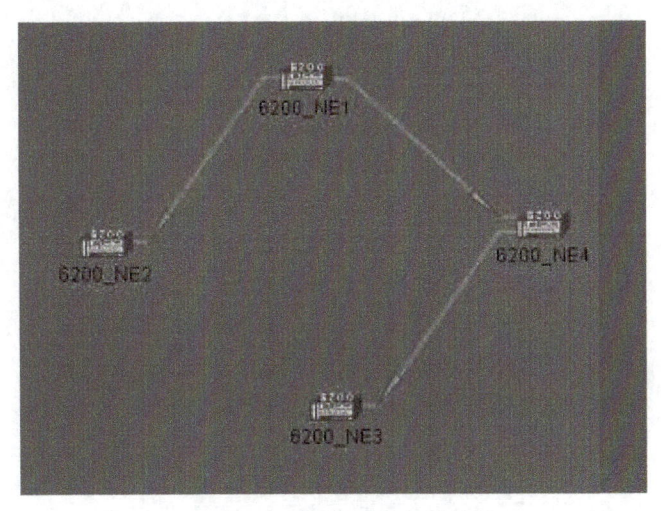

图 15-43　各网元时钟跟随关系

从图 15-43 可以看出,时钟的跟随关系和前面的 1588 时钟状态一致。即网元 2 和网元 4 直接跟随网元 1,网元 3 跟随网元 4。

和前面配置同步以太网一样,也可将网元 1~网元 4 间的链路设置为故障,查看此时各网元的时钟状态,读者可自行完成,本书在此不再重复。

思考与练习

一、填空题

1. 主从同步的数字网中,从站(下级站)的时钟通常有_____、_____和_____3 种工作模式。

2.常用的频率同步机制有＿＿＿、＿＿＿和＿＿＿技术。

3.PTN同步机制大体分为＿＿和＿＿两类。

4.GSM和WCDMA无线通信网络多采用＿＿同步。

5.IEEE 1588协议可无须借助GPS实现时间同步，1588协议支持＿＿＿、＿＿＿、＿＿＿工作模式。

6.1588v2协议支持的端口类型有＿＿＿、＿＿＿、＿＿＿。

二、简答题

1. 在数字同步网络中，常见的外部时钟信号来源有哪些？

2. 我国的数字同步网络有哪些层级？

3. 为什么分组交换网络需要采用同步技术？

4. TOP技术有什么缺点？

5. IEEE 1588如何修正主从节点的时间差？

6. 查阅相关资料，理解传输网同步机制中BMC算法和SSM协议的作用及区别。

任务 16　PTN 性能维护与故障处理

16.1　任务及情景引入

　　本次任务以中兴通讯公司 ZXCTN 光传输设备为载体，介绍了 PTN 分组网的性能维护及故障处理方法，并依据故障定位与故障排除的知识对典型案例进行分析和处理。本章是在学习 PTN 技术的基础上介绍传输网的运行、掌握传输设备的性能维护与故障分析等，从而使读者掌握一些典型案例的处理思路和方法，扩充传输网理论知识。

　　通过对本章的学习，读者能够在日常维护当中增强对网络管理的认识，熟悉在网络管理中进行对告警的分析、性能维护以及故障处理方法，增强对日常维护重要性的认识，从而学会在日常工作中定位故障，并掌握故障的排除及处理基本方法。主要学习目标如下。

- 掌握性能事件处理的基本方法。
- 掌握告警查询的基本方法。
- 掌握故障定位及处理的基本方法。
- 典型故障实例学习。

16.2　告警查询和性能事件处理

16.2.1　当前性能查询

　　1）在主视图中，选择"性能"→"当前性能查询"，如图 16-1 所示。弹出"新建当前性能查询"界面，如图 16-2 所示。

　　2）设置当前性能查询条件，如网元类型、通用模板、测量对象类型等；设置"粒度"为"15 分钟"或"24 小时"；选择计数器。

　　3）单击"确定"按钮，可以看到当前性能查询结果，如图 16-3 所示。

　　在图 16-1 中可以选择不同的菜单命令，进行"历史性能查询""门限任务管理"等操作。此外，也可以在网元管理界面，进行性能管理操作，包括性能屏蔽设置、零性能抑制、性能门限设置、性能

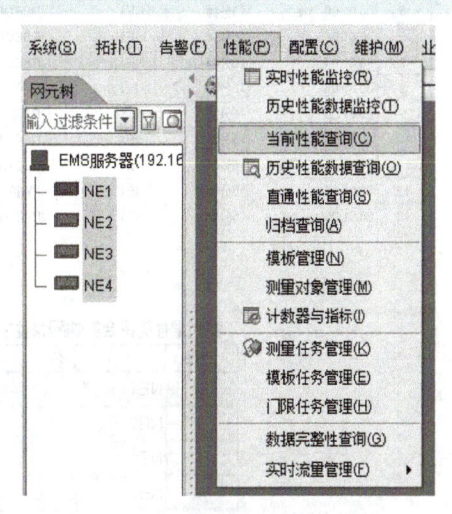

图 16-1　选择"当前性能查询"

计数器清零等。图 16-4 为零性能抑制界面。

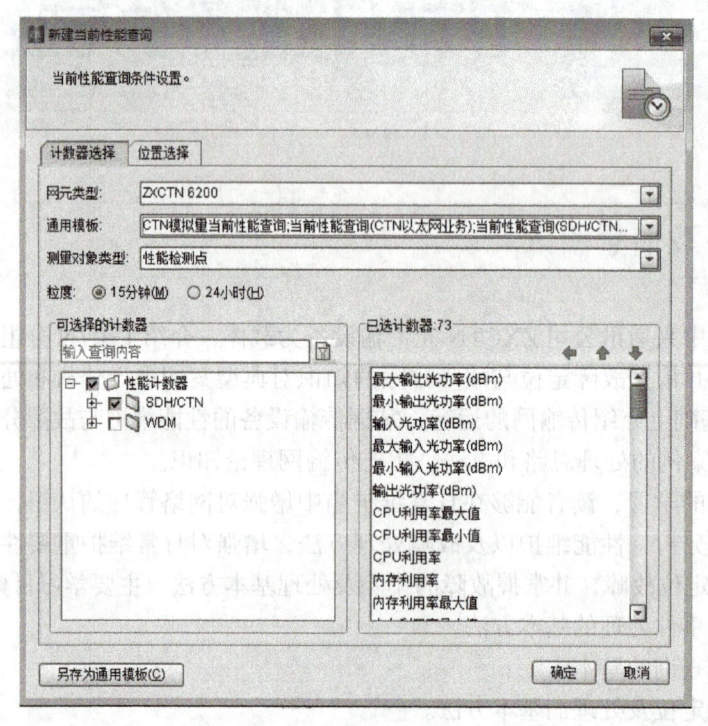

图 16-2 "新建当前性能查询"界面

图 16-3 性能查询结果

图 16-4 零性能抑制界面

16.2.2 告警查询与管理

1）在主视图中，选择菜单"告警"→"当前告警查询"，如图 16-5 所示。

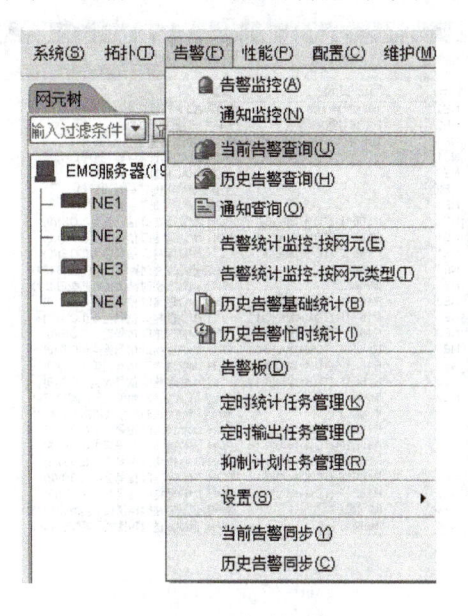

图 16-5 选择"当前告警查询"

2）在弹出的界面中，选择网元进行当前告警查询，如图 16-6 所示。

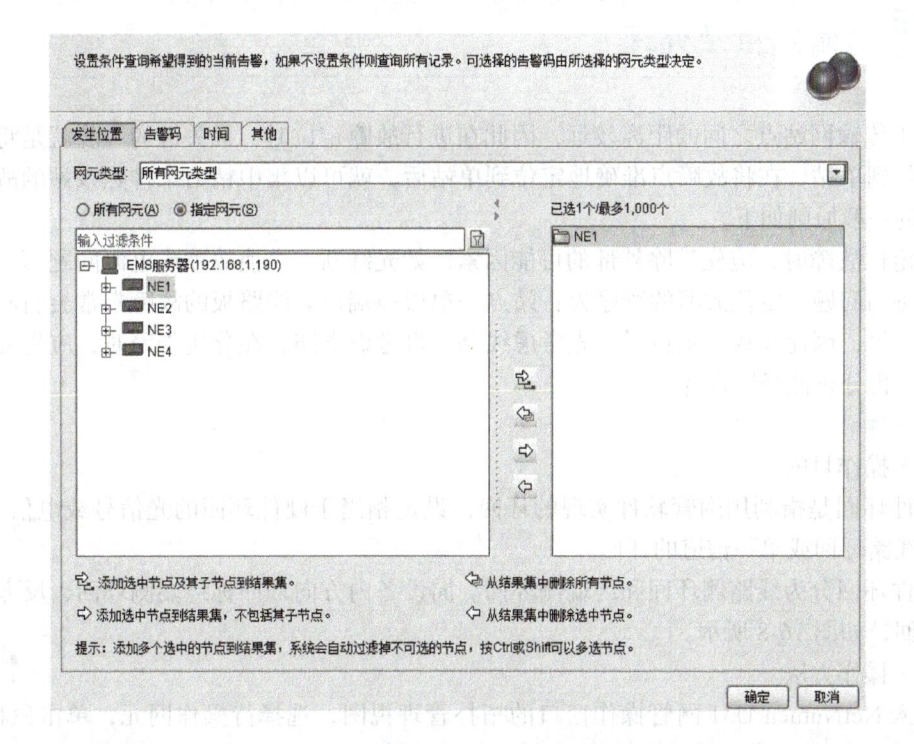

图 16-6 告警查询界面

3）默认为查询所有网元的告警，也可以单独选择特定的网元查询；此外，还可以选择特定时间段的告警进行查询，单击"确定"按钮，弹出当前告警查询结果，如图 16-7 所示。

图 16-7　告警查询结果

此外，通过单击不同的菜单，还可以进行历史告警查询、告警统计监控等操作。

16.3　故障定位及处理

由于传输网站点之间的距离较远，因此在进行故障定位时，最关键的一步就是将故障点准确定位到单站。在将故障点准确地定位到单站后，就可以集中精力来排除该站的故障。故障定位的一般原则如下。

在定位故障时，应先排除外部的可能因素，如光纤断、交换故障或电源问题等，再考虑传输设备的问题。定位故障的顺序为：站点→单板→端口。线路板的故障常常会引起支路板的异常告警，因此在故障定位时，先考虑线路，再考虑支路，在分析告警时，应先分析高级别告警，再分析低级别告警。

1. 软件环回

（1）操作目的

软件环回是指利用网管软件实现的环回，设定相当于硬件环回的光信号或电信号自环，或设定线路环回或单一信道的环回。

软件环回分为线路侧环回和终端侧环回。向设备内方向环回称终端侧环回，反方向称线路侧环回，如图 16-8 所示。

（2）操作方法

进入 NetNumen U31 网管操作窗口的拓扑管理视图，选择待操作网元，单击鼠标右键，单击"网元管理"，进入网元管理界面，如图 16-9 所示。

依次单击"维护管理"→"环回",进入环回界面,如图 16-10 所示。

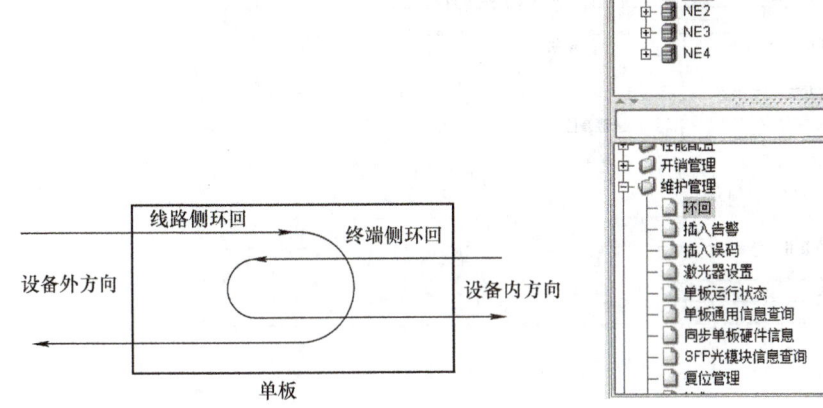

图 16-8 环回方向示意图

图 16-9 网元管理界面

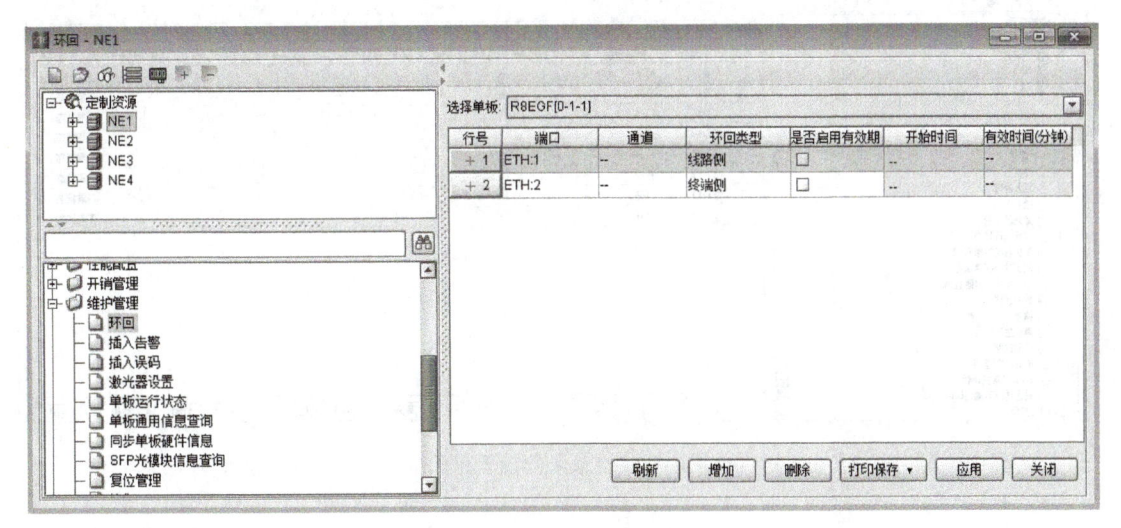

图 16-10 环回界面

2. 复位单板

1)进入 NetNumen U31 网管的拓扑管理视图,选择待操作网元。

2)选择"维护"→"单板复位",进入单板复位界面,如图 16-11 所示。

3)选择待操作的网元和单板,设置复位模式和复位级别后,单击"应用"按钮。

3. 设置激光器状态

1)在拓扑视图中选择网元,选择菜单"配置"→"承载传输网元配置"→"网元管理",进入网元管理界面。也可以选中网元,单击鼠标右键,然后选择"网元管理"。

2)依次单击"维护管理"→"激光器设置",进入激光器设置界面,如图 16-12 所示。

3)单击"期望状态"的下拉框,设置激光器状态。

4)单击"应用"按钮,将激光器状态设置下发到网元。

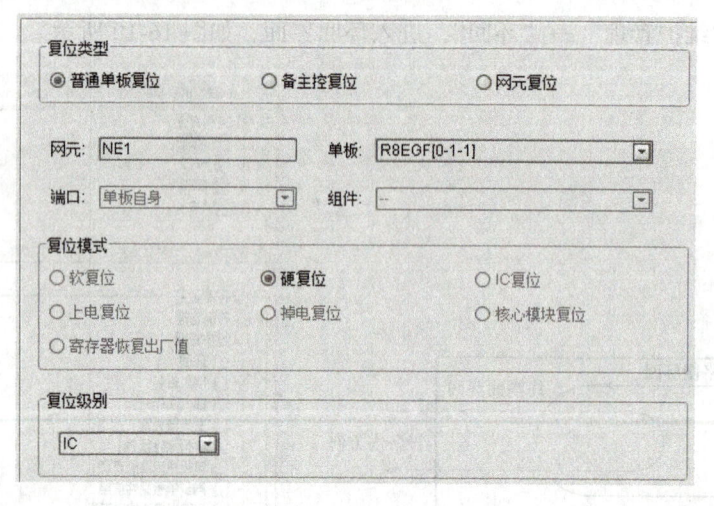

图 16-11　单板复位界面

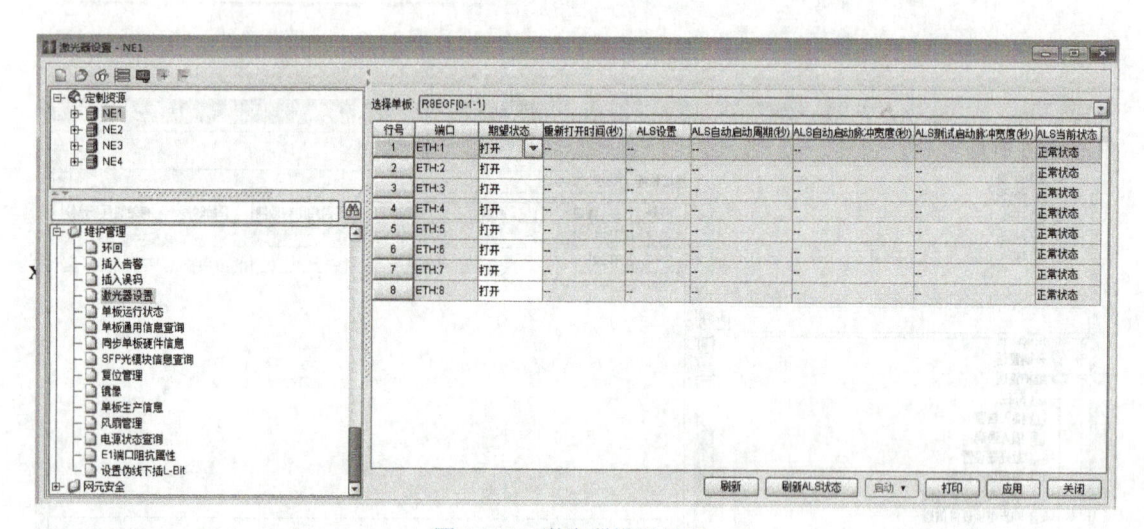

图 16-12　激光器设置界面

16.4　典型故障实例

16.4.1　PTN 业务连通性诊断

1. 系统概述

某局本地传输网采用 ZXCTN 6000 设备组成链型网，网络由 3 端 ZXMP 6000 网元组成，其中网元 A 为 6300，网元 B 为 6200，网元 C 为 6100。网络结构如图 16-13 所示。

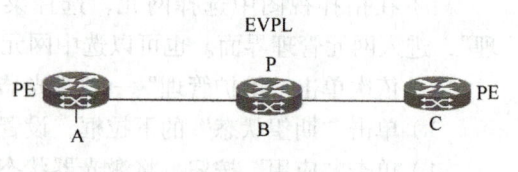

图 16-13　实例网络结构

链上 A 至 C 配置了一条 VLAN ID 为 44 的 EVPL 业务，A 的 UNI 对应的物理端口为 gei_6/3，C 的 UNI 对应的物理端口为 fei_1/2，A 至 C 的隧道 ID 为 5。

2. 故障现象

A、B、C 站点均无告警，但 A 至 C 的业务不通。

3. 故障分析

由于业务不通，通常应进行分层检测来定位故障。通过各站点无告警，排除物理层断链的情况。定位故障应该在隧道/伪线/业务，按照层次关系分别进行检查。

4. 故障处理

（1）验证隧道的连通性

1）在 NetNumen U31 软件中，分别进入 A、C 两节点的设备管理器的 OAM 配置界面。

2）为 A 至 C 的隧道创建 TMP OAM，具体配置参数如图 16-14 所示。

图 16-14 TMP OAM 参数配置 1

相关参数说明及配置如下。

① MEG ID：一个数值，本点有效。

② MEG Index：一个数值，针对两个 ME 唯一（也就是对于这两个 PE 节点是唯一的）。

③ 速度模式：一般选择高速，以满足 50ms 业务倒换需求。

④ CV 包：选择"允许"。
⑤ 发送周期：选择"3.3ms"。
⑥ CV 包 PHB：选择"ef"。
⑦ 连接检测：选择"允许"。

3）配置后，若隧道出现 CC 告警，则说明隧道未通。那么主要故障原因就出现在各点的静态业务 ARP 配置错误或忘记配置。

（2）若隧道的连通性没有问题，则应检查伪线的连通性情况

为 A 至 C 的隧道创建 TMC OAM，具体配置参数如图 16-15 所示。

图 16-15 TMC OAM 参数配置 2

相关参数说明及配置如下。

① MEG ID：一个数值，本点有效。
② MEG Index：一个数值，针对两个 ME 唯一（也就是对于这两个 PE 节点是唯一的）。
③ 速度模式：一般选择高速；这样才能够满足 50ms 业务倒换需求。
④ CV 包：选择允许。
⑤ 发送周期：选择"3.33ms"。
⑥ CV 包 PHB：选择"ef"。

⑦ 连接检测：选择"允许"。
（3）若伪线的连通性没有问题，则应检查业务的配置情况
检查内容如下。
① UNI 端口绑定是否正确。
② 源、宿节点的业务类型一致。
③ 伪线绑定是否正确。
④ 源、宿节点的 VLAN 保持应一致（可选）。
⑤ 源、宿节点的优先级保持应一致（可选）。

🚗 提示：

此例中，若要检测 A 发往 C 的业务是否出现丢包，则应先查看 A 点 UNI 的收包情况，然后查看 NNI 发包情况，再查看 UNI 端口的收包情况，再查看 B 点两端口的 NNI 收发包情况，再查看 C 点 NNI 的收包情况，最后查看 C 点的 UNI 收包情况。

16.4.2　PTN 网管告警上报问题排查

1. 系统概述

某网络中，网元 A 和网元 B 组成链型网络，其中网元 A 作为接入网元接入网管，且网元 A 和网元 B 均能正常管理。网络结构如图 16-16 所示。

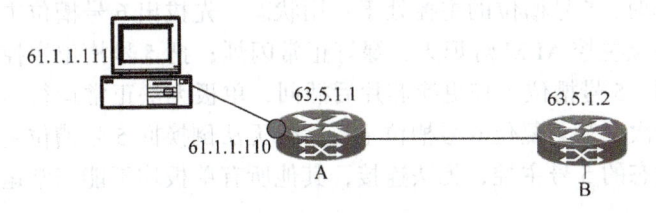

图 16-16　网络结构实例（一）

2. 故障现象

断开网元 A 和网元 B 间的光纤连接，网管查询不到设备的告警信息。

3. 故障分析

网管能够正常管理网元 A 和网元 B，排除 MCC 通道配置问题。告警的产生、上报都是由设备完成的，也就是说网管只是显示设备上产生的告警并进行相关管理或者操作。网管是不会产生告警的（除了个别告警，比如网管相关参数超过阈值），告警一般都是由设备产生并上报，自动显示在网管上的。

4. 故障处理

PTN 告警的上报采用的是 SNMP 中的 TRAP 方式，由设备主动上送网管。如果发现告警无法主动上报网管显示，可采用如下步骤进行排查。

1）通过串口或网管 CLI 命令窗口登录设备，在全局模式下，输入"show run"。

2）检查显示的命令信息中是否有"snmp-server host 61.1.1.111 trap version 2c public udp-port 162"。该配置是告警平台告警 TRAP 包往哪里发，顾名思义，告警肯定是发往网管服务器（地址 61.1.1.111 为网管服务器 IP 地址），注意是网管服务器而不是网管客户端，大部分

情况客户端和服务器不在一台计算机上。162 是 TRAP 发送的端口。

3）检查显示的命令信息中是否有 "snmp-server trap-source 63.5.1.1"。设备上报告警给网管时，TRAP 报文中会包含发送端的 IP（即网元 IP 地址，本例中为 63.5.1.1），网管通过这个 IP 获取对应的网元。MCC 组网时如果不设置，TRAP 报文的 IP 可能就不是网元 IP，网管找不到对应网元就会丢弃这条告警，建议设置。

提示：

某些告警上报后在网管上显示的时间和设备上显示的时间有差异，一般是 8 个小时，这里其实是设备上没有设置时区导致的。设备上默认时区是 UTC，15:37:52 11/18/2009 UTC，而不是我们日常使用的北京时间。这里需要设置时区为 BEIJING，也就是设备初始化操作时要输入命令 clock timezone BEIJING 8，此后产生的告警产生时间显示格式为 15:37:52 11/18/2009 BEIJING。

16.4.3　PTN 6200 RSCCU 主备单板倒换异常

1. 系统概述

某地的 PTN 6200 由于升级 RSCCU 单板，为单板更换新的 Boot 芯片。在插拔单板过程中出现了主控板的倒换异常。

2. 故障现象

设备正常工作时，5 号槽位的主控处于主用状态。先拔出 6 号槽位主控，更换芯片后再插回，等待 6 号槽位主控 ALM 灯熄灭，绿灯正常闪烁；把 5 号槽位主控拔出，此时 6 号槽位主控倒换为主用。5 号槽位主控更换芯片后插回，单板无法正常运行，现象为红灯常亮约 15s，熄灭 15s，依次交替。复位 6 号槽位主控后仍无法倒换回 5 号槽位主控，尝试用本地串口连接处于故障状态的 5 号主控，无法连接，其他所有单板均不能正常运行，重新开关电后设备恢复正常。

3. 故障分析

由于 PTN6200 上的主、备主控软件版本和 Boot 版本均相同，因此怀疑软件或者 Boot 存在问题；同时容易忽视的一个步骤就是主备倒换时主控板的数据同步问题。

4. 故障处理

排除软件版本与 Boot 版本问题后，问题锁定在主备单板的倒换时间上。RSCCU 单板的重新启动时间，是在 ALM 灯熄灭，Run 灯正常运行时，还需要 2~3min 的时间与主用主控进行同步业务 Mac 配置。而本例中的操作忽视了主备单板数据同步的时间，即 6 号槽位主控重新插拔后并没有真正运行起来，就把 5 号槽位主控拔掉了。

5. 故障总结与思考

现场若有依次复位两块主控板的需求，则按照以下步骤进行。

（1）复位主控板 1

等待 7~8min 之后再复位主控板 2，原因是：被复位单板启动后需要到主用主控板同步数据，单板运行及数据同步需要 7~8min。

（2）复位主控板 2

若等待时间不够 7~8min，可能主控板 1 没有正常同步数据，此时复位主控板 2，这样就导致两块主控板都没有正常运行所需数据，进而导致业务、监控中断。

16.4.4 对接光线路板的光模块类型不符导致业务不通

1. 故障现象

某 ZXCTN 6200 设备与 ZXCTN 6100 设备的混合组网，6200 设备通过 R8EGF 单板的 GE 接口与 6100 主板的 GE 接口对接。对接后，发现 R8EGF 上的 GE 接口与 6100 主板上的 GE 接口指示灯状态有问题，GE 接口指示灯状态均为 Tx 灯亮，Rx 灯灭。

2. 故障分析

根据上述情况，将 6100 上的 GE 接口用一根光纤自环，自环时需要在该光口的接收端增加衰耗器，此时该接口的 Tx 和 Rx 灯均正常闪烁。同理对 6200 设备上与 6100 对接的 GE 光接口进行自环检验，该接口的 Tx 和 Rx 灯也均正常闪烁。

3. 故障处理

检查对接光接口上所安装的光模块，发现光模块类型不一致，一个是多模光模块，波长为 850nm，另一个是单模光模块，波长为 1310nm。更换为相同类型的光模块后，业务恢复正常。

4. 结论

不同设备对接时，要注意光纤两端连接的接口光模块类型否一致。

16.4.5 电源板导致业务出现瞬断

1. 系统概述

某局本地传输网采用中兴通讯的 ZXCTN 6300 设备组网，整个网络由 3 个 ZXCTN 6300 网元组成，构成一个无保护链结构，传输速率为 10Gbit/s。网络结构如图 16-17 所示，中心局设在网元 A。

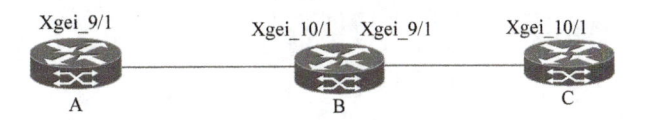

图 16-17 网络结构实例（二）

光纤连接关系如下：网元 A 的 Xgei_9/1 接网元 B 的 Xgei_10/1，网元 B 的 Xgei_9/1 接网元 C 的 Xgei_10/1。各网元间都有 TDM E1 业务。

2. 故障现象

从网管上发现网元 B 与网元 C 出现业务中断，大概几分钟后业务又恢复。同时在网元 A 的 Xgei_9/1 与网元 C 的 Xgei_10/1 出现瞬断的现象，2M 业务出现 AIS 及 UAS 告警。

3. 故障分析

先定位故障网元。网元 A 的 Xgei_9/1 与网元 C 的 Xgei_10/1 同时出现瞬断现象，而由于网元 A 和网元 C 出现故障导致业务不通的可能性较小，因此可以基本排除网元 A 和网元 C 的故障，把故障定位在网元 B。

对于网元 B 导致该现象，可能是由该网元的主控板、时钟、10GE 接口板及电源板引起的。

4. 故障处理

1）倒换主控板，故障依旧。

2）更换 10GE 接口板。更换时发现，在插板时所有的单板都出现复位现象。因此，怀疑是电源板的供电电路故障或者背板总线故障。

3）更换电源板后，故障消失。

5. 窍门

雷雨天气的时候多为故障发生的时间段。正常情况下，当供电系统上有大电流冲击时，机房开关电源上的防雷保护装置、传输设备的保护地都能够保护设备免受雷击。但是，当电流过大或者大楼的接地电阻不达标时，仍然会对设备造成损坏。经过检查，设备的保护地接触良好；通过摇表测试，发现机房的接地电阻超标，更换完电源板后建议用户改造接地电阻。

思考与练习

1. 环回操作的目的是什么？线路侧环回和终端侧环回是指什么？
2. 误码是怎么产生的？有哪些手段可以减小误码率？

附 录 常用缩略语中英文对照

英文缩写	英文全名	中文解释
2G	The 2nd Generation Mobile Communications	第二代移动通信
3G	The 3rd Generation Mobile Communications	第三代移动通信
ACL	Access Control List	访问控制列表
ACR	Adaptive Clock Recovery	自适应时钟恢复
AF	Assured Forwarding	确保转发
AIS	Alarm Indication Signal	告警指示信号
ALM	Alarm	告警指示灯
APS	Automatic Protection Switching	自动保护倒换
ARP	Address Resolution Protocol	地址解析协议
AS	Autonomous System	自治系统
ATM	Asynchronous Transfer Mode	异步传输模式
BBE	Background Block Error	背景误码块
BC	Boundary Clock	边界时钟
BE	Best Effort	尽力转发
BER	Bit Error Rate	误码率
BGP	Border Gateway Protocol	边界网关协议
BIP	Bit Interleaved Parity of Depth	比特间插奇偶校验
BITS	Building Integrated Timing System	大楼综合定时供给系统
BMC	Best Master Clock	最佳主时钟
BSC	Base Station Controller	基站控制器
BTS	Base Transceiver Station	基站收发台
CBS	Committed Burst Size	可承诺最大信息帧大小
CC	Continuity Check	连续性检查
CCM	Continuity Check Message	连续性检查消息
CE	Customer Edge	客户边缘
CES	Circuit Emulation Service	电路仿真业务
CEVLAN	Customer Edge Virtual Local Area Network	客户边缘 VLAN
CFM	Connectivity Fault Management	连接性故障管理
CIR	Committed Information Rate	承诺信息速率
CLI	Command Line Interface	命令行界面
CLK	Clock	时钟
CRC	Cyclic Redundancy Check	循环冗余校验
CSF	Client Signal Failure	客户信号故障
CV	Connectivity Verification	连接确认
DCC	Data Communications Channel	数据通信通路
DCN	Data Communications Network	数据通信网
DDF	Digital Distribution Frame	数字配线架
DiffServ	Differentiated Service	区分服务模型
DM	Delay Measurement	时延测量
DR	Designated Router	指定路由器

（续）

英文缩写	英文全名	中文解释
DSCP	Differentiated Services Code Point	差分服务编码点
DU	Downstream Unsolicited	下游自主
E2E	End-to-End	终端到终端
ECC	Embedded Control Channel	嵌入控制通路
ECMP	Equal-Cost Multi-Path Routing	等价多路由
EF	Expedited Forwarding	加速转发
EMS	Element Management System	网元管理系统
EPL	Ethernet Private Line	以太网专线
EPLAN	Ethernet Private LAN	以太网专网
EP-Tree	Ethernet Private Tree	以太网专树
ETH-CC	Ethernet Continuity Check	以太网连续性检测
ETH-LB	Ethernet Loopback	以太网环回
ETH-LT	Ethernet Link Trace	以太网链路跟踪
ETPI	Ethernet Physical Interface	以太网物理接口
ETS	European Telecommunication Standard	欧洲电信标准
EVPL	Ethernet Virtual Private Line	以太网虚拟专线
EVPLAN	Ethernet Virtual Private LAN	以太网虚拟专用 LAN
EVP-Tree	Ethernet Virtual Private Tree	以太网虚拟专树
EXC	Excessive Bit Error Ratio	误码率越限
EXP	Experimental Overhead	试验用开销
FAS	Frame Alignment Signal	帧定位信号
FCC	Federal Communication Commission	联邦通信委员会（美国）
FCS	Frame Check Sequence	帧校验序列
FDI	Forward Defect Indication	前向缺陷指示
FE	Fast Ethernet	快速以太网
FEC	Forwarding Equivalence Class	转发等价类
FTP	File Transfer Protocol	文件传输协议
GE	Gigabit Ethernet	千兆以太网
GFP	Generic Framing Procedure	通用成帧规程
GFP-F	Frame-Mapped GFP	帧映射模式通用成帧规程
GMC	Grandmaster Clock	祖父时钟/最高级时钟
GPS	Global Positioning System	全球定位系统
IntServ	Integrated Service	综合服务模型
IP	Internet Protocol	因特网协议
IPv4	Internet Protocol Version 4	第四版互联网协议
ISO	International Organization for Standardization	国际标准化组织
ITU	International Telecommunications Union	国际电信联盟
ITU-T	International Telecommunication Union-Telecommunication Standardization Sector	国际电信联盟–电信标准部
L2VPN	Layer 2 Virtual Private Network	二层虚拟专用网
L3VPN	Layer 3 Virtual Private Network	三层虚拟专用网
LAG	Link Aggregation Group	链路聚合组
LAN	Local Area Network	局域网
LB	Loopback	环回
LBM	Loopback Message	环回信息
LBR	Loopback Reply	环回响应

（续）

英文缩写	英文全名	中文解释
LCAS	Link Capacity Adjustment Scheme	链接容量调整方案
LCK	Locked	锁定
LCP	Link Control Protocol	链路控制协议
LCT	Local Craft Terminal	本地维护终端
LDP	Label Distribution Protocol	标签分发协议
LFIB	Label Forwarding Information Base	标签转发信息库
LM	Loss Measurement	丢失测量
LOC	Loss of Connectivity	连通性丢失
LOF	Loss of Frame	帧丢失
LOS	Loss of Signal	信号丢失
LSA	Link State Advertisement	链路状态广播
LSDB	Link State DataBase	链路状态数据库
LSP	Label Switched Path	标签交换路径
LSR	Label Switched Router	标签交换路由器
LT	Link Trace	链路追踪
LTE	Long Term Evolution	长期演进
LTM	Link Trace Message	链路跟踪消息
LTR	Link Trace Reply	链路跟踪响应
MAC	Media Access Control	媒体访问控制
MC-APS	Multi-Chassis Automatic Protection Switching	多机架自动保护倒换
MC-LAG	Multi-Chassis Link Aggregation Group	多机架链路汇聚
MCC	Management Communication Channel	管理通信通道
MD	Maintenance Domain	维护域
ME	Maintenance Entity	维护实体
MEG	Maintenance Entity Group	维护实体组
MEL	MEG Level	维护实体组等级
MEP	MEG End Point	维护实体组终端点
MIP	MEG Intermediate Point	维护实体组中间点
ML-PPP	Multilink-Point to Point Protocol	多链路点对点协议
MPLS	Multiprotocol Label Switching	多协议标签交换
MPLS-TP	Multi-Protocol Label Switching Transport Profile	多协议标签交换传送应用
MS	Multiplex Section	复用段
MS-AIS	Multiplex Section - Alarm Indication Signal	复用段告警指示信号
MS-PW	Multi-Segment Pseudo Wire	多段伪线
MSP	Multiplex Section Protection	复用段保护
NCP	Network Control Protocol	网络控制协议
NNI	Network Node Interface	网络节点接口
NTP	Network Time Protocol	网络时间协议
OAM	Operation, Administration and Maintenance	操作管理维护
OC	Ordinary Clock	普通时钟
ODF	Optical Distribution Frame	光配线架
ODN	Optical Distribution Network	光分配网
OLT	Optical Line Terminal	光线路终端
ONU	Optical Network Unit	光网络单元
OSPF	Open Shortest Path First	开放最短路径优先
OTN	Optical Transport Network	光传送网

（续）

英文缩写	英文全名	中文解释
P2P	Peer-to-Peer	端到端
PCM	Pulse Code Modulation	脉冲编码调制
PDH	Plesiochronous Digital Hierarchy	准同步数字体系
PDU	Packet Data Unit	分组数据单元
PE	Provider Edge	运营商网络边缘
PHB	Per-Hop Behavior	逐跳行为
PIR	Peak Information Rate	峰值信息速率
PPP	Point to Point Protocol	点对点协议
PSN	Packet Switched Network	分组交换网络
PTP	Point-to-Point	点对点
PTP	Precision Time Protocol	精确时间协议
PVID	Port VLAN ID	端口虚拟局域网标识
PW	Pseudo Wire	伪线
PWE3	Pseudo-Wire Emulation Edge to Edge	端到端伪线仿真
QinQ	802.1q Tunnel Tags 802.1q	隧道标识
QoS	Quality of Service	服务质量
RAN	Radio Access Network	无线接入网
RDI	Remote Defect Indication	远端故障指示
RNC	Radio Network Controller	无线网络控制器
RSVP	Resource Reservation Protocol	资源预留协议
SD	Signal Degrade	信号劣化
SDH	Synchronous Digital Hierarchy	同步数字体系
SNMP	Simple Network Management Protocol	简单网络管理协议
SSM	Synchronization Status Message	同步状态消息
SVLAN	Service Virtual Local Area Network	业务虚拟局域网
TC	Transparent Clock	透明时钟
TCP	Transmission Control Protocol	传输控制协议
TDM	Time Division Multiplexing	时分复用
TELNET	Telecommunication Network Protocol	远程登录协议
TLV	Type/Length/Value	类型/长度/值
TMC	T-MPLS Channel	T-MPLS 通路层
TMP	T-MPLS Path	T-MPLS 通道层
TMS	T-MPLS Section	T-MPLS 段层
ToD	Time of Delivery	时间传送
UDP	User Datagram Protocol	用户数据报协议
UNI	User Network Interface	用户网络接口
VC	Virtual Channel	虚通道
VCI	Virtual Channel Identifier	虚通道标识符
VLAN	Virtual Local Area Network	虚拟局域网
VP	Virtual Path	虚通路
VPLS	Virtual Private LAN Service	虚拟专用 LAN 服务
VPN	Virtual Private Network	虚拟专用网
VPWS	Virtual Private Wire Service	虚拟专用线路业务
VS	Virtual Section	虚段
WFQ	Weighted Fair Queuing	加权公平排队

参考文献

[1] 曹龙. 多业务分组接入平台的以太网的 OAM 技术的研究与实现 [D]. 武汉：武汉邮电科学研究院，2014.

[2] 洪菁岑. PTN 设备环网保护机制的研究与实现 [D]. 武汉：武汉邮电科学研究院，2014.

[3] 张欣. PTN 网络演进中的 OAM 研究 [D]. 北京：北京邮电大学，2012.

[4] 郭翔. 基于 PTN 保护和 OAM 技术的研究 [D]. 北京：北京邮电大学，2011.

[5] 王元杰. 电信网新技术 IPRAN/PTN[M]. 北京：人民邮电出版社，2014.

[6] 魏杰. 分组传送网中 MPLS-TP OAM 机制的研究与实现 [D]. 武汉：武汉理工大学，2014.

[7] 成嘉. PTN 在通信网络中的组网应用 [D]. 北京：北京工业大学，2017.

[8] 魏晓晶. PTN 网络管理系统中数据一致性策略的研究 [D]. 武汉：武汉理工大学，2016.

[9] 中兴通讯 NC 教育管理中心. PTN 分组传送网络教材 [Z].2013.

[10] 中兴通讯公司. UNITRANS ZXCTN 6200 用户手册 [Z]. 2013.

[11] 闫海煜，李映虎，等. 光传送网络（OTN）运行与维护 [M]. 北京：机械工业出版社，2023.